庙岛群岛海洋生态环境监测图集

（2018—2022 年）

孙　珊　赵玉庭　靳　洋　主编

科　学　出　版　社

北　京

内 容 简 介

庙岛群岛纵列于渤海海峡之中，处于渤海和黄海交汇之界，具有完整的生态系统。本书以图集的形式展示了2018—2022年庙岛群岛海洋生态环境的基本状况，书中图片均为各年度海洋生态环境监测要素的分布图，具体包括pH、盐度、溶解氧、化学需氧量等海水环境要素分布图，重金属、硫化物、石油类、有机碳等沉积环境要素分布图，以及浮游动物、浮游植物、底栖生物等生物环境要素分布图。

本书可供海洋生态环境监测领域的科学工作者，各级自然资源部门、海洋行政主管部门的工作人员，以及关心海洋环境保护事业的各界人士阅读参考。

审图号：鲁SG(2025)009号

图书在版编目(CIP)数据

庙岛群岛海洋生态环境监测图集：2018-2022年 / 孙珊, 赵玉庭, 靳洋主编. -- 北京：科学出版社, 2025. 3. -- ISBN 978-7-03-081275-9

Ⅰ. P71-64

中国国家版本馆CIP数据核字第2025GB9568号

责任编辑：王海光　田明霞 / 责任校对：郭瑞芝

责任印制：肖　兴 / 封面设计：无极书装

科学出版社 出版

北京东黄城根北街16号

邮政编码：100717

http://www.sciencep.com

北京中科印刷有限公司印刷

科学出版社发行　各地新华书店经销

*

2025年3月第　一　版　开本：889 × 1194　1/16

2025年3月第一次印刷　印张：11 1/4

字数：358 000

定价：198.00元

(如有印装质量问题，我社负责调换)

编委会名单

主　编： 孙　珊　赵玉庭　靳　洋

副主编： 刘家琦　邢红艳　张建柏　苏　彬

编　委： 陶慧敏　张潇文　王佳莹　邱少男　刘　哲
史雪洁　王晓霞　田泽丰　孙　伟　苏　博
何健龙　由丽萍　马元庆　于潇潇　姜会超
姜向阳　李志林　张　娟　金晓杰　程　玲
李佳蕙　何　鑫　宋秀凯　王立明　付　萍

前　言

庙岛群岛又称长岛，海域辽阔，是国家级重点生态功能区、风景名胜区、森林公园、海洋公园以及中国十大最美海岛之一。庙岛群岛有岛屿 151 个，在空间上有成群分布的特点，可分为南部、中部、北部 3 个群岛，其中南部群岛、北部群岛分布相对集中，中部群岛分布相对零散。岛陆总面积 53.17 km^2，海域面积 3541 km^2，海岛岸线总长 146.14 km，南北纵贯 56.4 km。庙岛群岛具有完整的生态系统，整个群岛呈南北走势纵列于渤海海峡之中，处于渤海和黄海交汇之界，庙岛群岛是渤海重要的生态屏障，具有良好的资源禀赋和生态环境。

近年来，随着经济的发展，庙岛群岛的城镇开发和旅游业得到迅速发展，加之周边海洋牧场的建设，庙岛群岛海域受海水养殖、港口航运及人为活动影响显著，海水环境、海洋沉积物环境、海洋生物环境都承受着较大压力。庙岛群岛海洋环境复杂多变，海岛海域环境研究逐渐引起重视。

为全面了解庙岛群岛海域环境变化状况、掌握浮游生物的群落结构特征、摸清资源与环境“家底”，山东省海洋资源与环境研究院收集了 2018—2022 年庙岛群岛海域生态环境监测数据，包括海水环境、沉积环境、生物环境数据，并将各要素的时空分布规律编制成图，以期为海洋环境演变趋势的评估、海洋资源开发利用、保护修复以及基于生态系统的海洋综合管理提供支撑和决策依据。

本图集相关研究的完成依托于山东省海洋资源与环境研究院山东省数据开放创新应用实验室（海洋），图集的编撰和出版得到了山东省投资发展类项目“山东省海洋生态环境监测”“山东省海洋生态预警监测”和国家重点研发计划“观测数据驱动的渤海生态系统健康评估关键技术研发”（2023YFC3108700）的资助，在此表示衷心感谢。

由于作者水平和时间条件所限，本图集难免存在不足之处，恳请同行专家和读者批评指正。

作　者

2025 年 1 月于烟台

目　　录

1 2022年庙岛群岛海洋生态环境监测

2 2021年庙岛群岛海洋生态环境监测

3 2020年庙岛群岛海洋生态环境监测

4 2019年庙岛群岛海洋生态环境监测

5 2018年庙岛群岛海洋生态环境监测

2022 年庙岛群岛海洋生态环境监测

Marine Eco-Environment Monitoring in Miaodao Archipelago in 2022

1.1 海水环境

1.1.1 pH 分布图

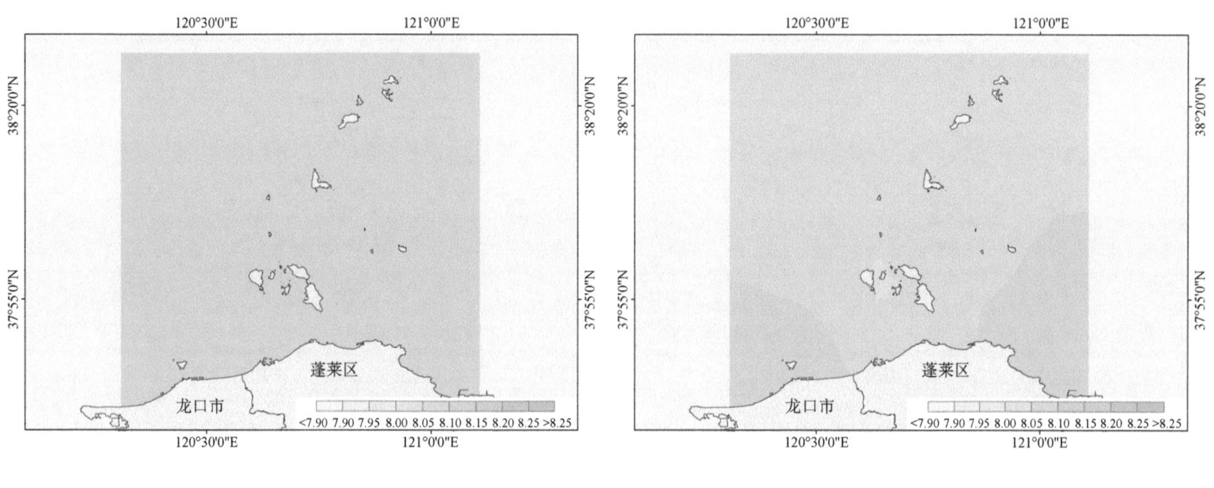

1- 春季

2- 夏季

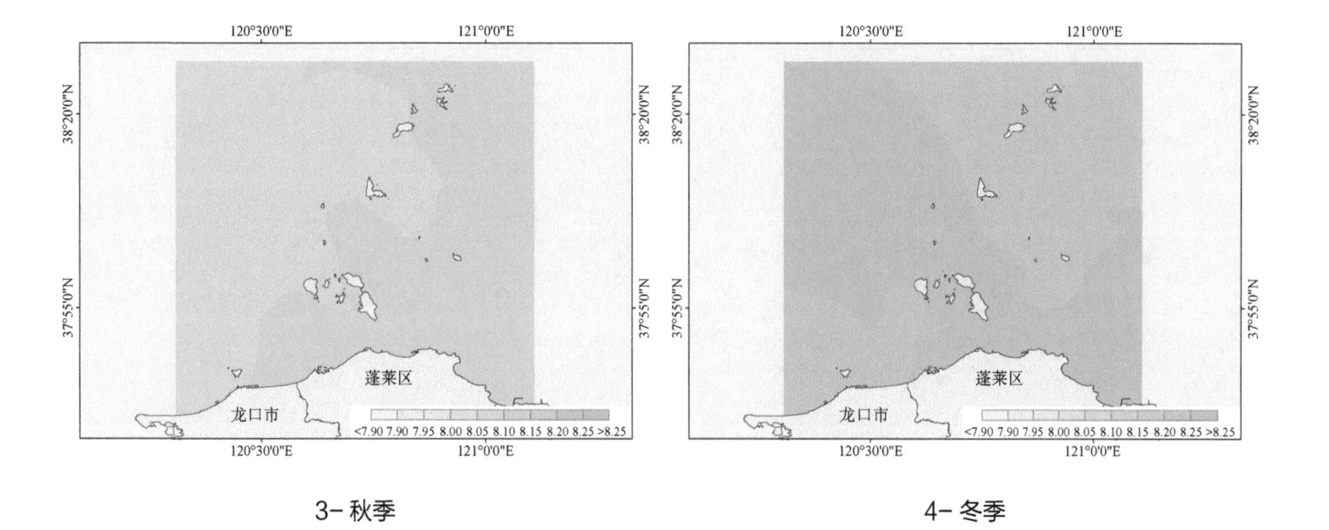

3- 秋季

4- 冬季

2022 年庙岛群岛海洋生态环境监测
Marine Eco-Environment Monitoring in Miaodao Archipelago in 2022

1.1.2 盐度分布图

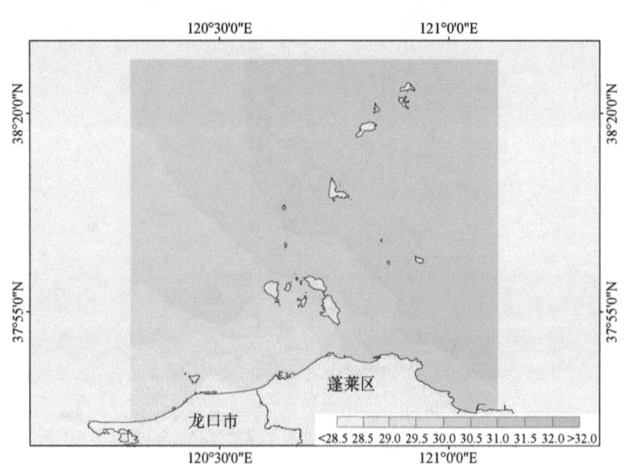

1- 春季

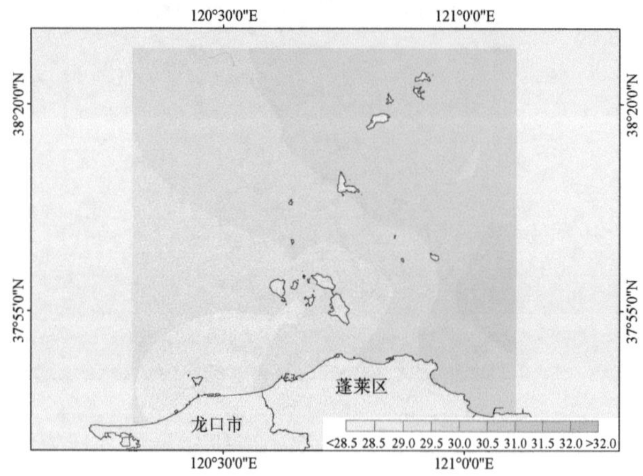

2- 夏季

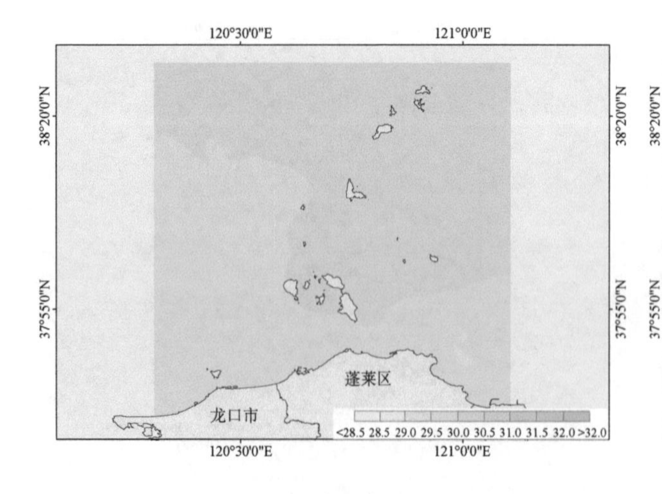

3- 秋季

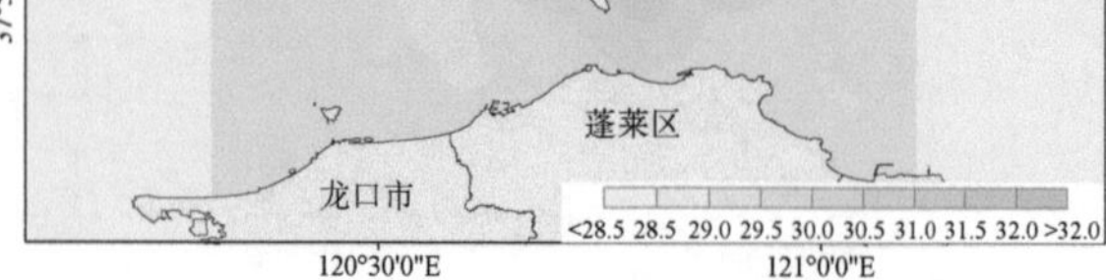

4- 冬季

2022 年庙岛群岛海洋生态环境监测
Marine Eco-Environment Monitoring in Miaodao Archipelago in 2022

1.1.3 溶解氧分布图

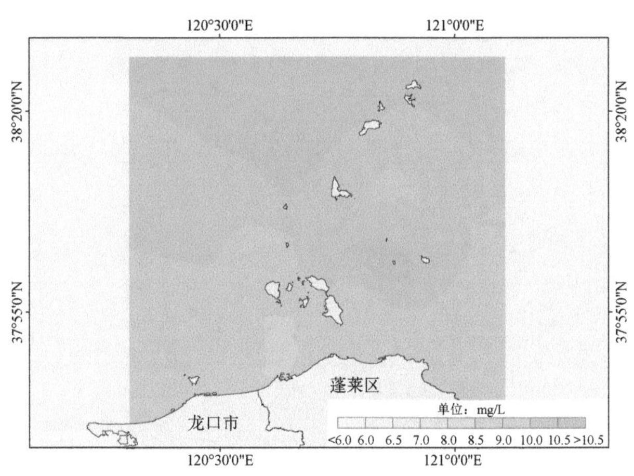

1- 春季

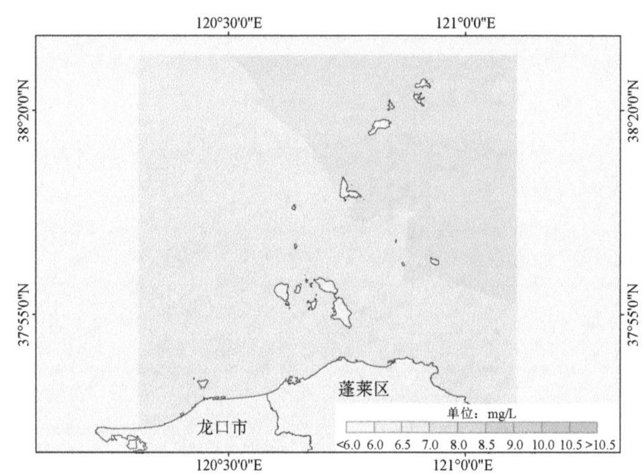

2- 夏季

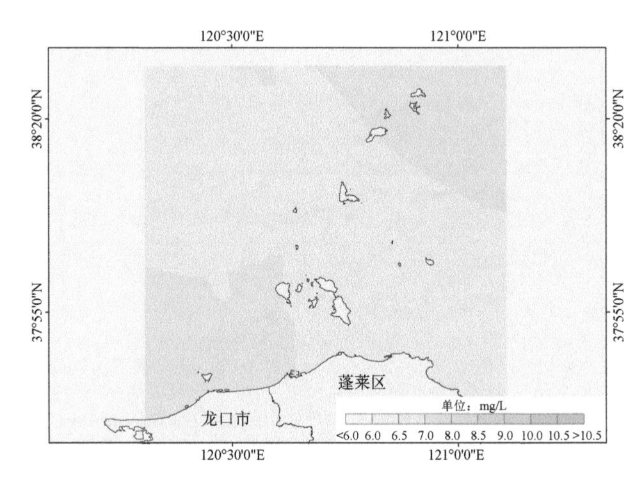

3- 秋季

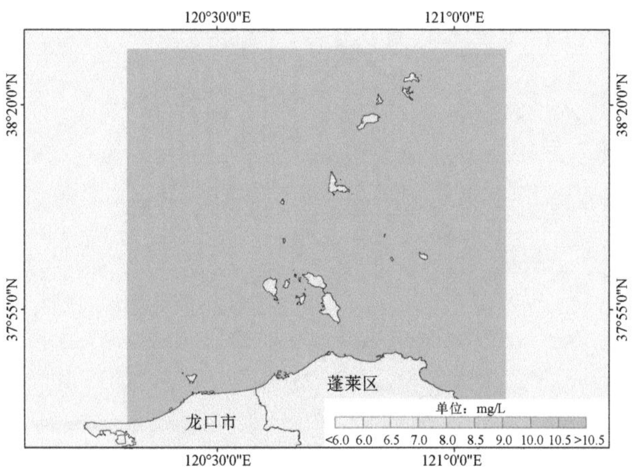

4- 冬季

2022 年庙岛群岛海洋生态环境监测
Marine Eco-Environment Monitoring in Miaodao Archipelago in 2022

1.1.4 化学需氧量分布图

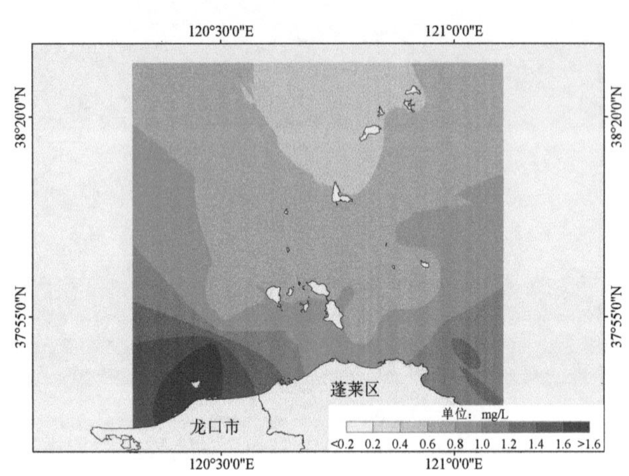

1- 春季

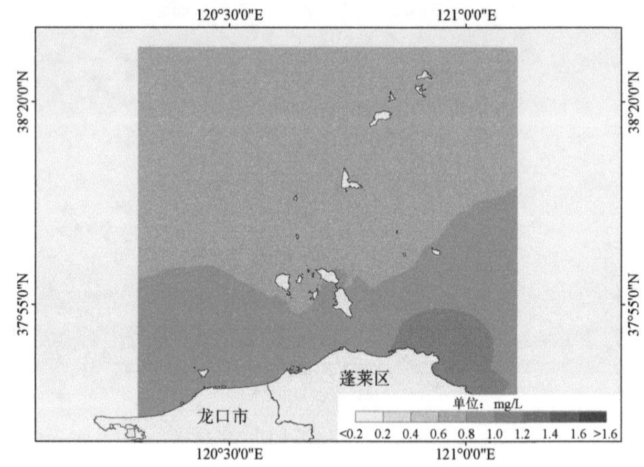

2- 夏季

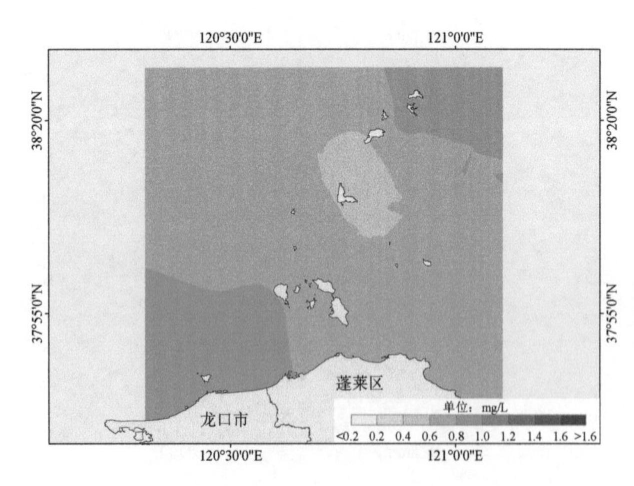

3- 秋季

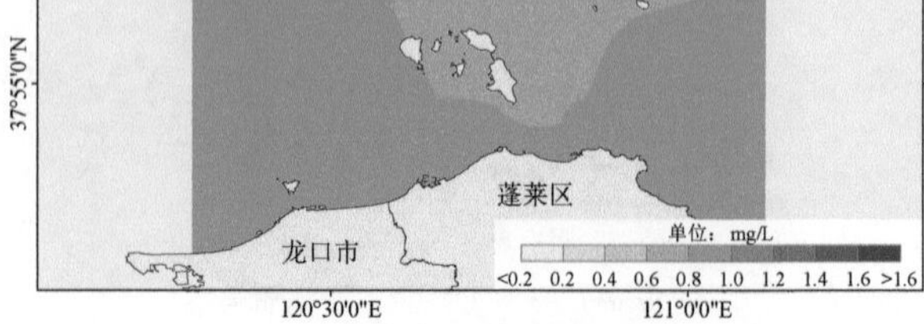

4- 冬季

2022 年庙岛群岛海洋生态环境监测

Marine Eco-Environment Monitoring in Miaodao Archipelago in 2022

1.1.5 氨氮分布图

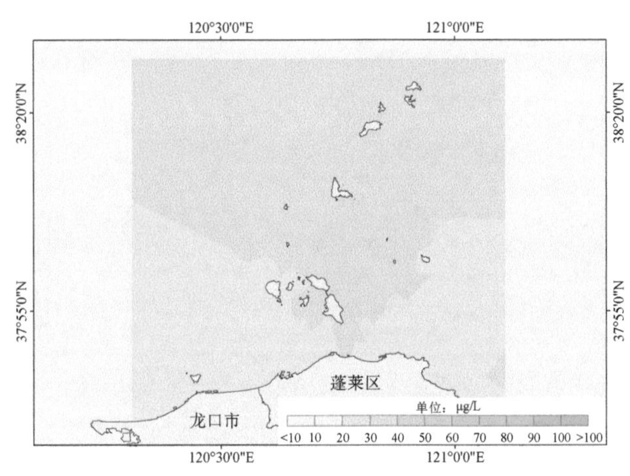

1- 春季

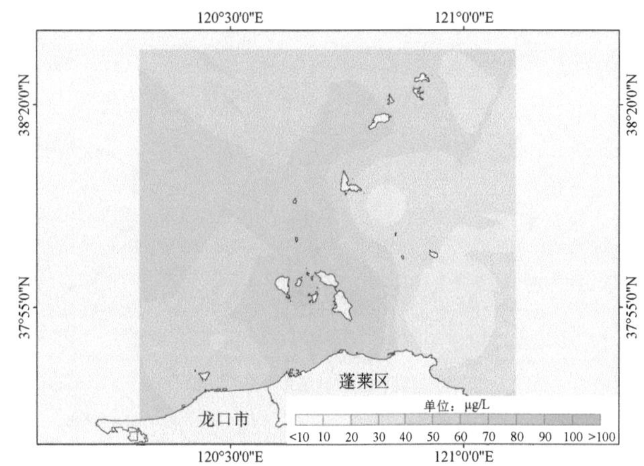

2- 夏季

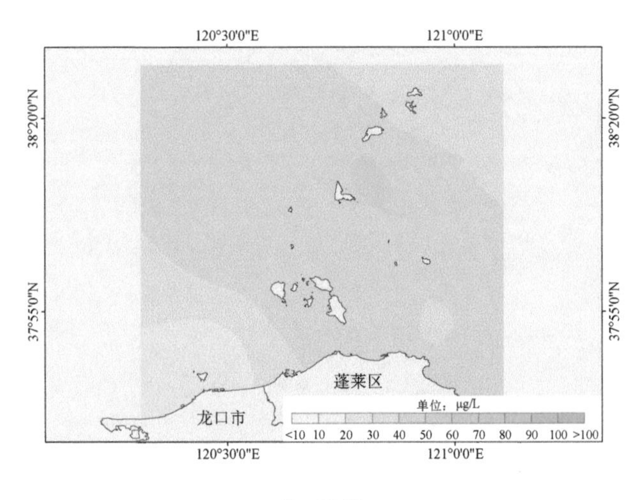

3- 秋季

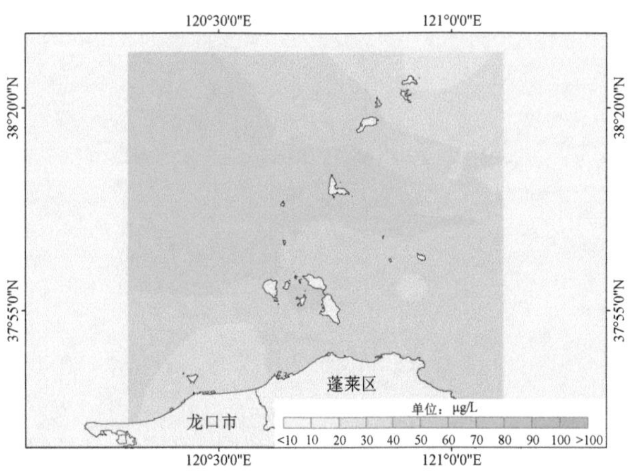

4- 冬季

2022 年庙岛群岛海洋生态环境监测
Marine Eco-Environment Monitoring in Miaodao Archipelago in 2022

1.1.6 亚硝酸盐分布图

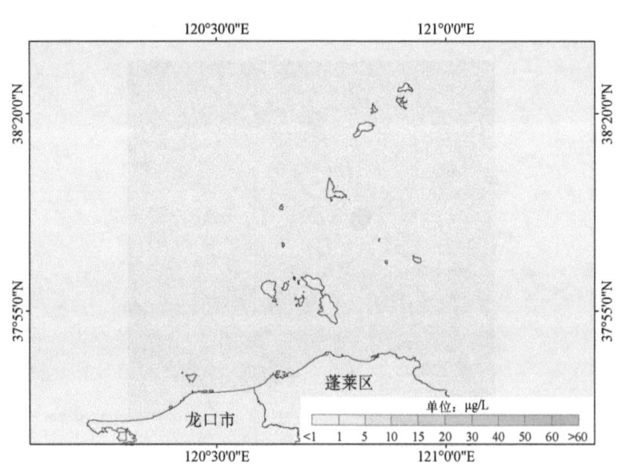

1- 春季

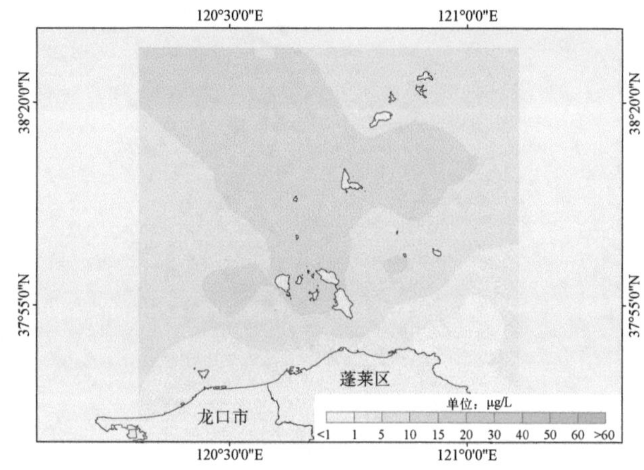

2- 夏季

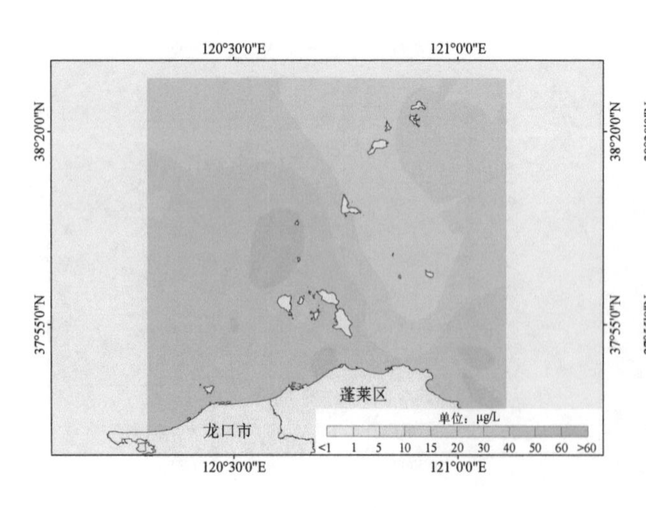

3- 秋季

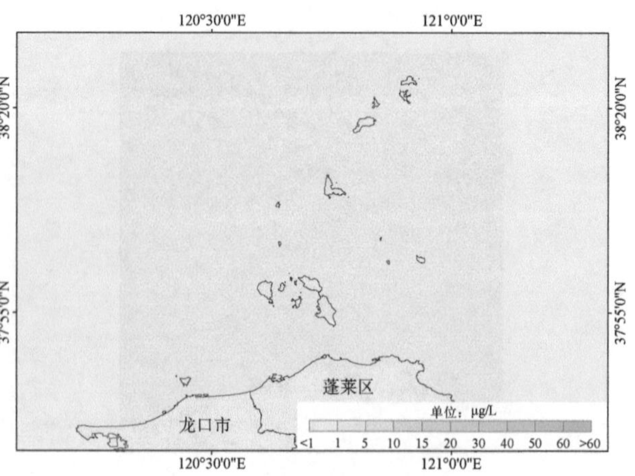

4- 冬季

2022 年庙岛群岛海洋生态环境监测
Marine Eco-Environment Monitoring in Miaodao Archipelago in 2022

1.1.7 硝酸盐分布图

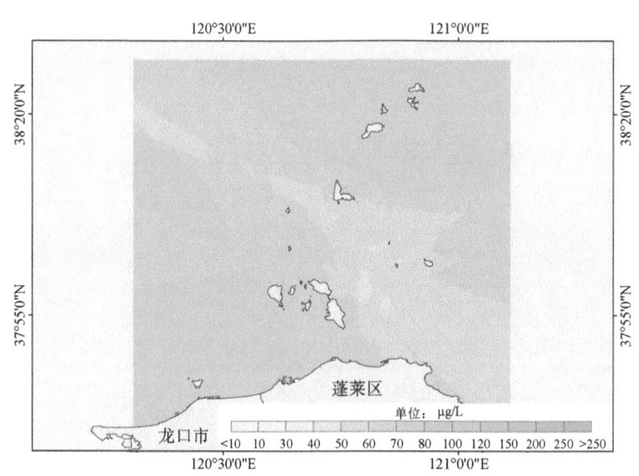

1- 春季

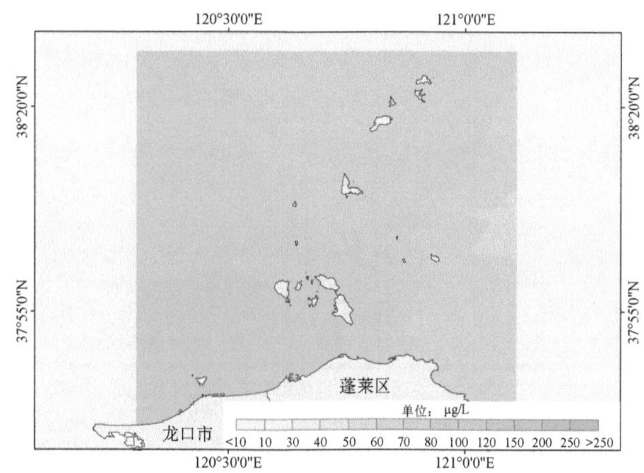

2- 夏季

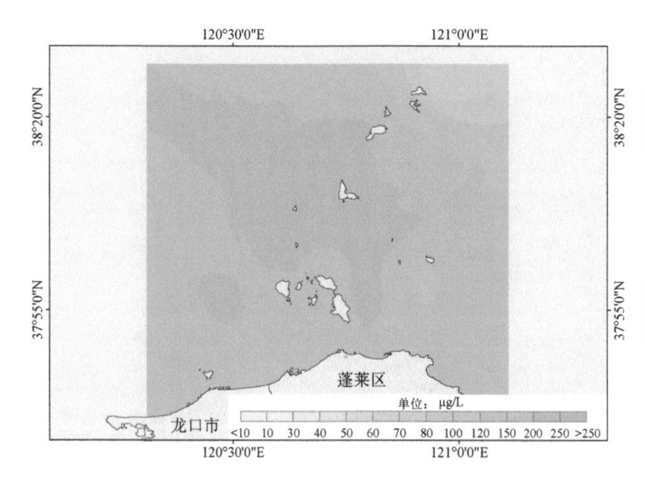

3- 秋季

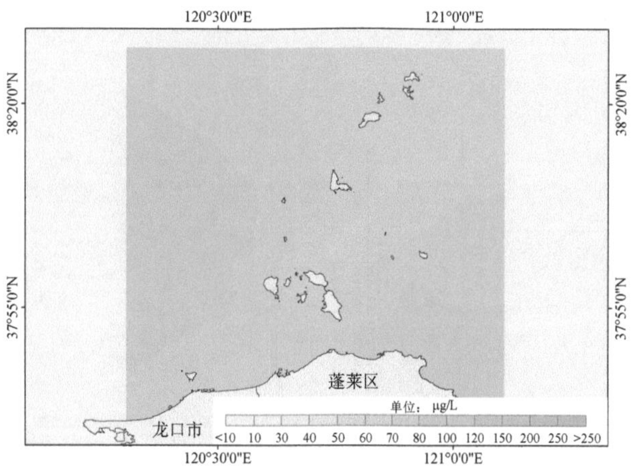

4- 冬季

2022年庙岛群岛海洋生态环境监测
Marine Eco-Environment Monitoring in Miaodao Archipelago in 2022

1.1.8 无机氮分布图

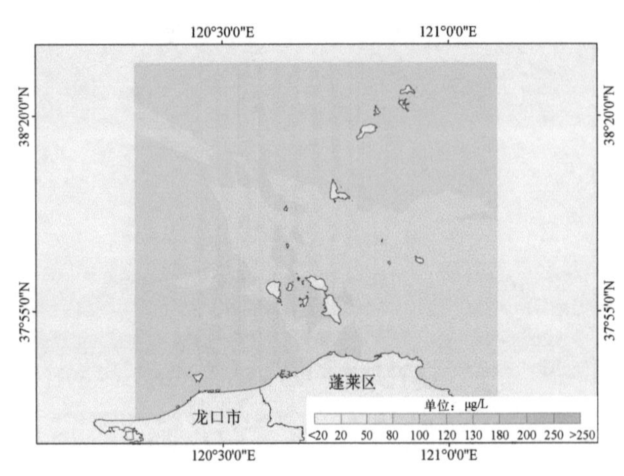

1- 春季

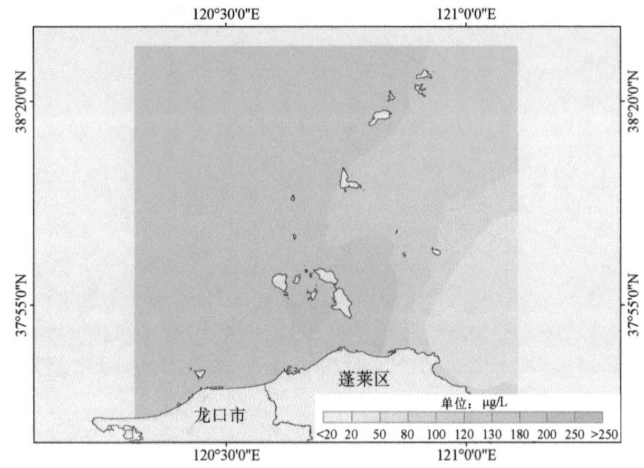

2- 夏季

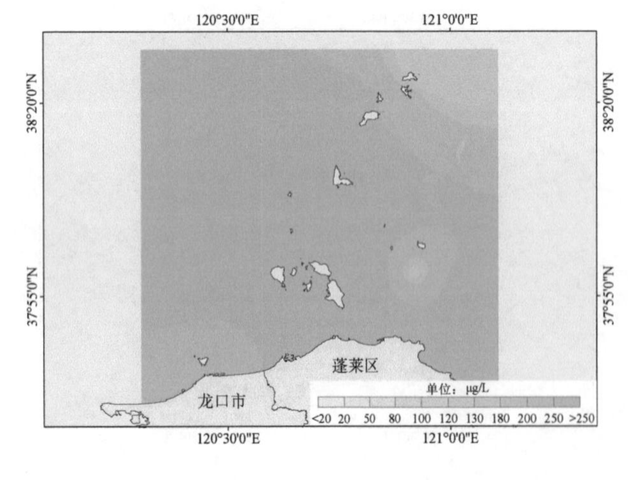

3- 秋季

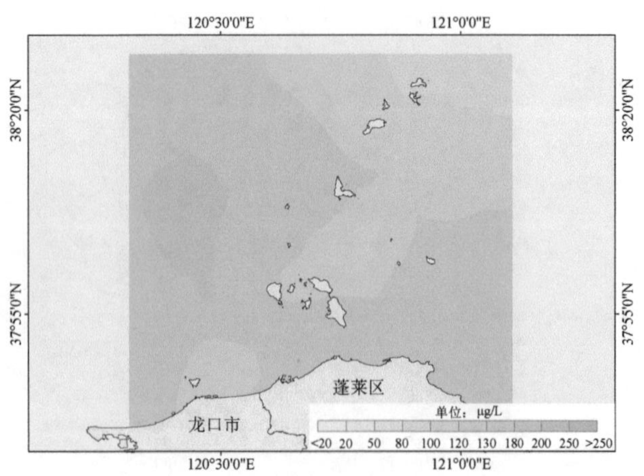

4- 冬季

2022 年庙岛群岛海洋生态环境监测

Marine Eco-Environment Monitoring in Miaodao Archipelago in 2022

1.1.9 活性磷酸盐分布图

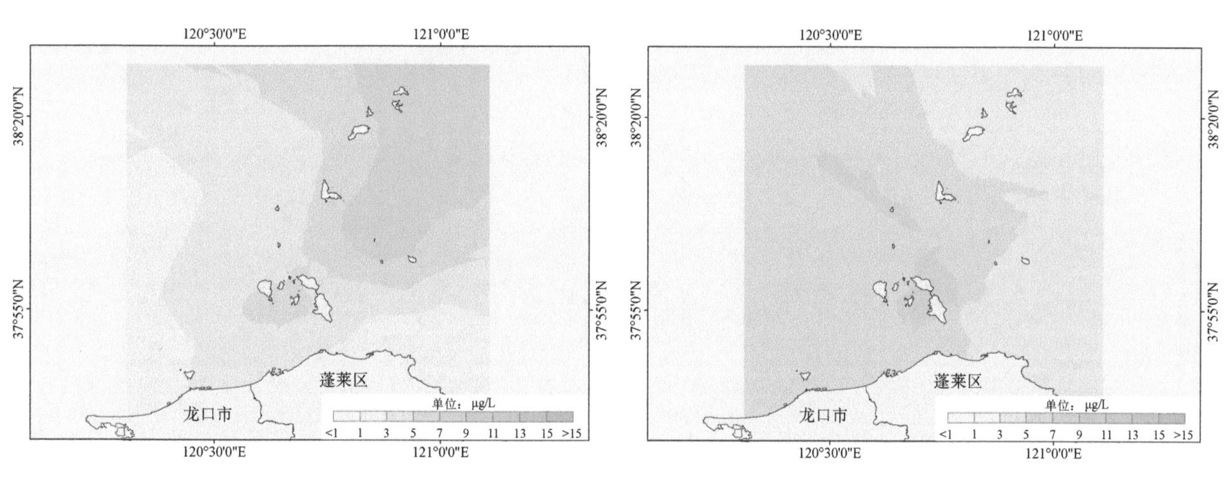

1- 春季

2- 夏季

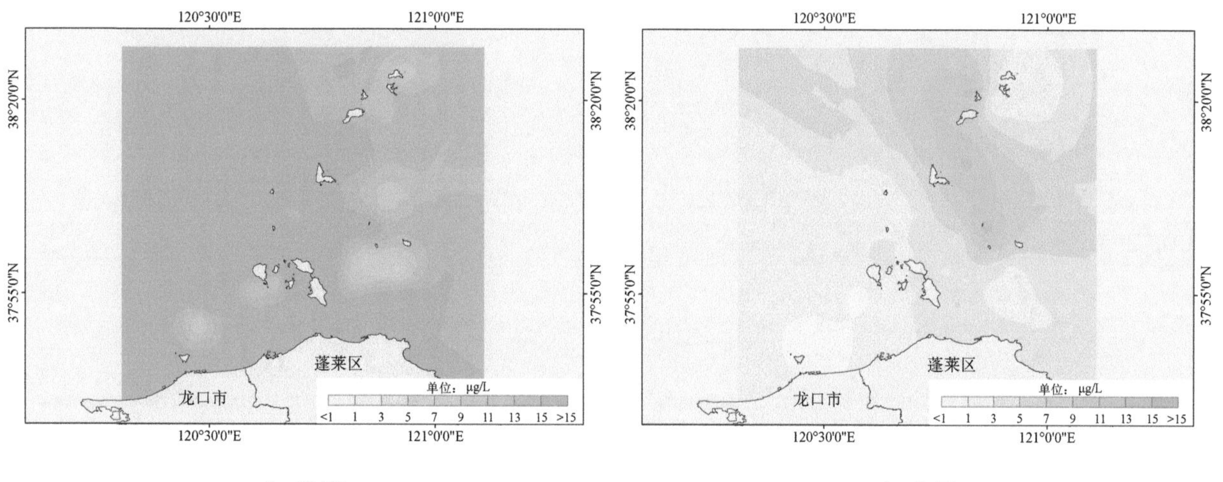

3- 秋季

4- 冬季

2022 年庙岛群岛海洋生态环境监测
Marine Eco-Environment Monitoring in Miaodao Archipelago in 2022

1.1.10 叶绿素 a 分布图

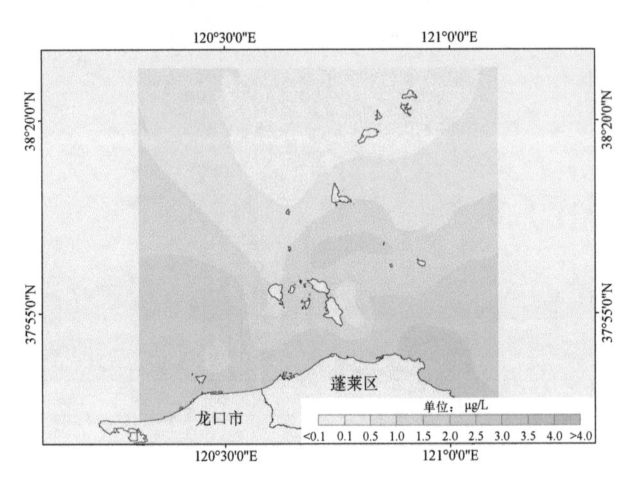

1- 春季

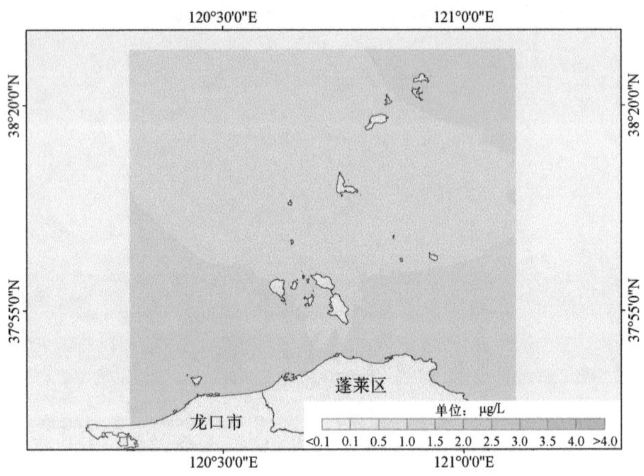

2- 夏季

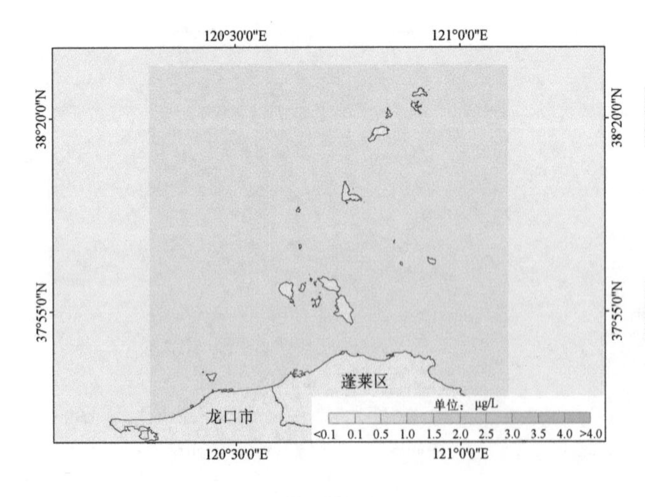

3- 秋季

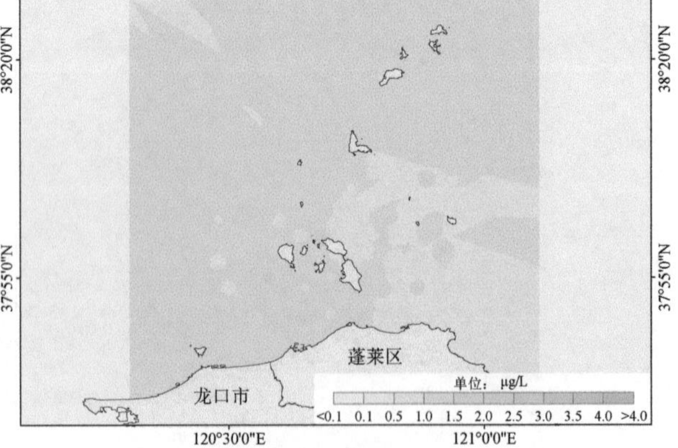

4- 冬季

2022 年庙岛群岛海洋生态环境监测
Marine Eco-Environment Monitoring in Miaodao Archipelago in 2022

1.1.11 石油类分布图

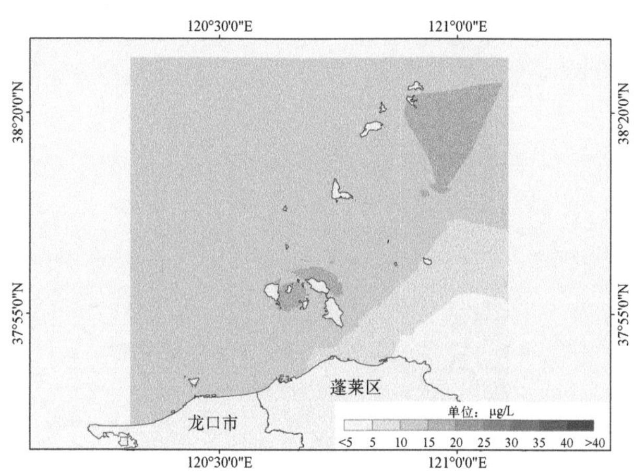

1- 春季

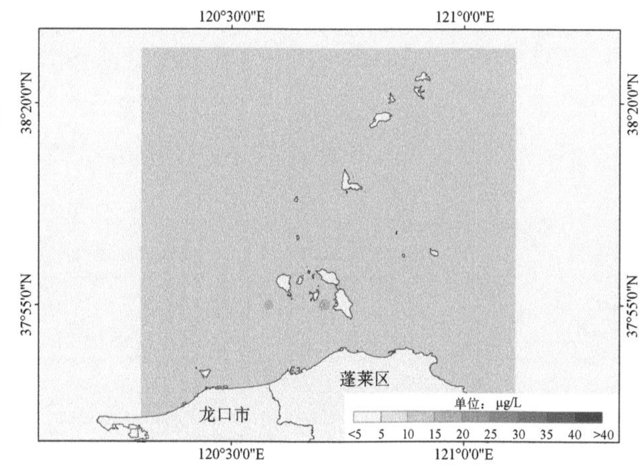

2- 夏季

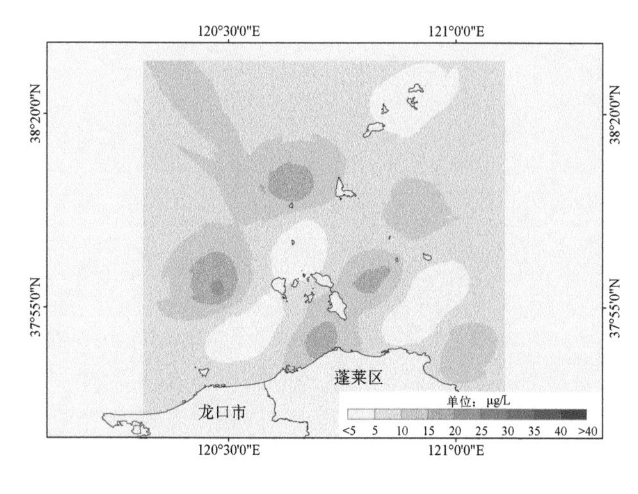

3- 秋季

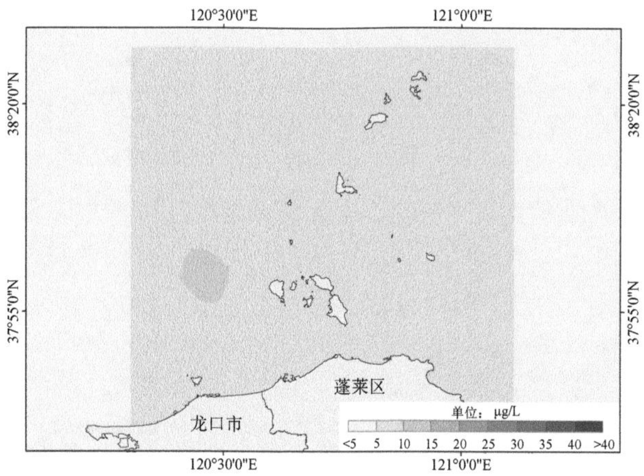

4- 冬季

1 2022 年庙岛群岛海洋生态环境监测
Marine Eco-Environment Monitoring in Miaodao Archipelago in 2022

1.1.12 总氮分布图

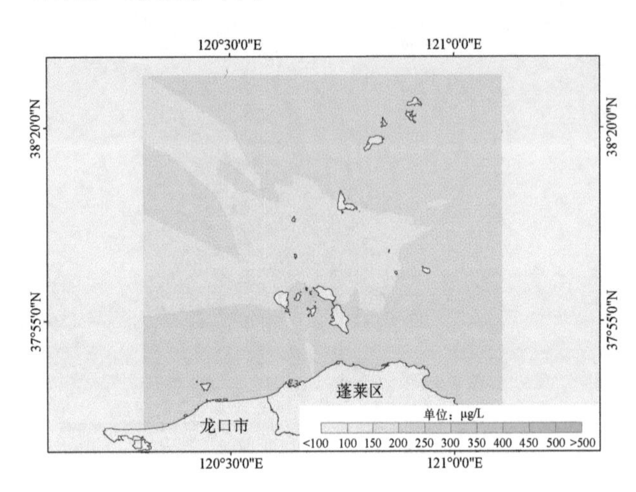

1- 春季

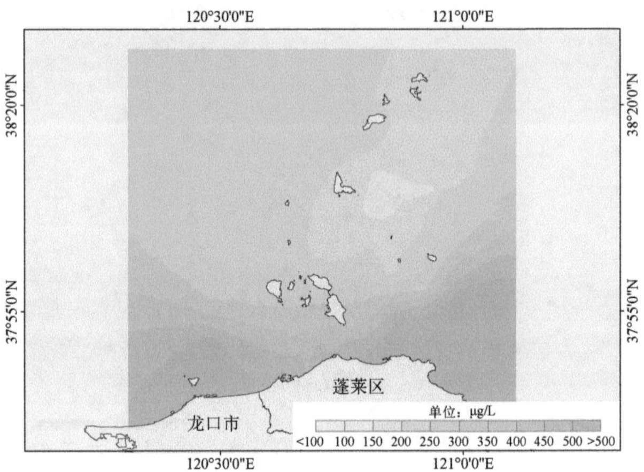

2- 夏季

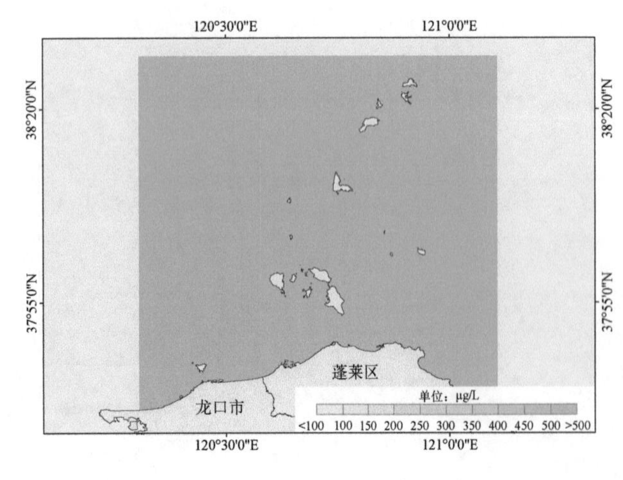

3- 秋季

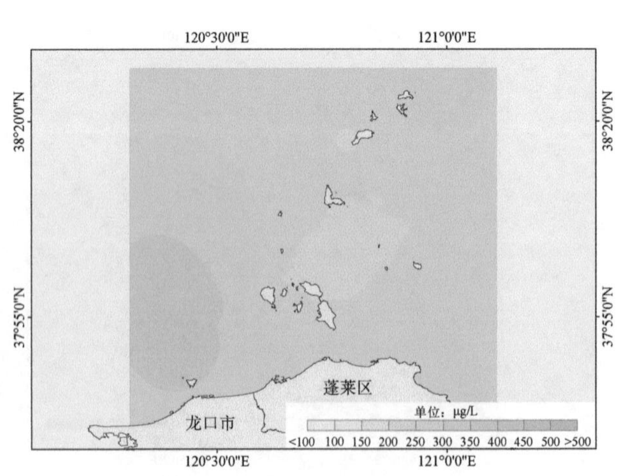

4- 冬季

2022 年庙岛群岛海洋生态环境监测
Marine Eco-Environment Monitoring in Miaodao Archipelago in 2022

1.1.13 总磷分布图

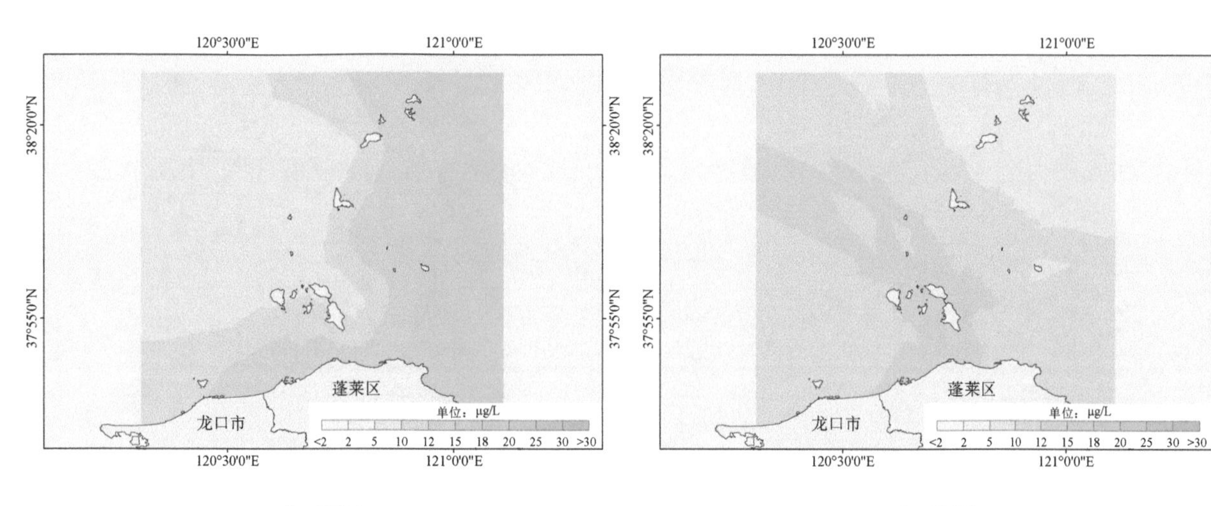

1- 春季　　2- 夏季

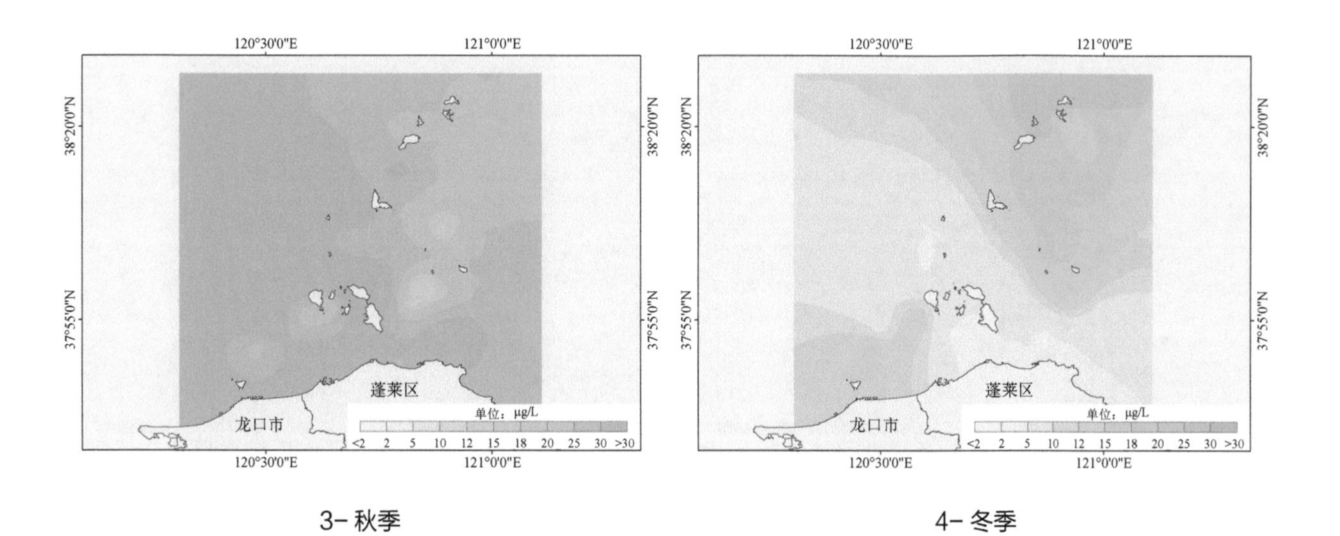

3- 秋季　　4- 冬季

2022 年庙岛群岛海洋生态环境监测
Marine Eco-Environment Monitoring in Miaodao Archipelago in 2022

1.1.14 硅酸盐分布图

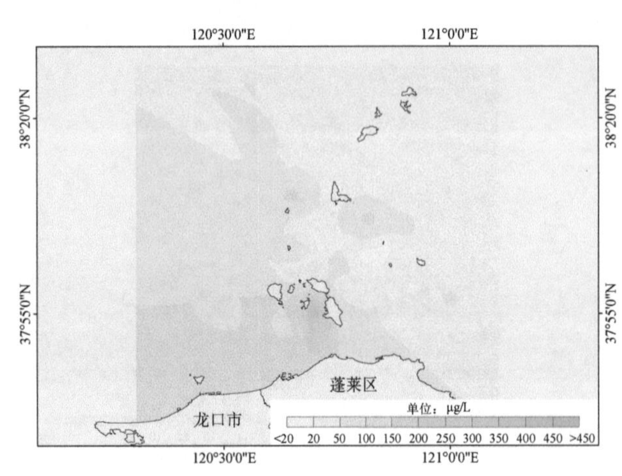

1- 春季

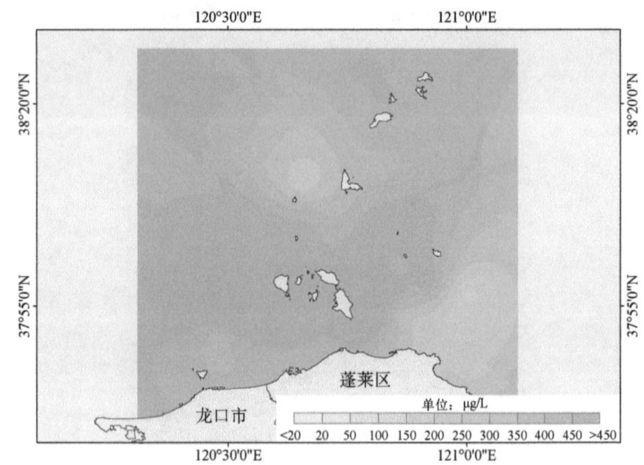

2- 夏季

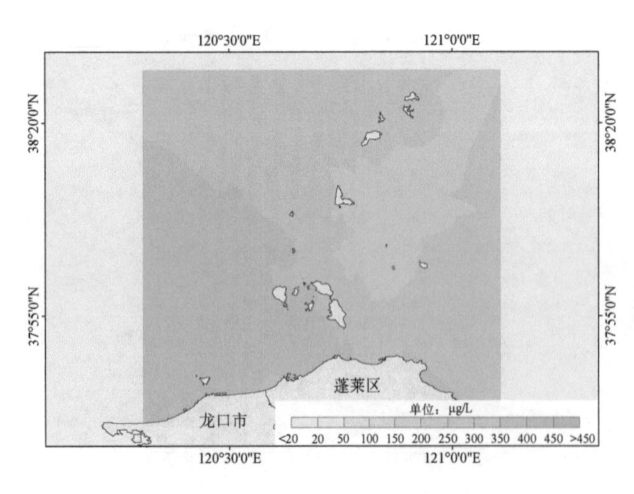

3- 秋季

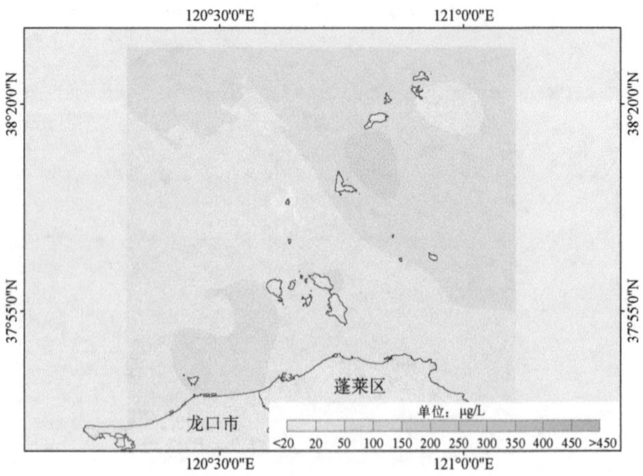

4- 冬季

2022 年庙岛群岛海洋生态环境监测

Marine Eco-Environment Monitoring in Miaodao Archipelago in 2022

1.1.15 悬浮物分布图

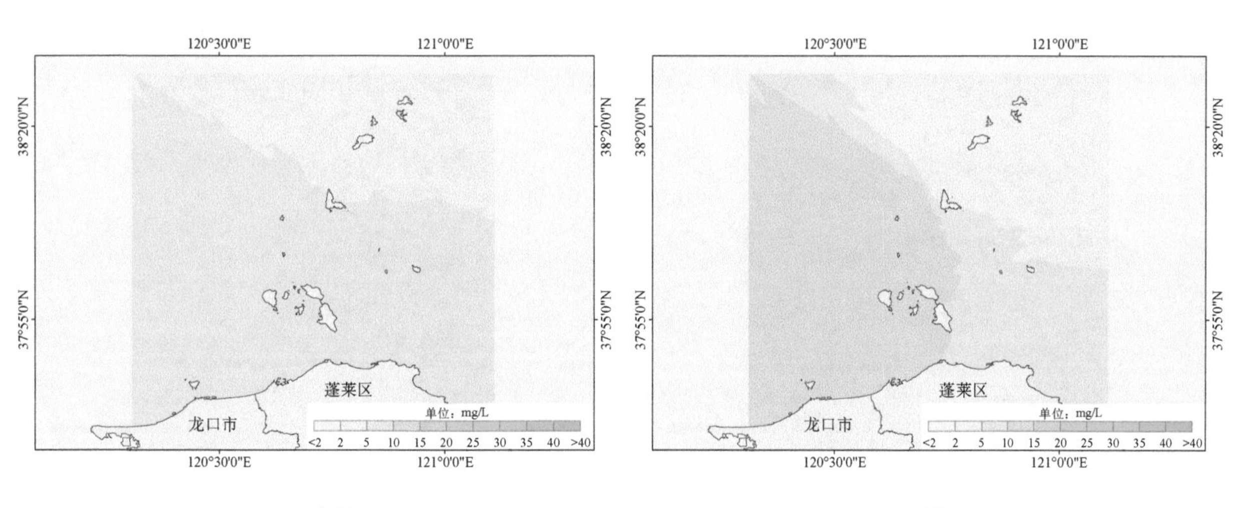

1- 春季　　2- 夏季

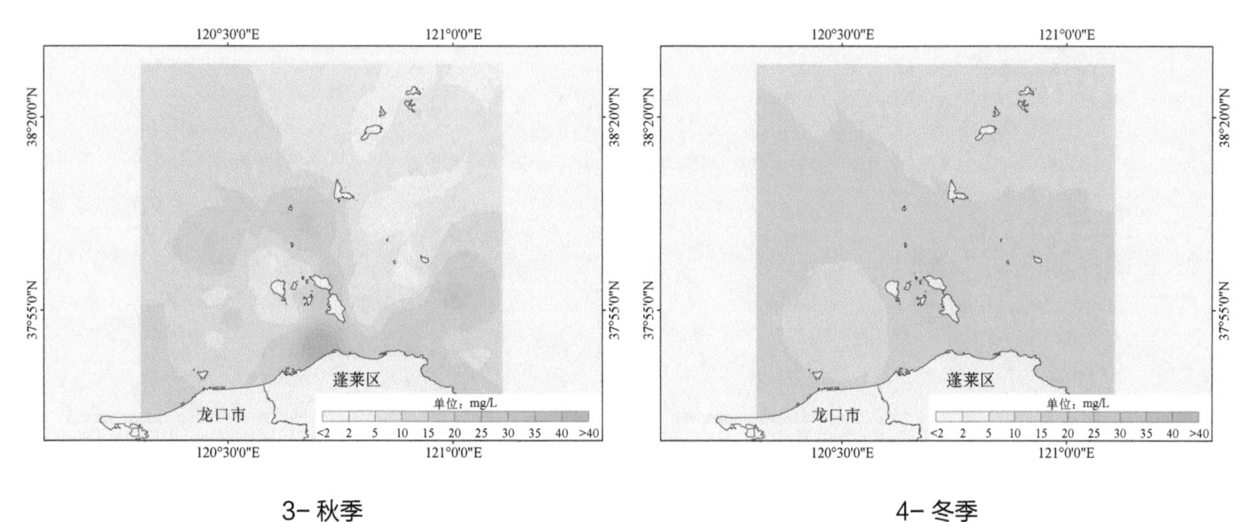

3- 秋季　　4- 冬季

2022 年庙岛群岛海洋生态环境监测
Marine Eco-Environment Monitoring in Miaodao Archipelago in 2022

1.1.16 重金属分布图

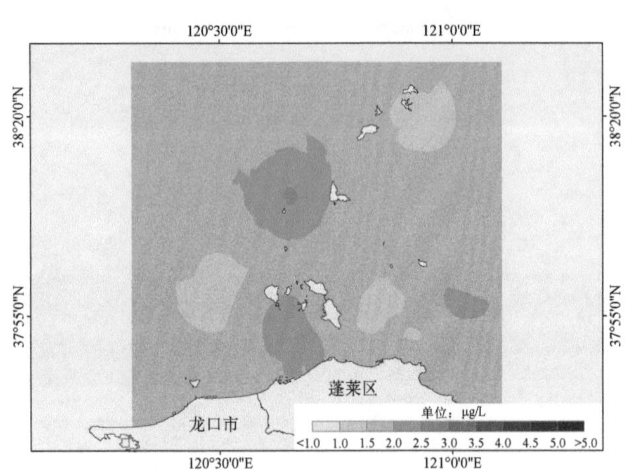

1- 铜（夏季）

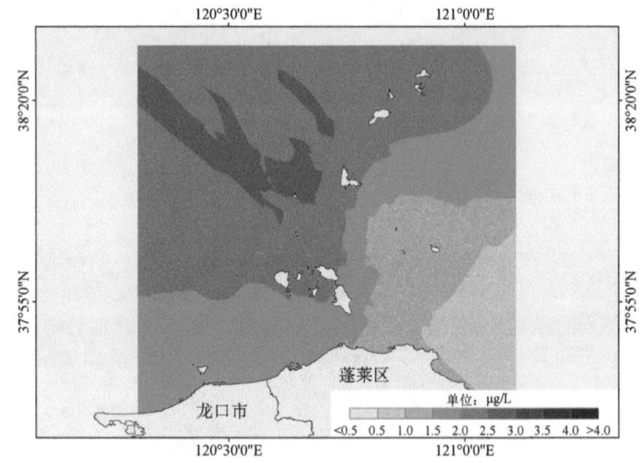

2- 铅（夏季）

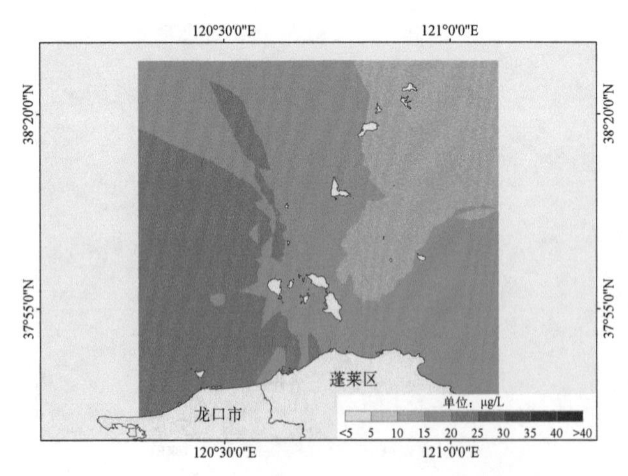

3- 锌（夏季）

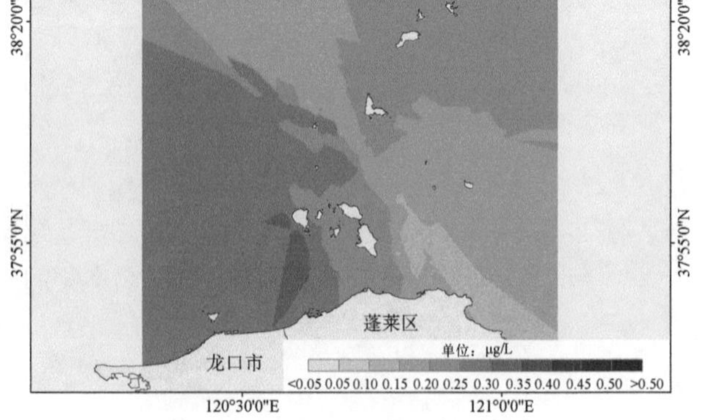

4- 镉（夏季）

2022 年庙岛群岛海洋生态环境监测
Marine Eco-Environment Monitoring in Miaodao Archipelago in 2022

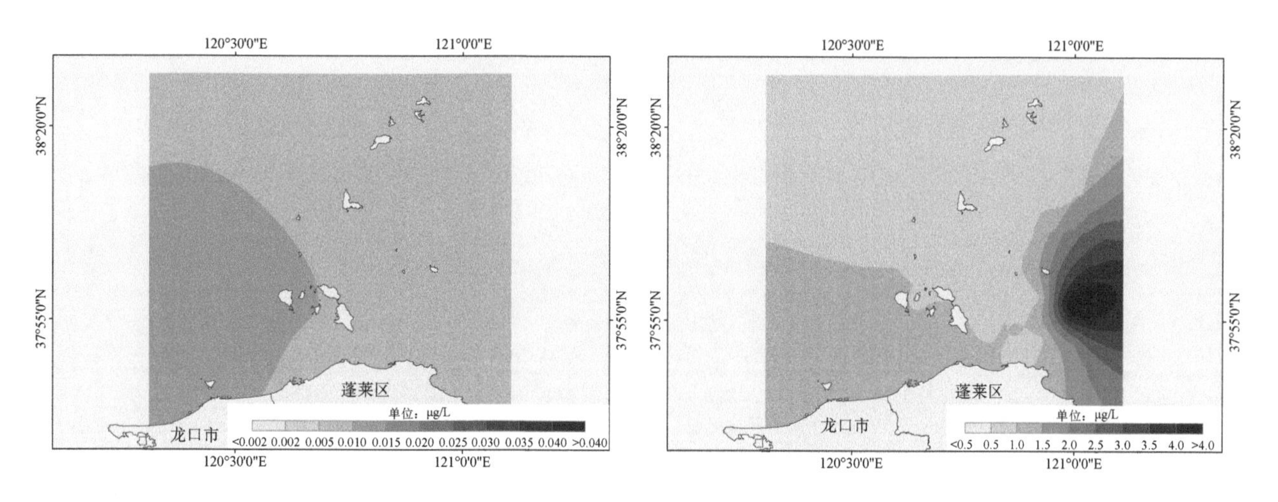

5- 汞（夏季）　　6- 砷[①]（夏季）

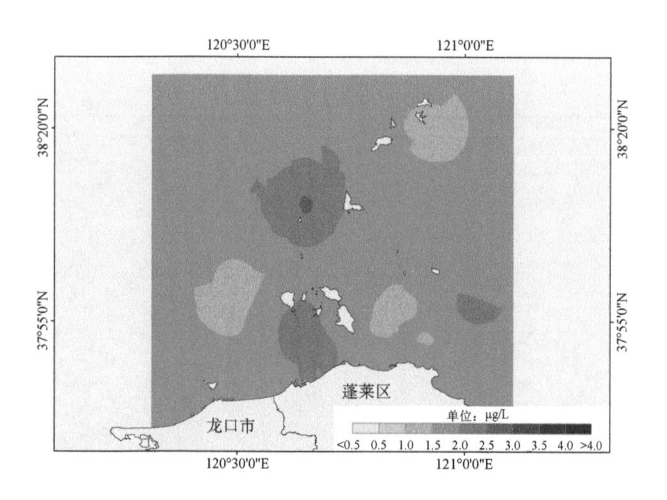

7- 铬（夏季）

①砷为非金属元素，因其具有金属性质，此处将其视作金属。后文同。

2022 年庙岛群岛海洋生态环境监测
Marine Eco-Environment Monitoring in Miaodao Archipelago in 2022

1.1.17 氮磷比分布图

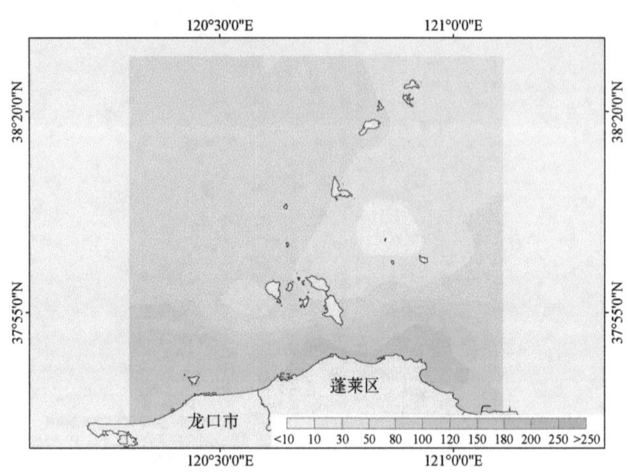

1- 春季

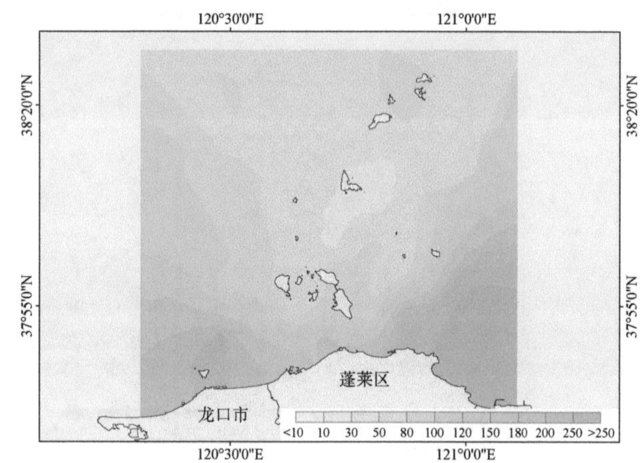

2- 夏季

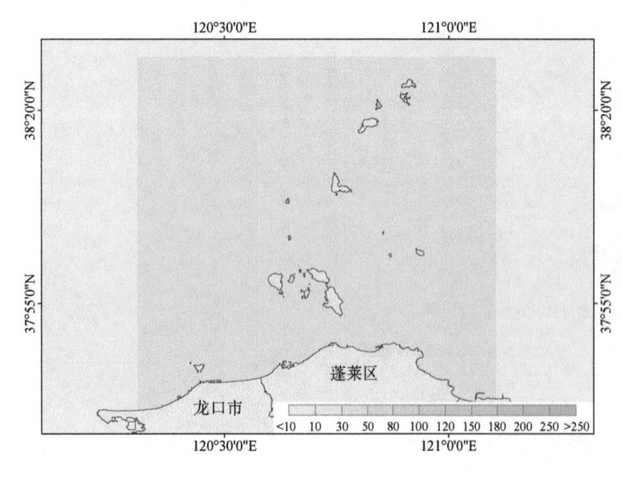

3- 秋季

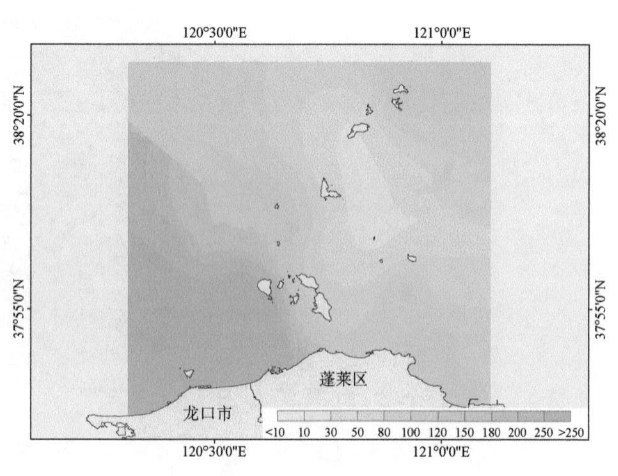

4- 冬季

2022 年庙岛群岛海洋生态环境监测
Marine Eco-Environment Monitoring in Miaodao Archipelago in 2022

1.1.18 硅磷比分布图

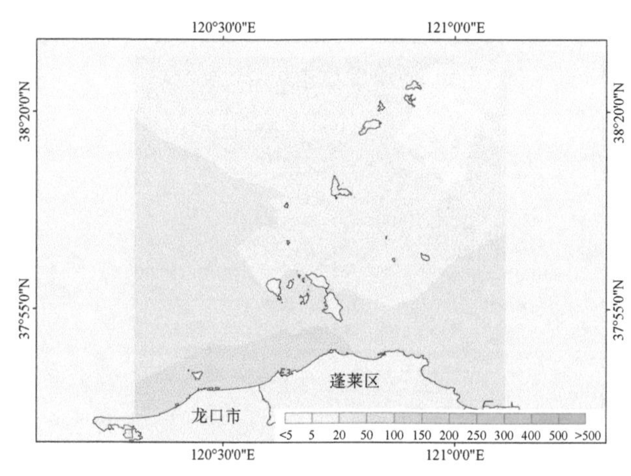

1- 春季

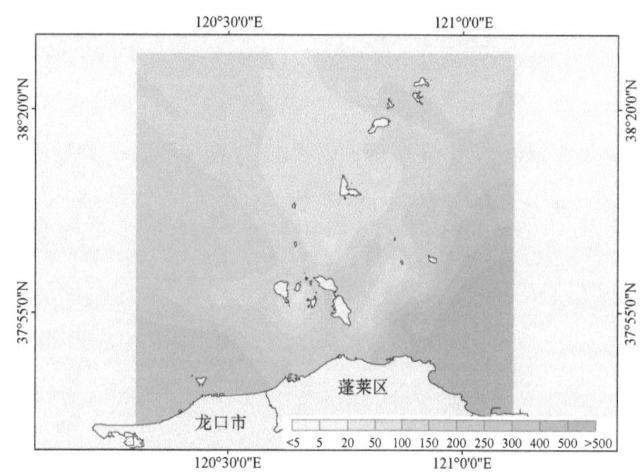

2- 夏季

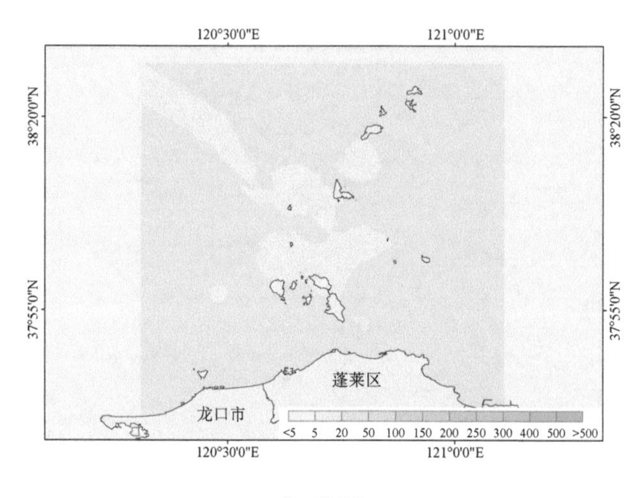

3- 秋季

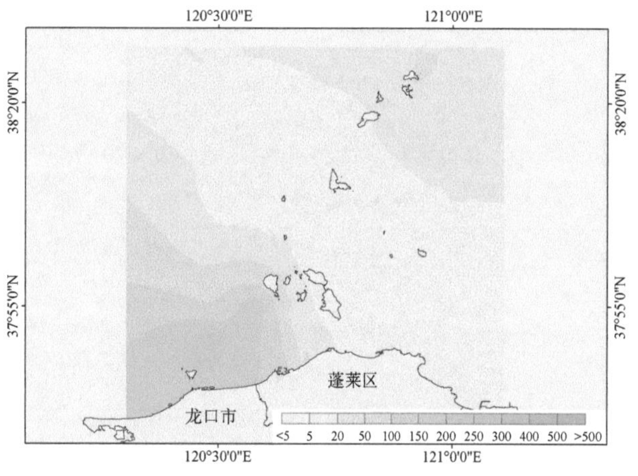

4- 冬季

1.1.19 硅氮比分布图

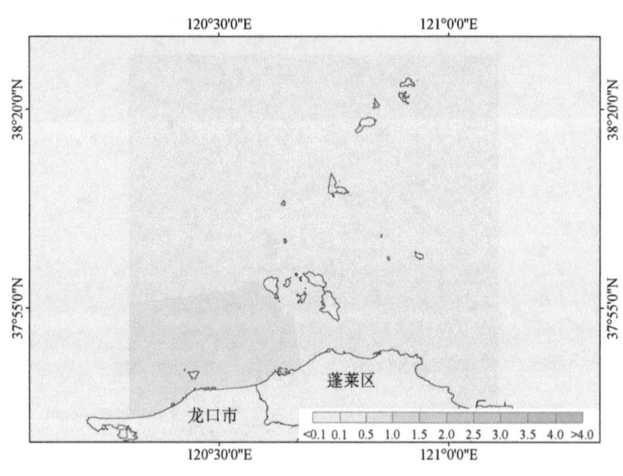

1- 春季

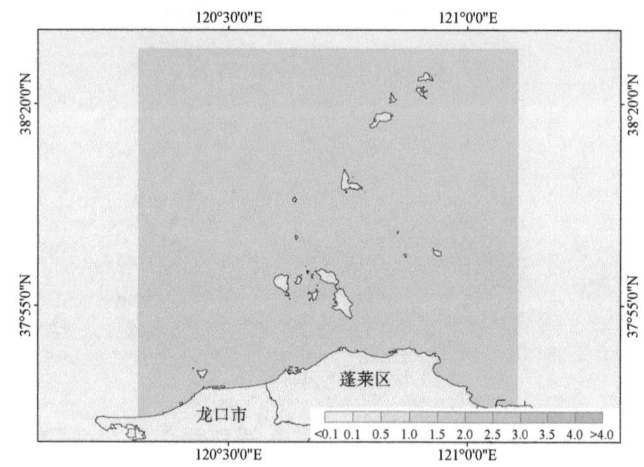

2- 夏季

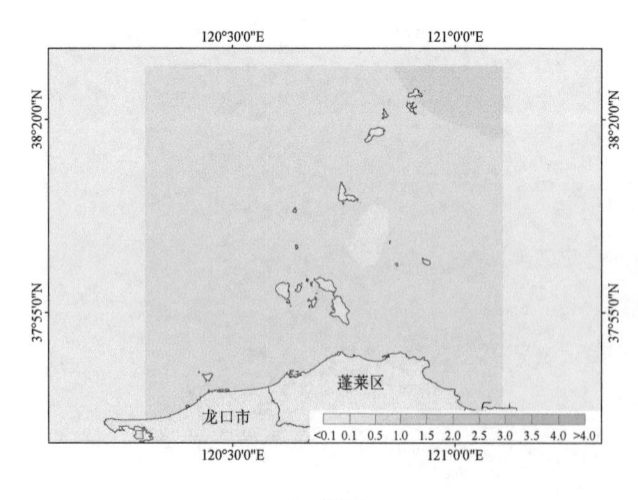

3- 秋季

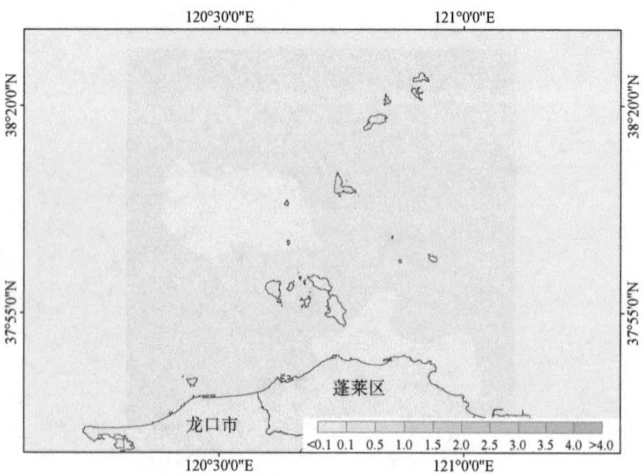

4- 冬季

2022 年庙岛群岛海洋生态环境监测
Marine Eco-Environment Monitoring in Miaodao Archipelago in 2022

1.2 沉积环境

1.2.1 重金属分布图

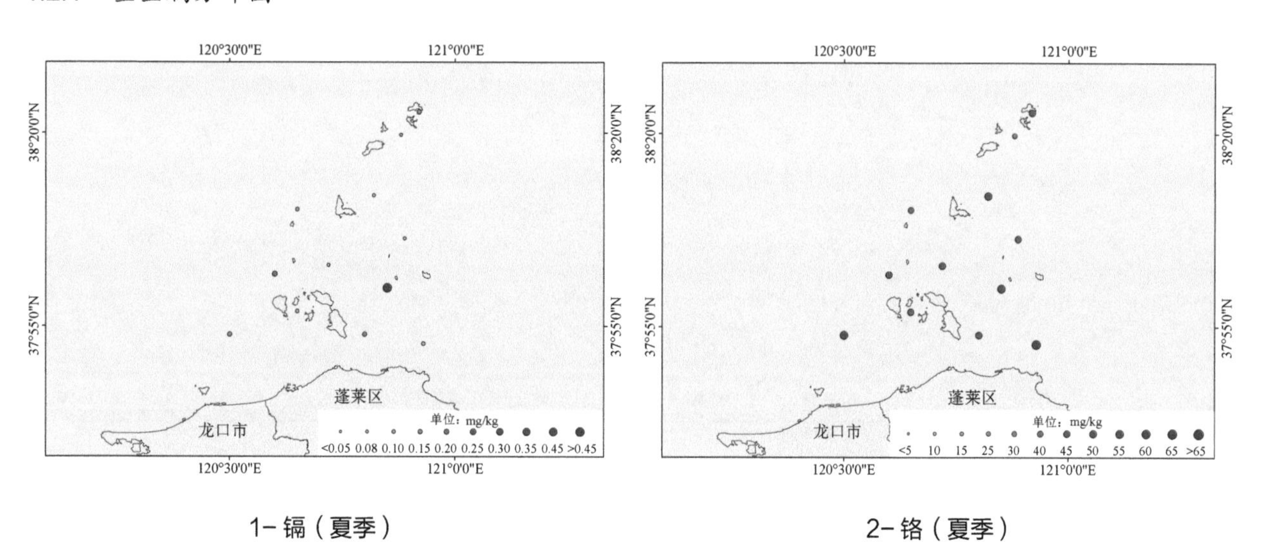

1- 镉（夏季）

2- 铬（夏季）

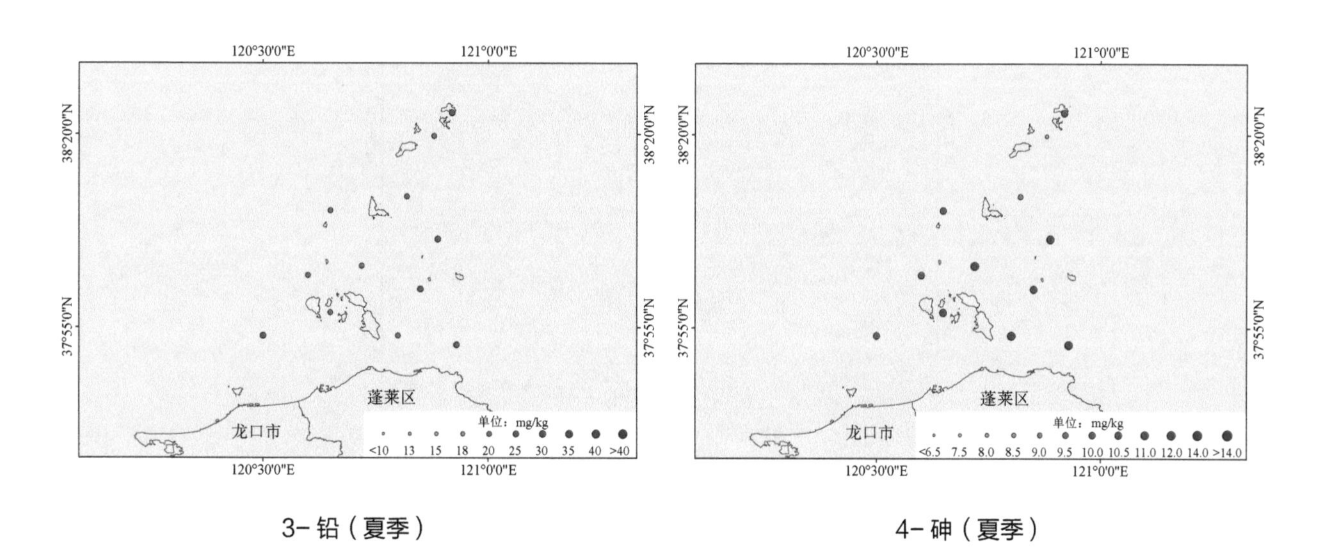

3- 铅（夏季）

4- 砷（夏季）

2022 年庙岛群岛海洋生态环境监测
Marine Eco-Environment Monitoring in Miaodao Archipelago in 2022

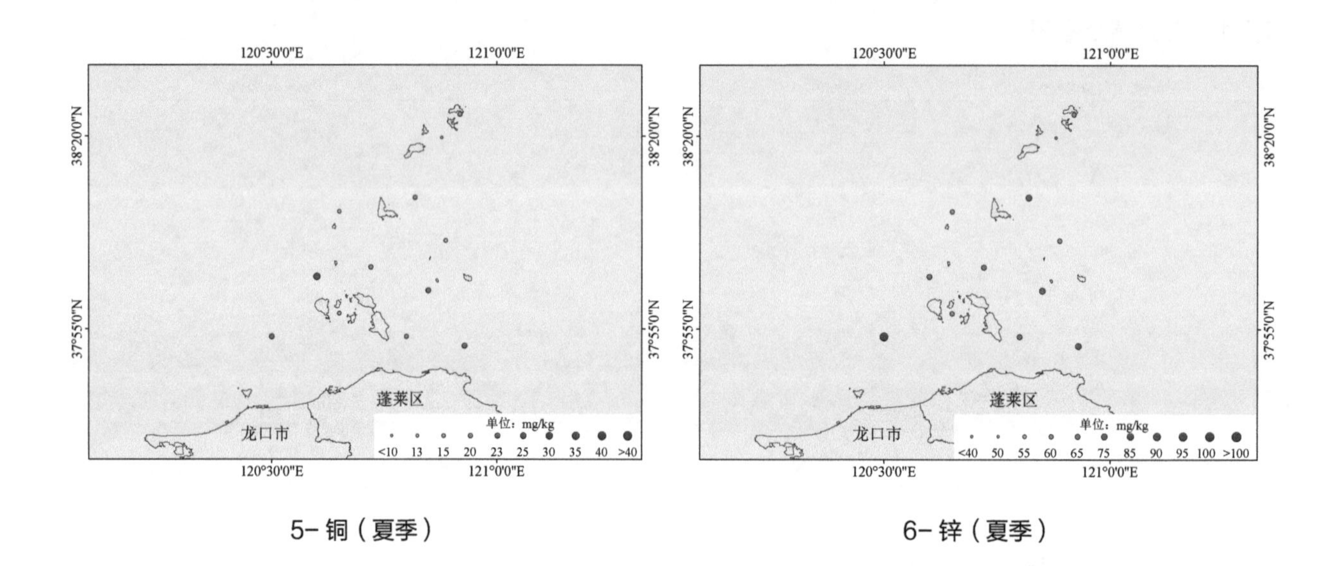

5- 铜（夏季）

6- 锌（夏季）

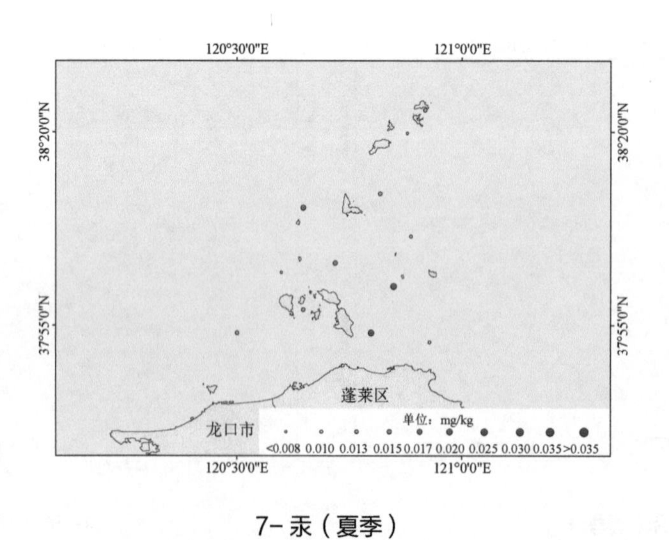

7- 汞（夏季）

2022 年庙岛群岛海洋生态环境监测

Marine Eco-Environment Monitoring in Miaodao Archipelago in 2022

1.2.2 硫化物分布图

夏季

1.2.3 石油类分布图

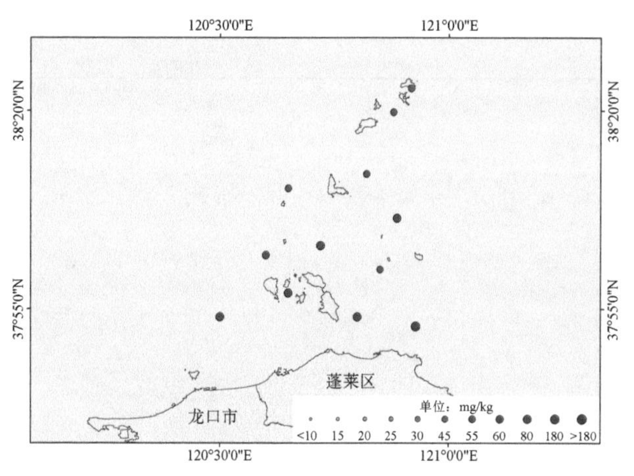

夏季

1.2.4 有机碳分布图

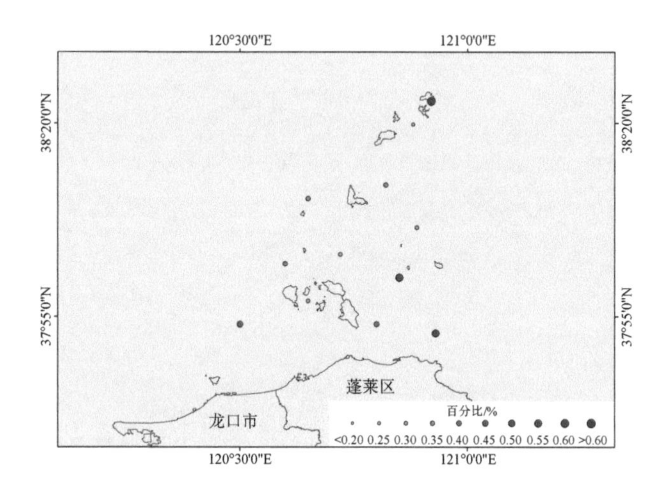

夏季

2022 年庙岛群岛海洋生态环境监测
Marine Eco-Environment Monitoring in Miaodao Archipelago in 2022

1.3 生物环境

1.3.1 大型浮游动物分布图

1.3.1.1 种类分布图

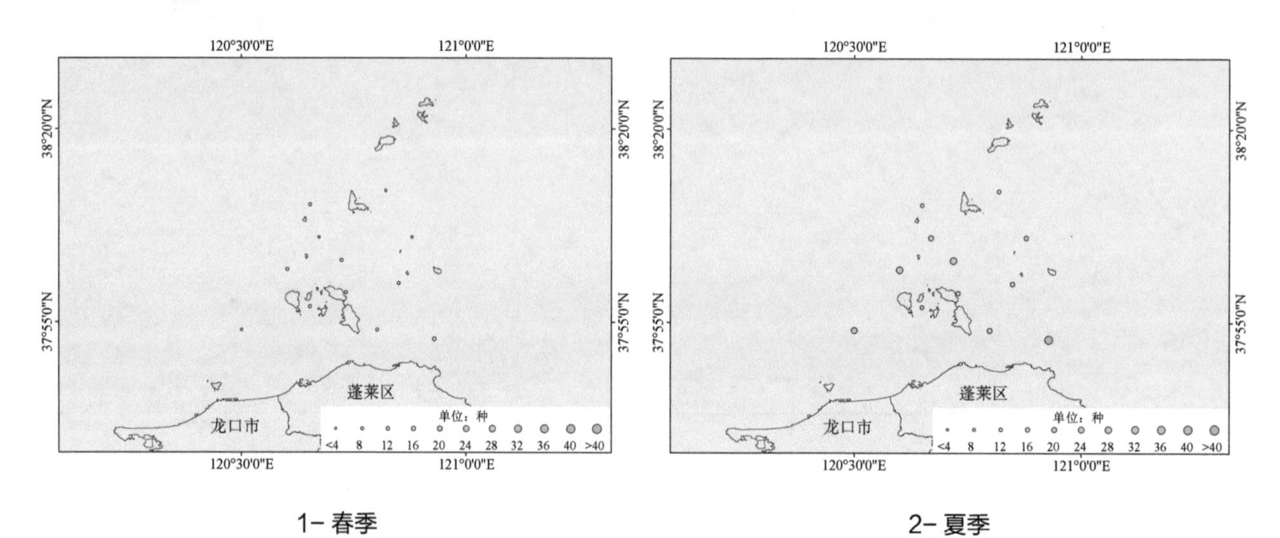

1- 春季　　2- 夏季

1.3.1.2 密度分布图

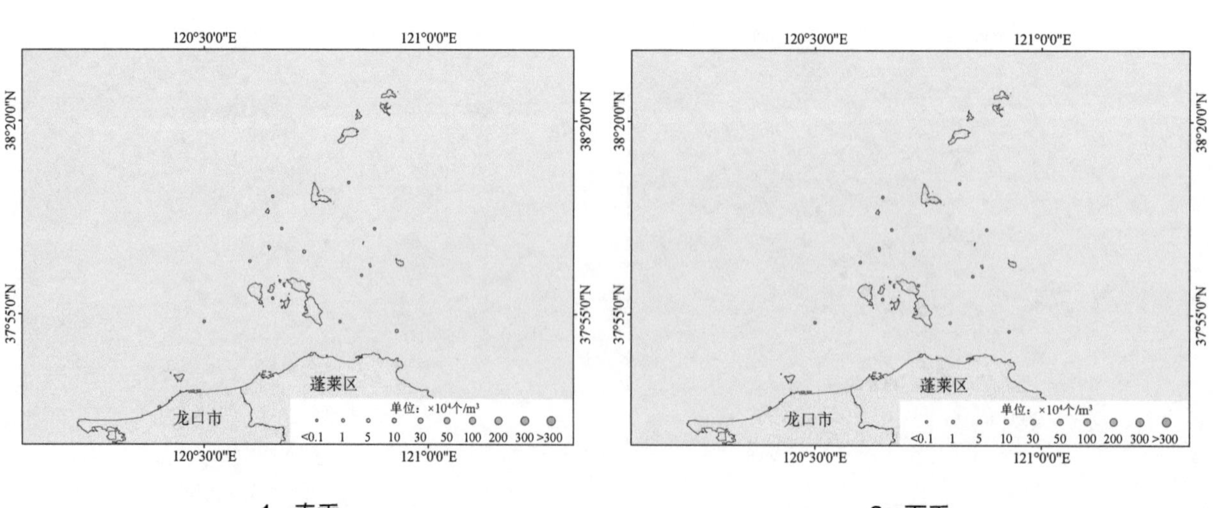

1- 春季　　2- 夏季

2022 年庙岛群岛海洋生态环境监测
Marine Eco-Environment Monitoring in Miaodao Archipelago in 2022

1.3.1.3 生物量分布图

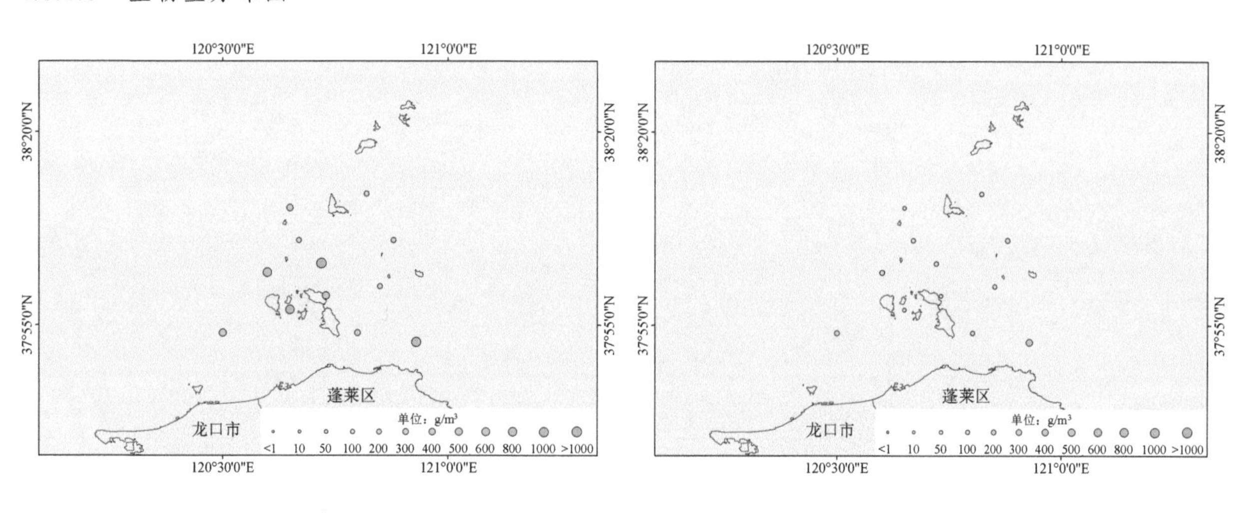

1- 春季　　2- 夏季

1.3.1.4 多样性指数分布图

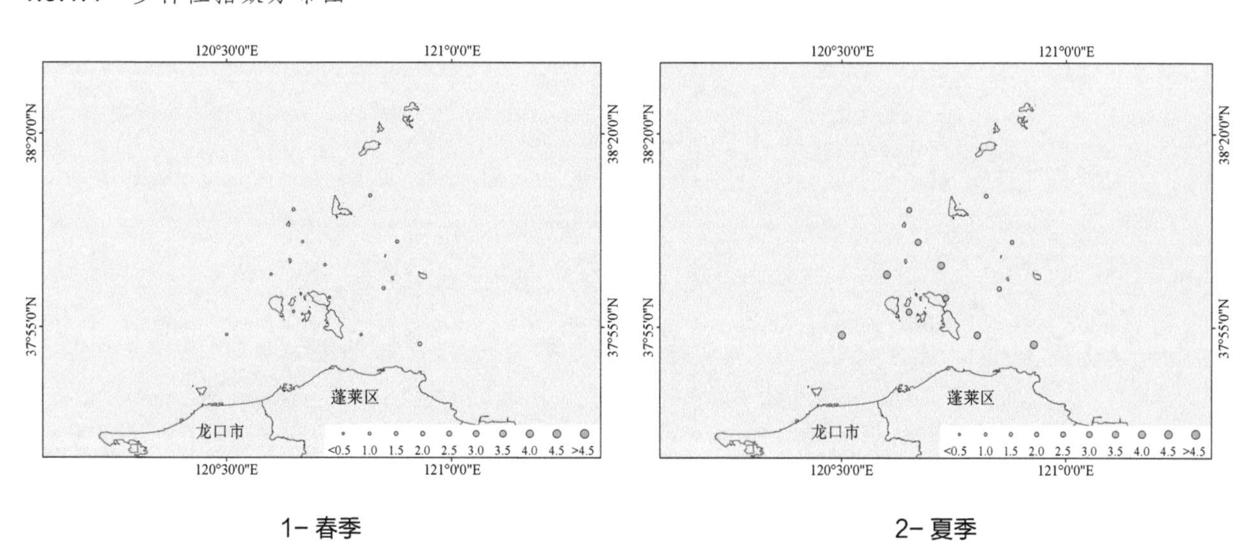

1- 春季　　2- 夏季

2022 年庙岛群岛海洋生态环境监测
Marine Eco-Environment Monitoring in Miaodao Archipelago in 2022

1.3.1.5 均匀度指数分布图

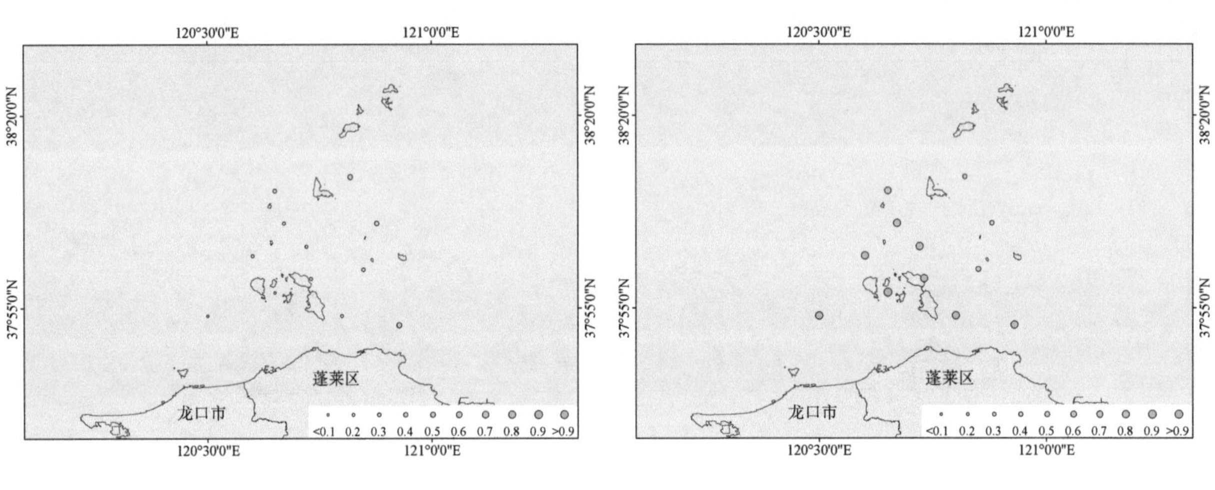

1- 春季　　2- 夏季

1.3.1.6 丰富度指数分布图

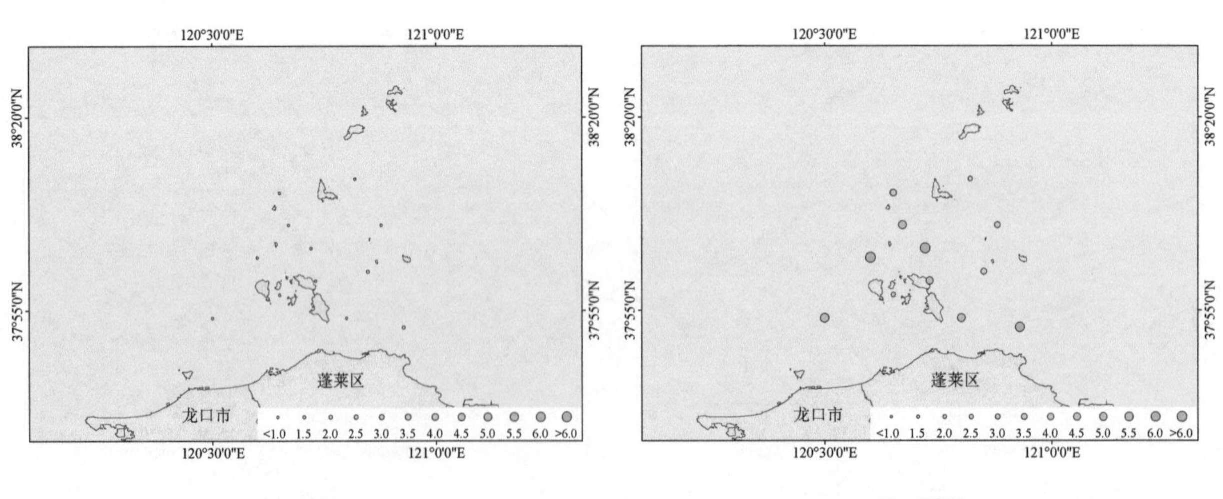

1- 春季　　2- 夏季

1.3.2 小型浮游动物分布图

1.3.2.1 种类分布图

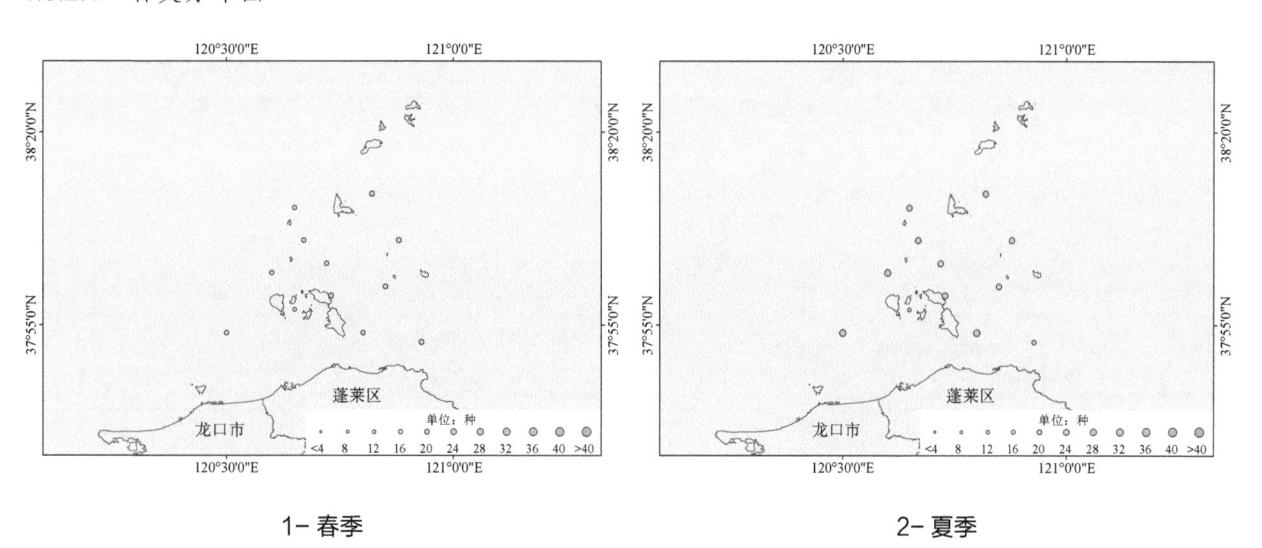

1- 春季　　2- 夏季

1.3.2.2 密度分布图

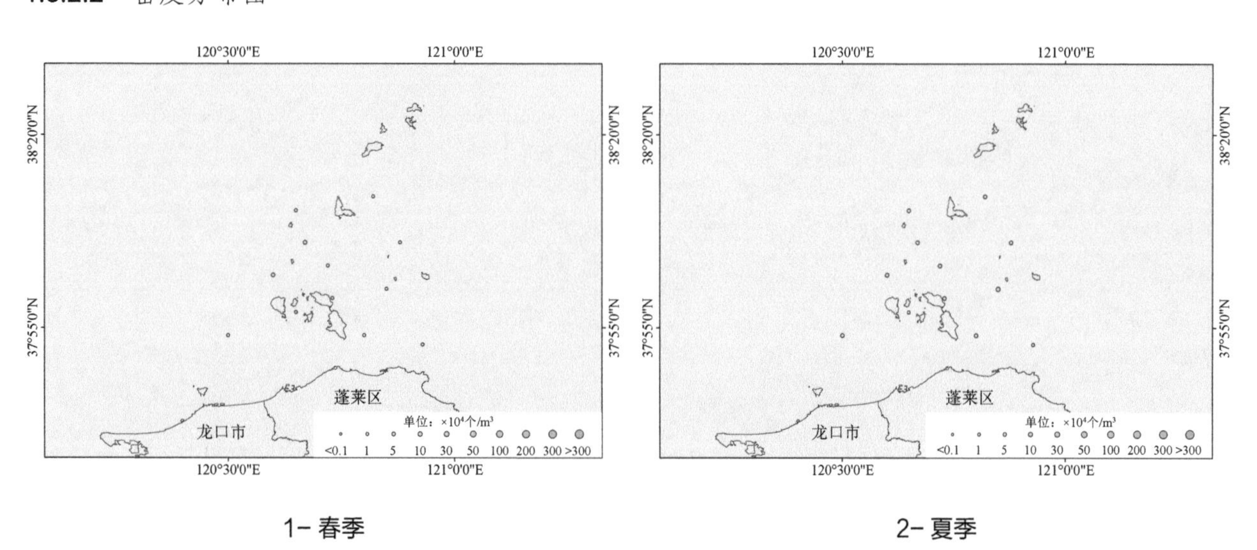

1- 春季　　2- 夏季

2022 年庙岛群岛海洋生态环境监测
Marine Eco-Environment Monitoring in Miaodao Archipelago in 2022

1.3.2.3 多样性指数分布图

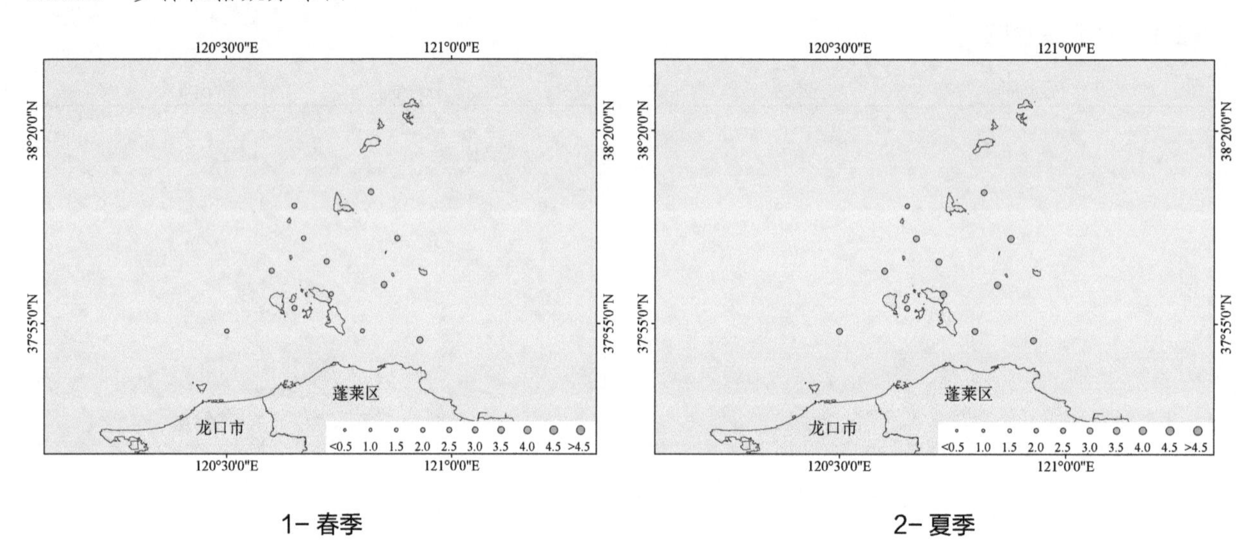

1- 春季　　2- 夏季

1.3.2.4 均匀度指数分布图

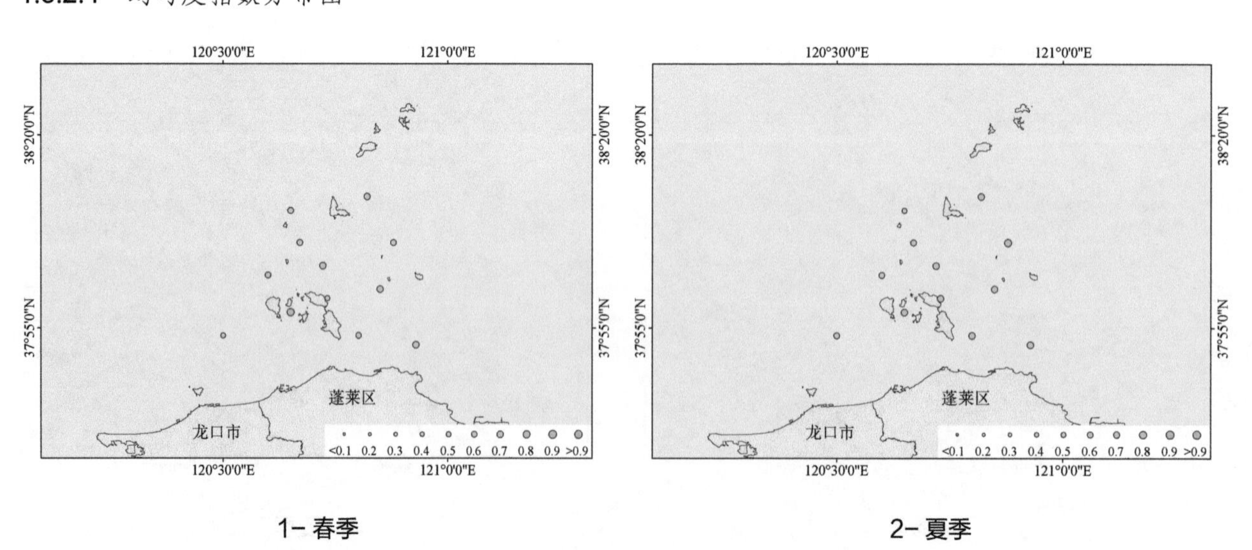

1- 春季　　2- 夏季

2022 年庙岛群岛海洋生态环境监测
Marine Eco-Environment Monitoring in Miaodao Archipelago in 2022

1.3.2.5 丰富度指数分布图

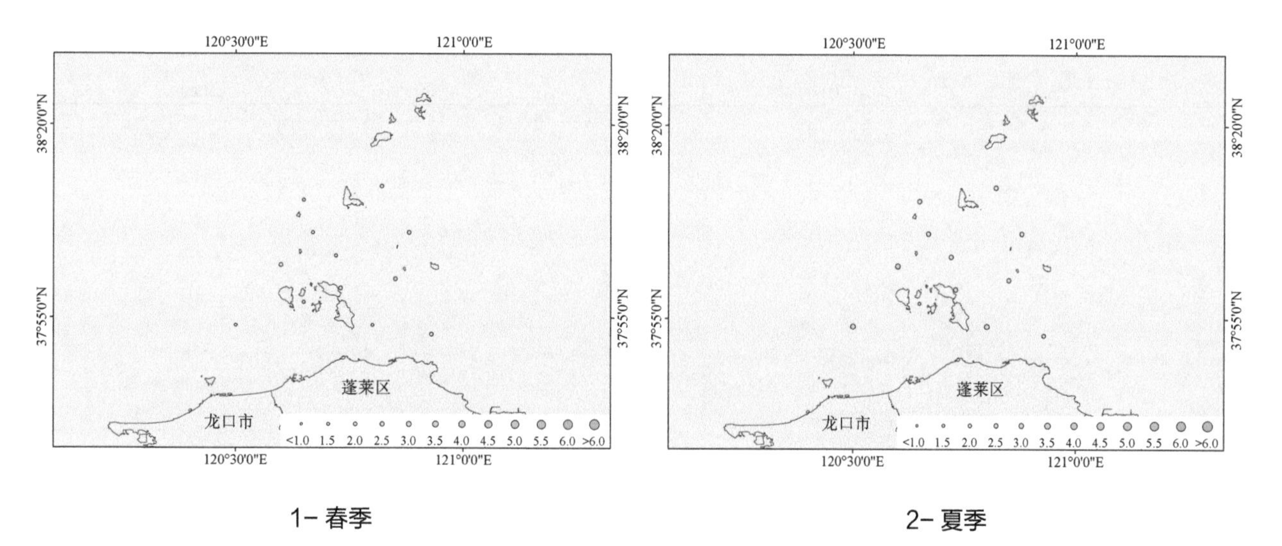

1- 春季 2- 夏季

1.3.3 浮游植物分布图

1.3.3.1 种类分布图

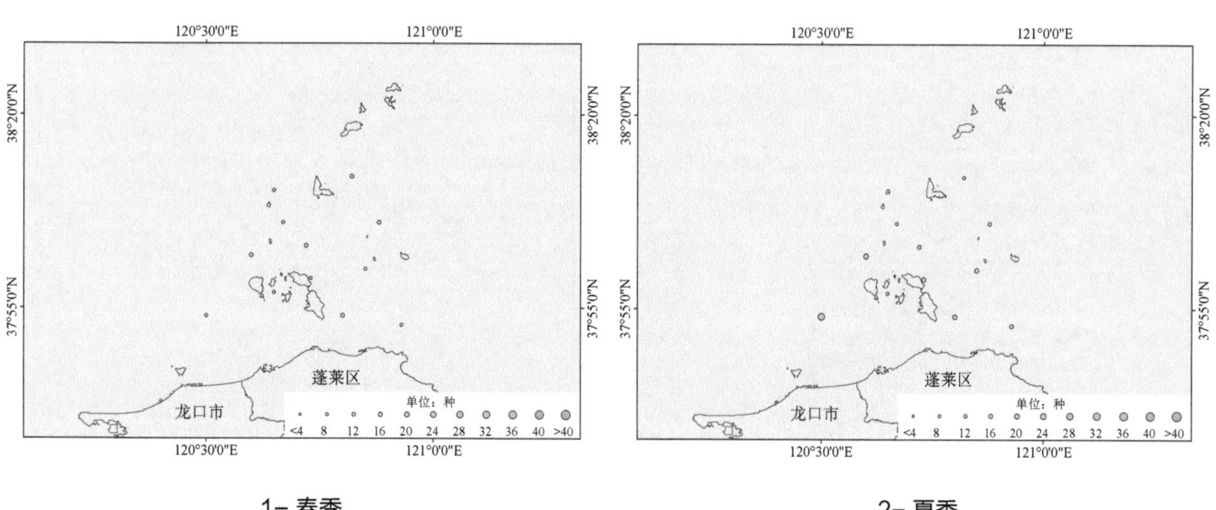

1- 春季 2- 夏季

2022 年庙岛群岛海洋生态环境监测
Marine Eco-Environment Monitoring in Miaodao Archipelago in 2022

1.3.3.2 密度分布图

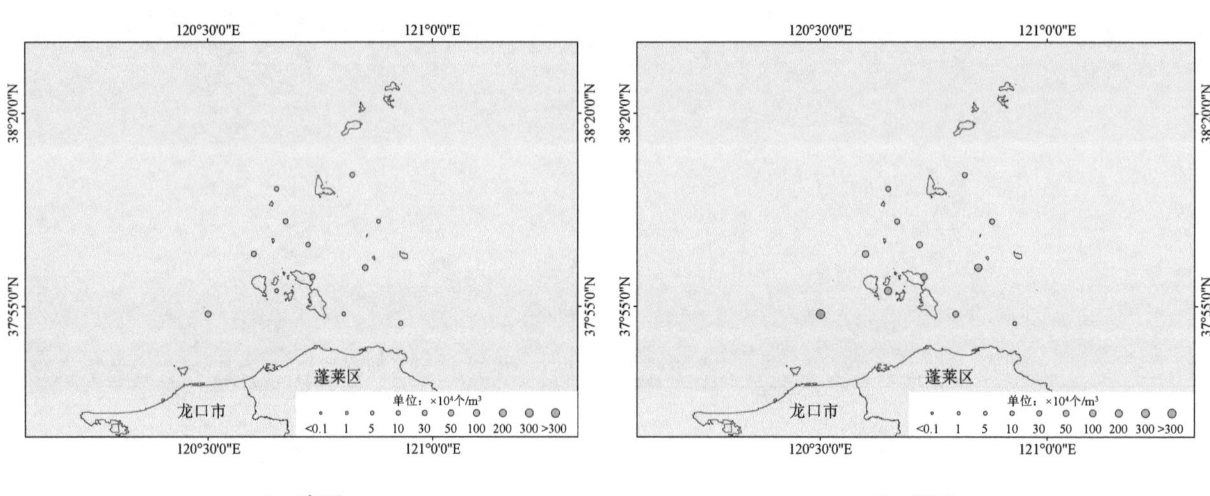

1- 春季　　2- 夏季

1.3.3.3 多样性指数分布图

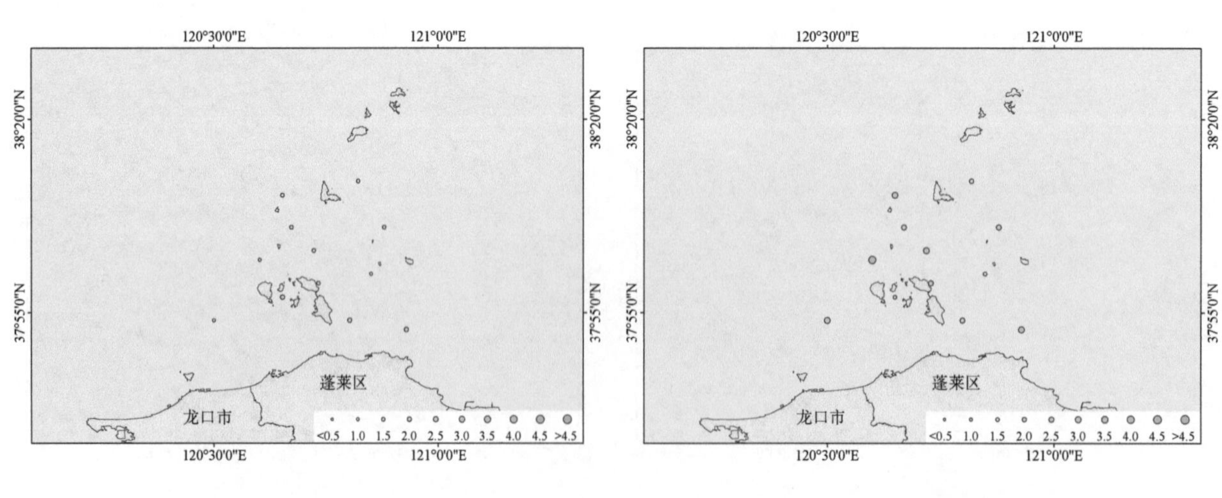

1- 春季　　2- 夏季

2022 年庙岛群岛海洋生态环境监测
Marine Eco-Environment Monitoring in Miaodao Archipelago in 2022

1.3.3.4 均匀度指数分布图

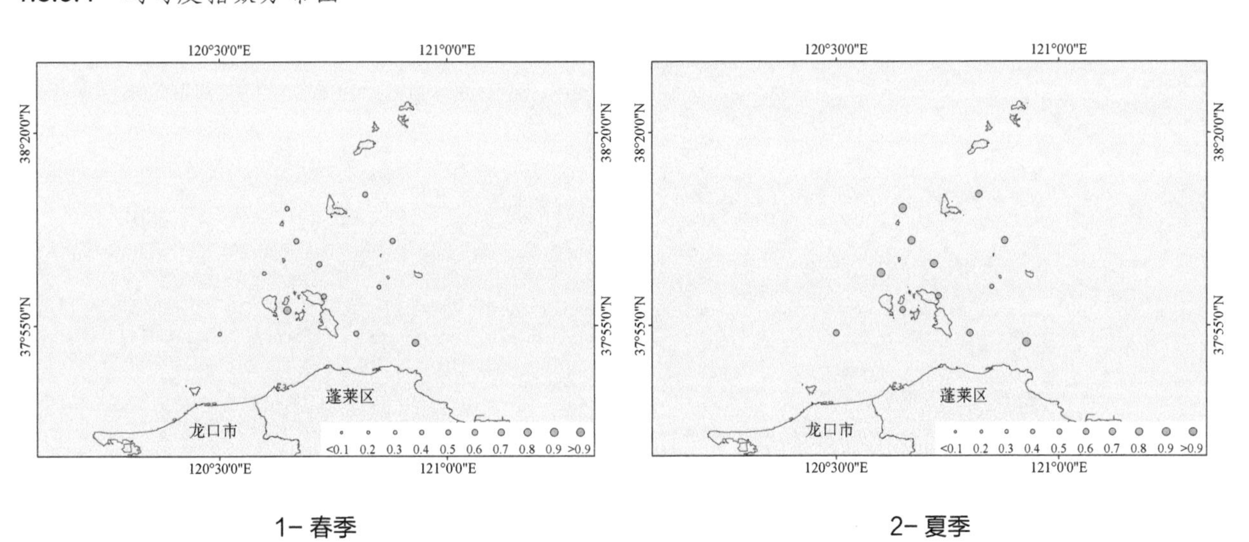

1- 春季　　2- 夏季

1.3.3.5 丰富度指数分布图

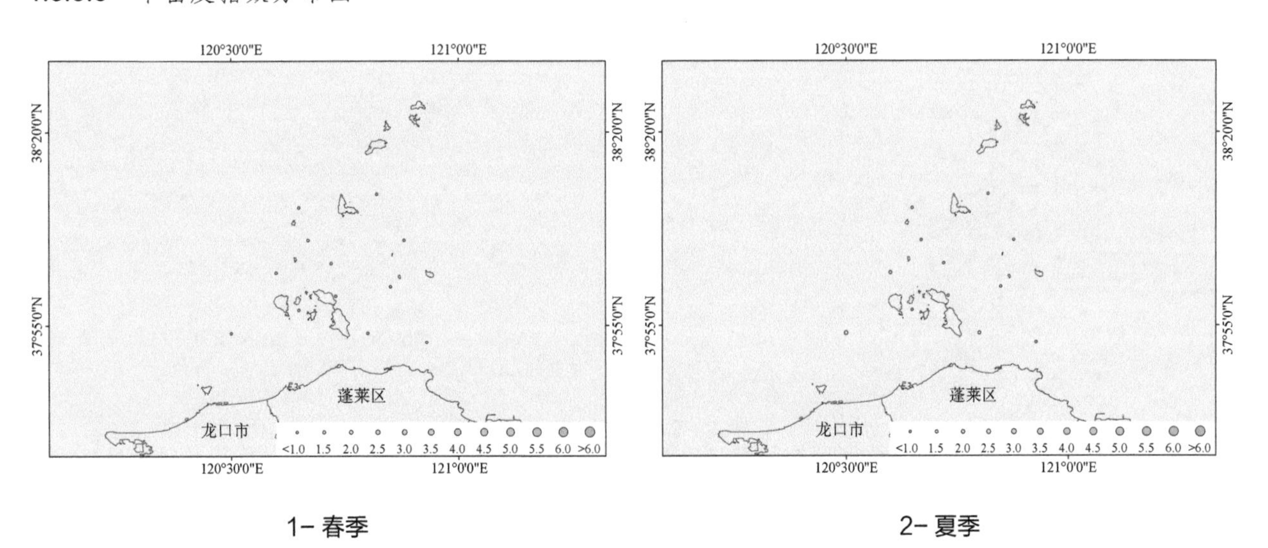

1- 春季　　2- 夏季

2022 年庙岛群岛海洋生态环境监测
Marine Eco-Environment Monitoring in Miaodao Archipelago in 2022

1.3.4 底栖生物分布图

1.3.4.1 种类分布图

1.3.4.2 密度分布图

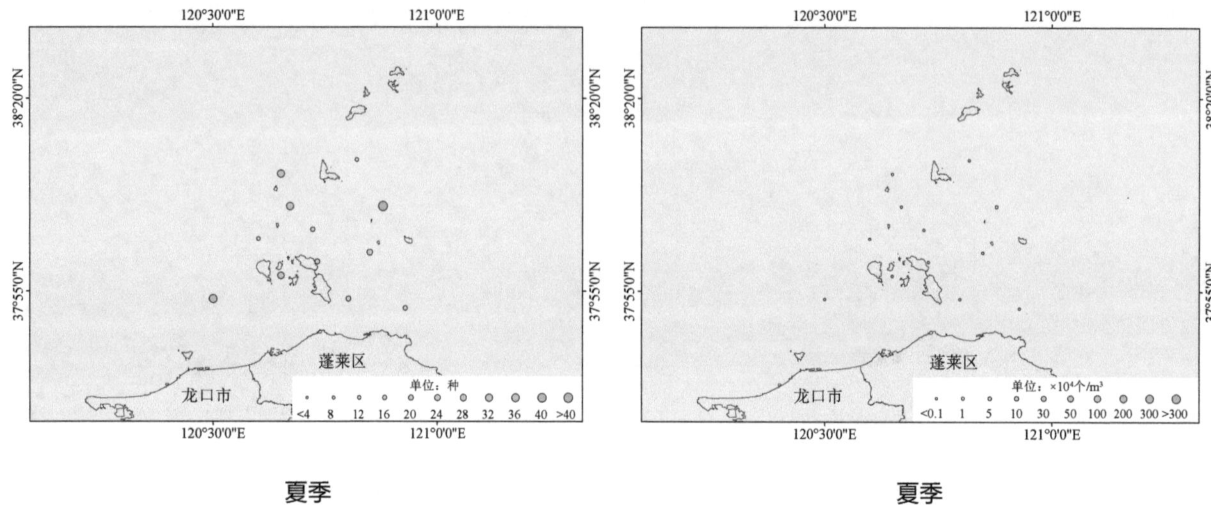

夏季

夏季

1.3.4.3 生物量分布图

1.3.4.4 多样性指数分布图

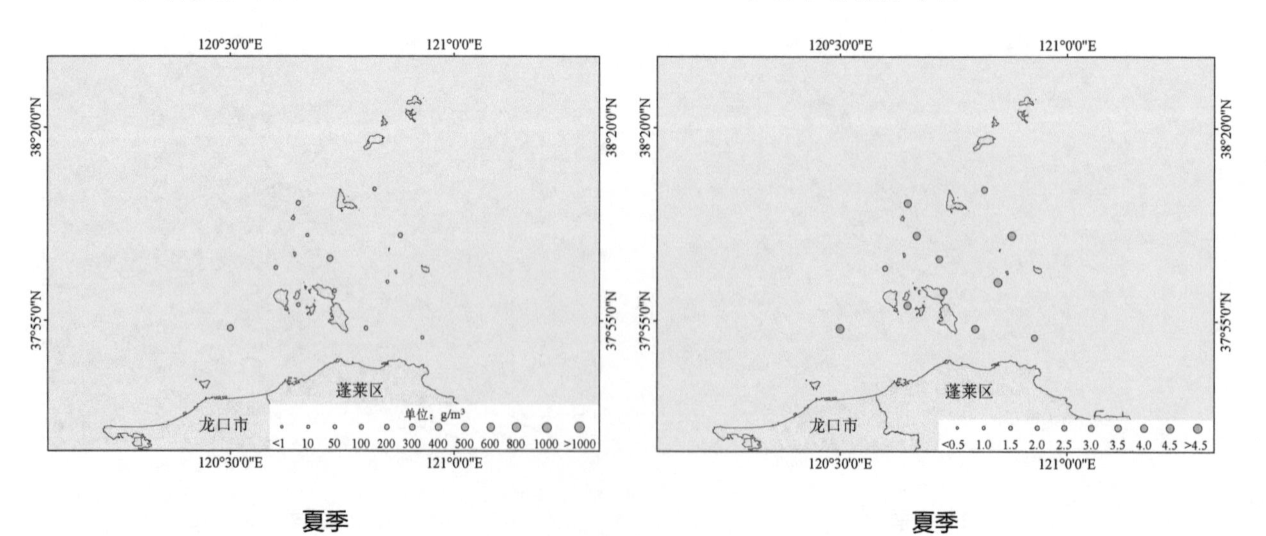

夏季

夏季

2022 年庙岛群岛海洋生态环境监测
Marine Eco-Environment Monitoring in Miaodao Archipelago in 2022

1.3.4.5 均匀度指数分布图

1.3.4.6 丰富度指数分布图

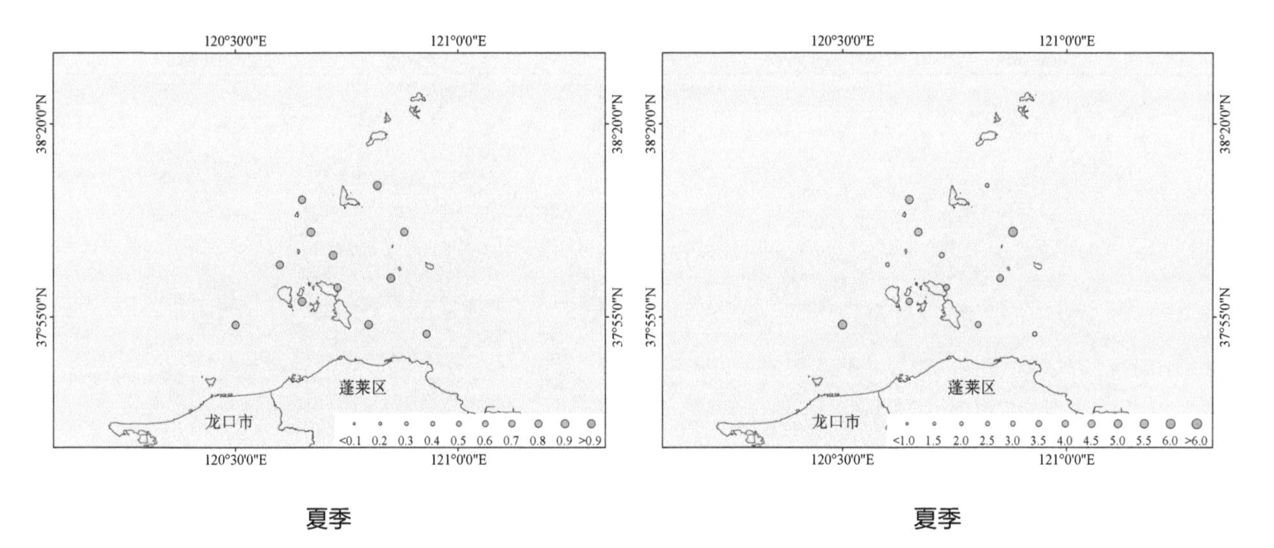

夏季

夏季

2021 年庙岛群岛海洋生态环境监测
Marine Eco-Environment Monitoring in Miaodao Archipelago in 2021

2.1 海水环境

2.1.1 pH 分布图

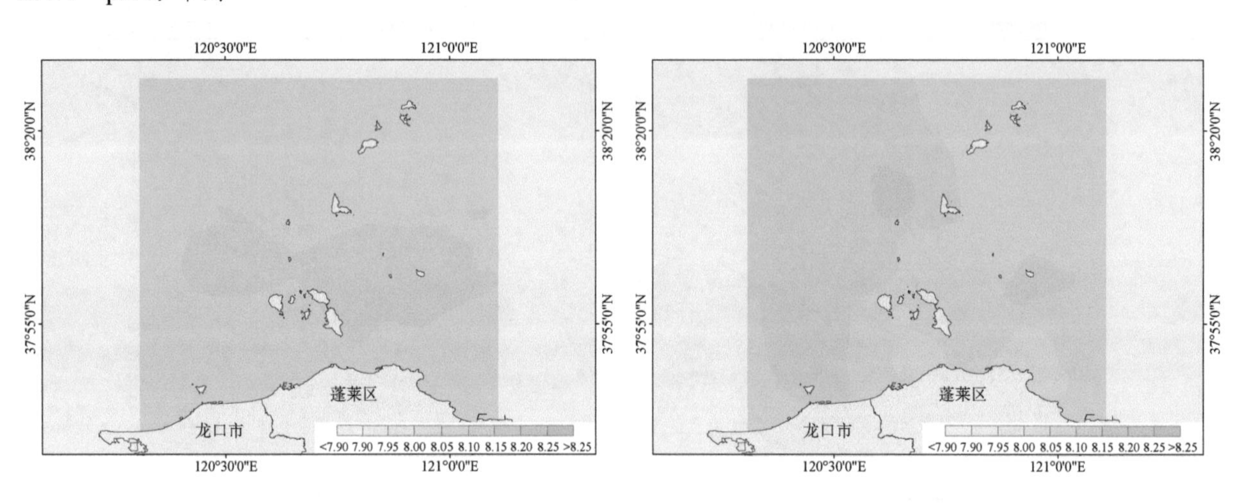

1- 春季

2- 夏季

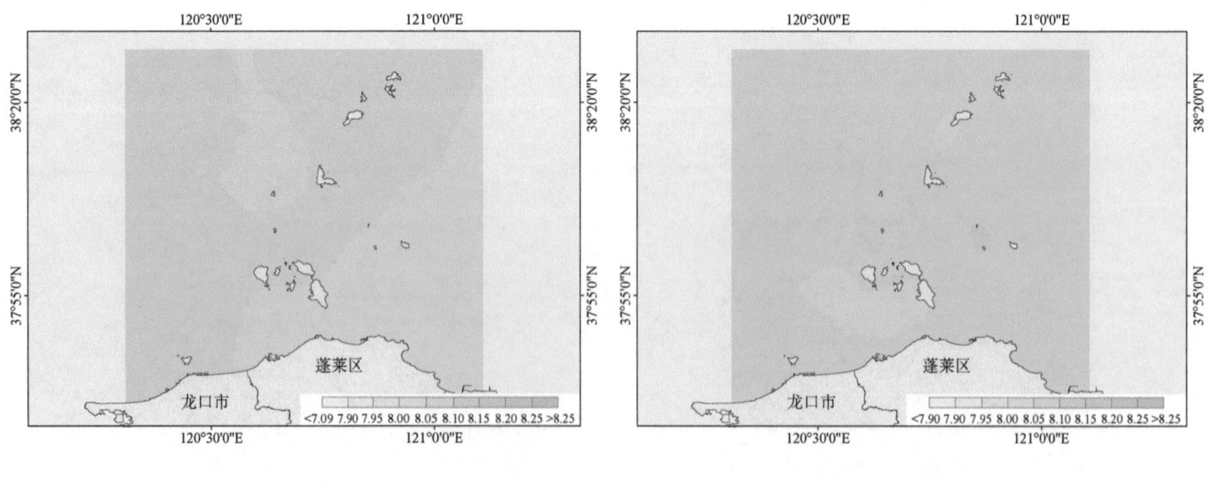

3- 秋季

4- 冬季

2021 年庙岛群岛海洋生态环境监测
Marine Eco-Environment Monitoring in Miaodao Archipelago in 2021

2.1.2 盐度分布图

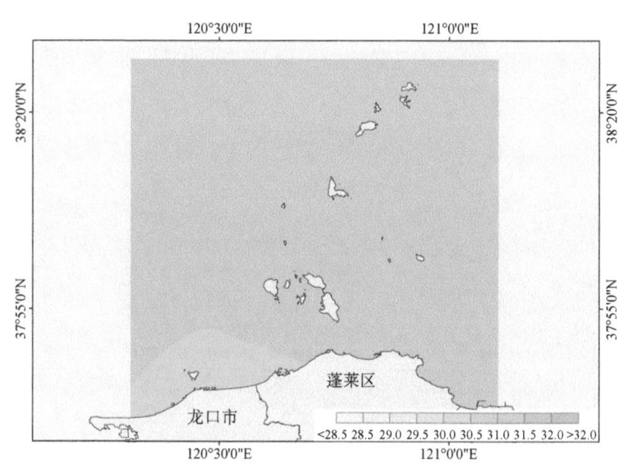

1- 春季

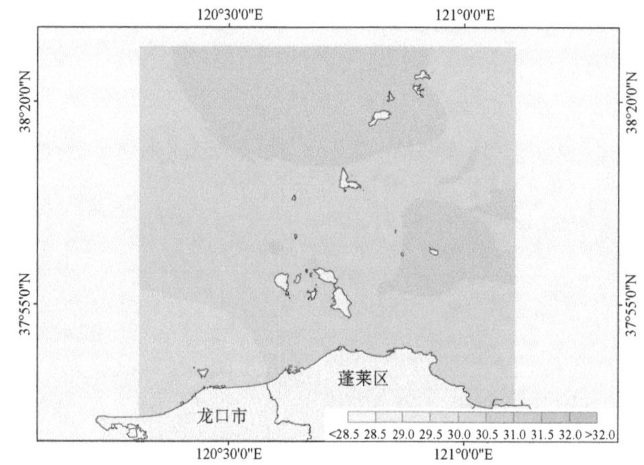

2- 夏季

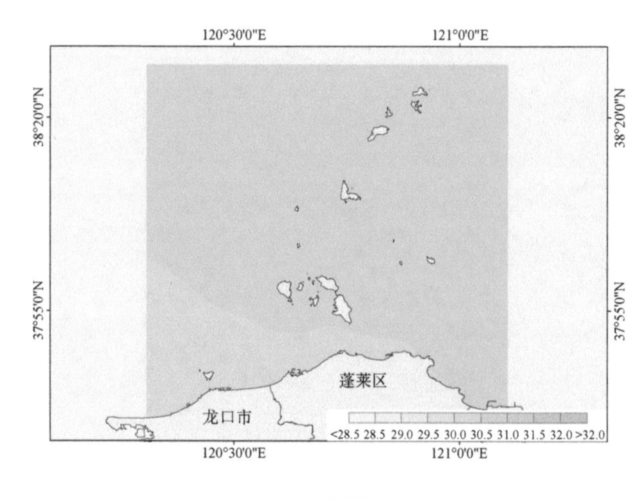

3- 秋季

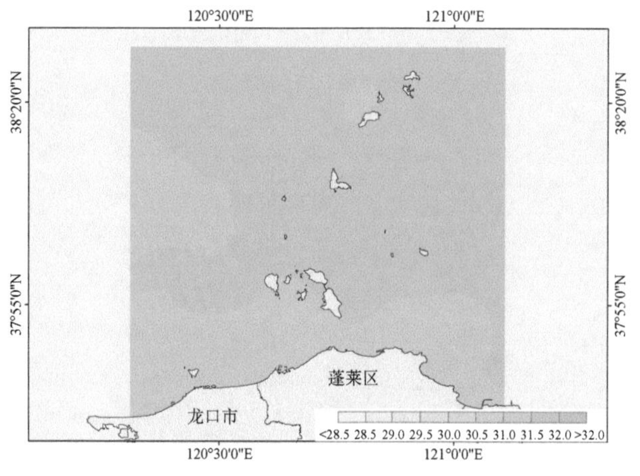

4- 冬季

2021 年庙岛群岛海洋生态环境监测
Marine Eco-Environment Monitoring in Miaodao Archipelago in 2021

2.1.3 溶解氧分布图

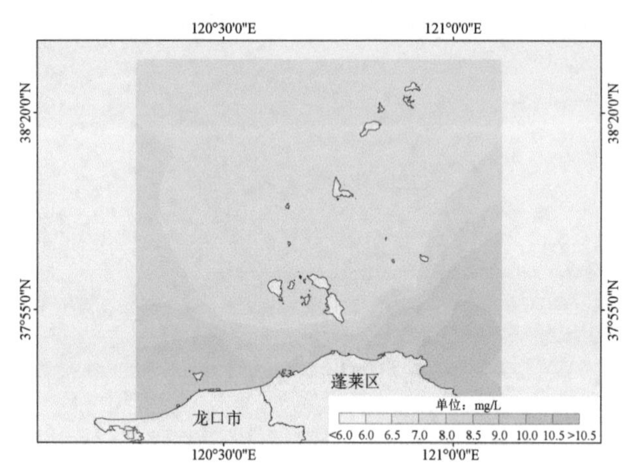

1- 春季

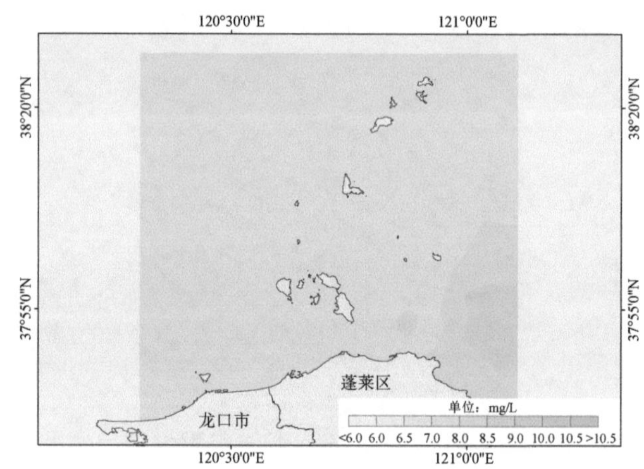

2- 夏季

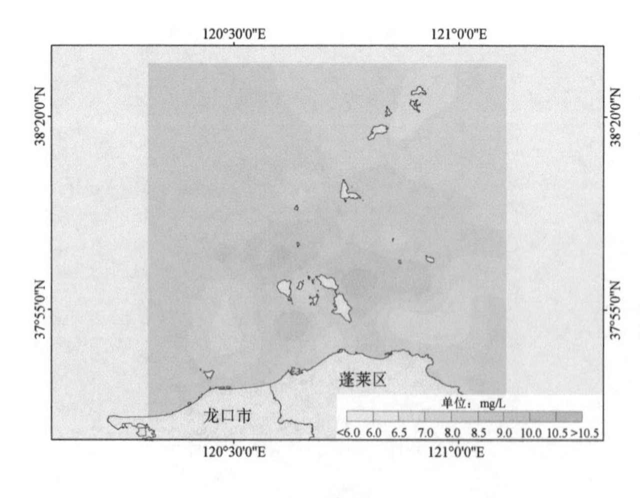

3- 秋季

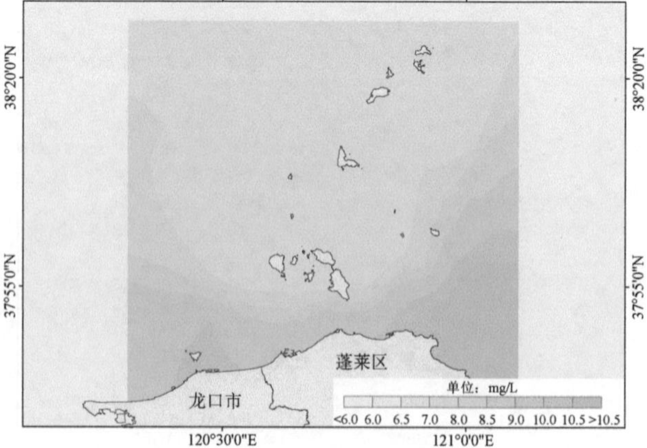

4- 冬季

2021 年庙岛群岛海洋生态环境监测
Marine Eco-Environment Monitoring in Miaodao Archipelago in 2021

2.1.4 化学需氧量分布图

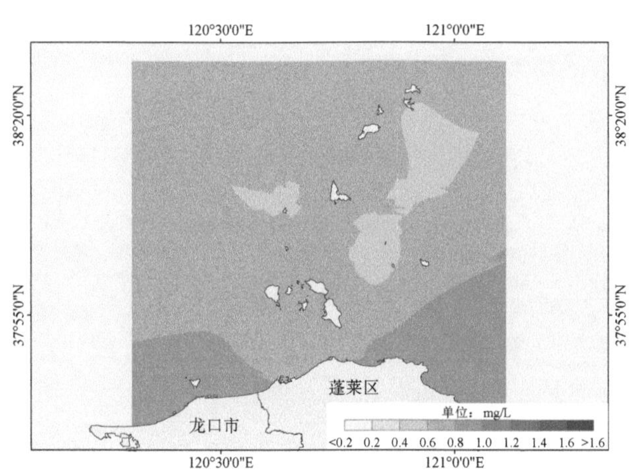

1- 春季

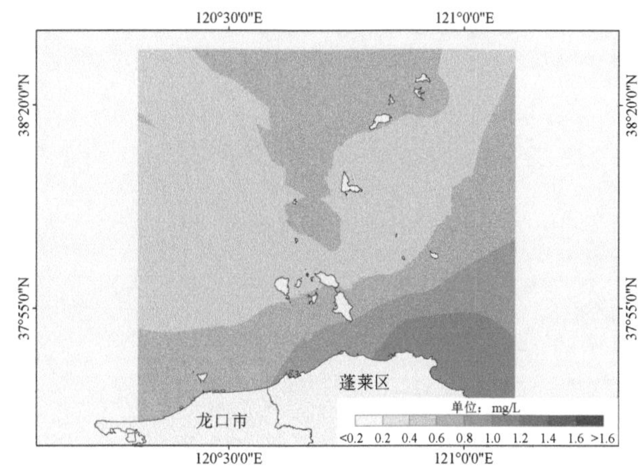

2- 夏季

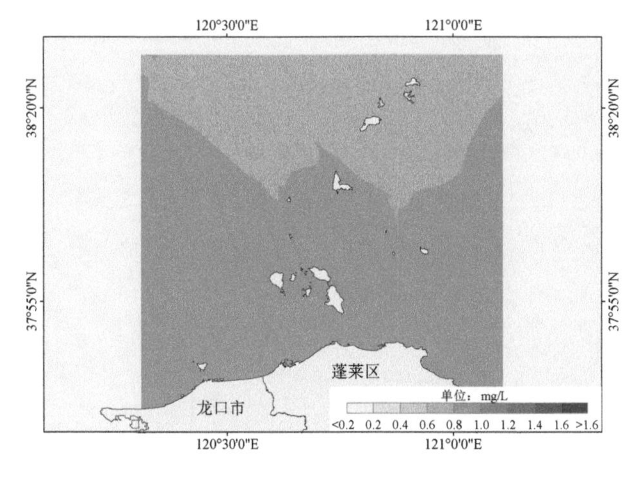

3- 秋季

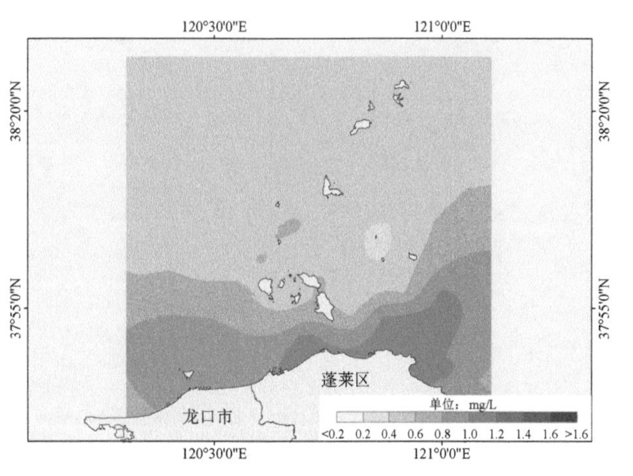

4- 冬季

2021 年庙岛群岛海洋生态环境监测
Marine Eco-Environment Monitoring in Miaodao Archipelago in 2021

2.1.5 氨氮分布图

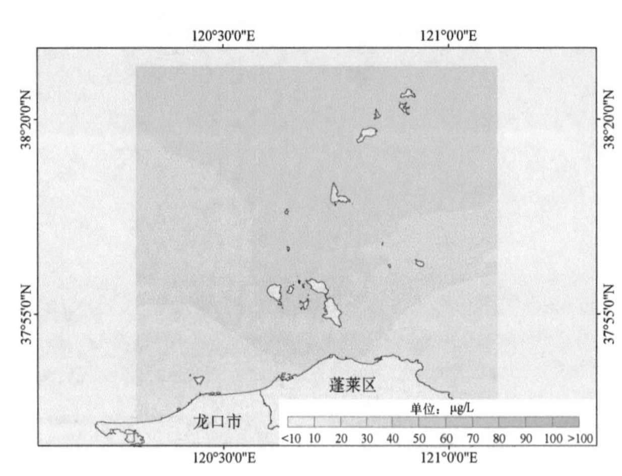

1- 春季

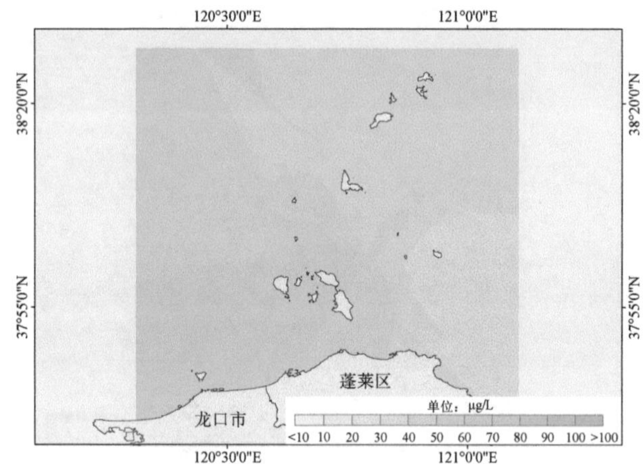

2- 夏季

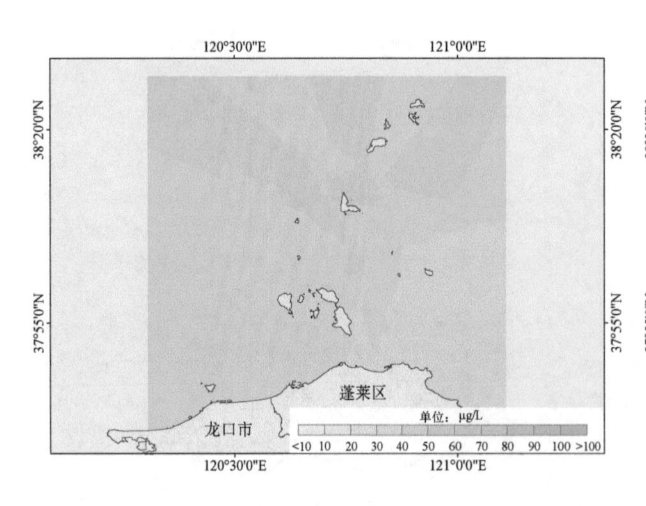

3- 秋季

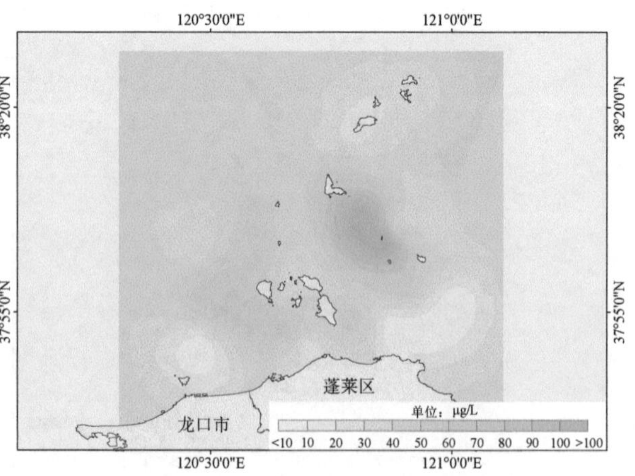

4- 冬季

2021 年庙岛群岛海洋生态环境监测
Marine Eco-Environment Monitoring in Miaodao Archipelago in 2021

2.1.6 亚硝酸盐分布图

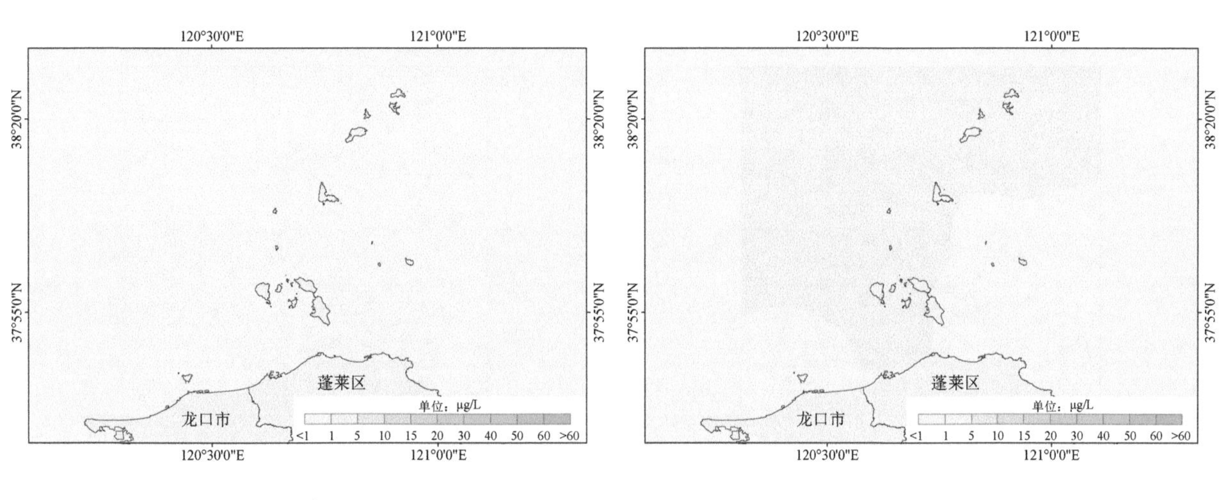

1- 春季

2- 夏季

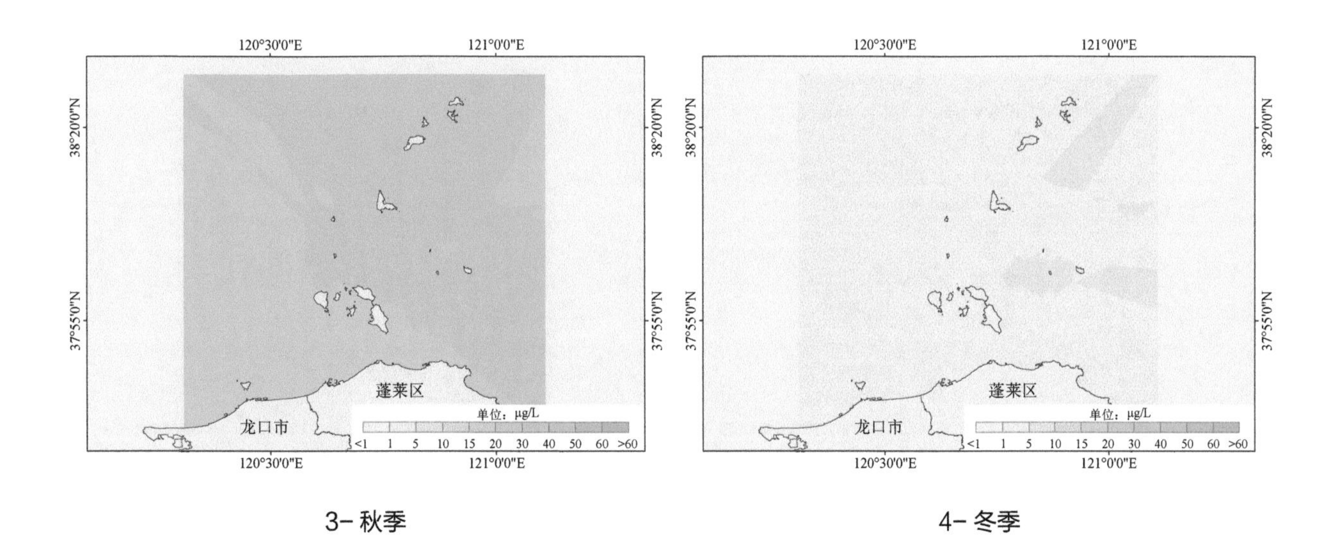

3- 秋季

4- 冬季

2021 年庙岛群岛海洋生态环境监测

Marine Eco-Environment Monitoring in Miaodao Archipelago in 2021

2.1.7 硝酸盐分布图

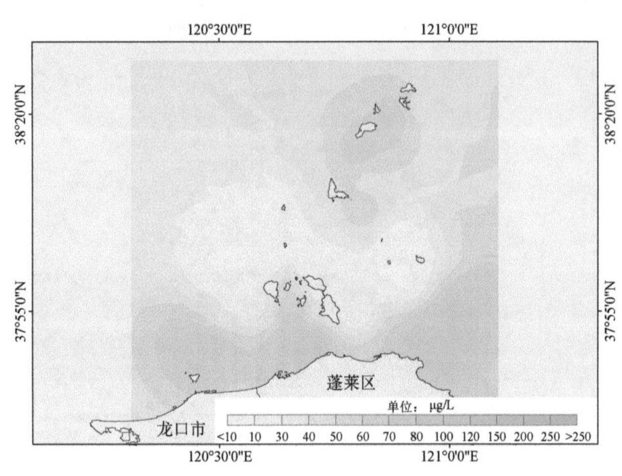

1- 春季

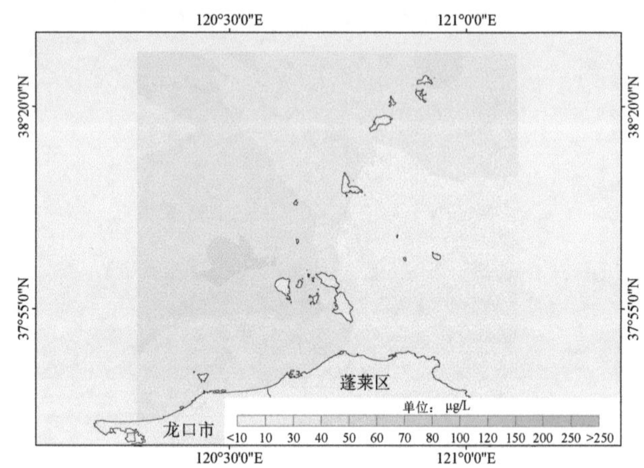

2- 夏季

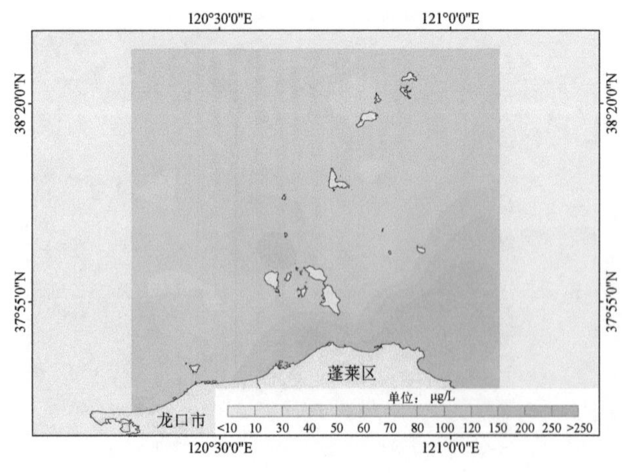

3- 秋季

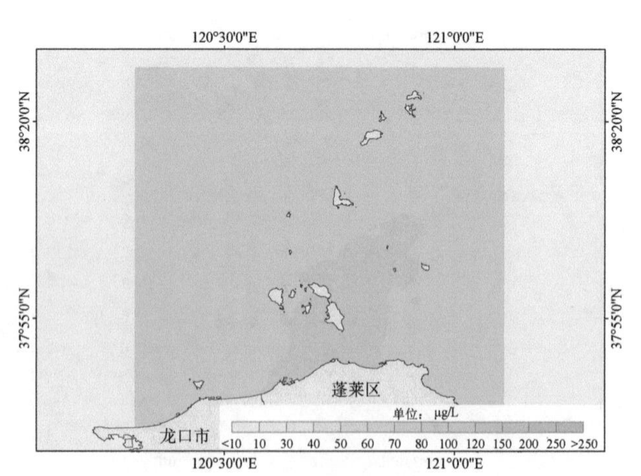

4- 冬季

2021 年庙岛群岛海洋生态环境监测

Marine Eco-Environment Monitoring in Miaodao Archipelago in 2021

2.1.8 无机氮分布图

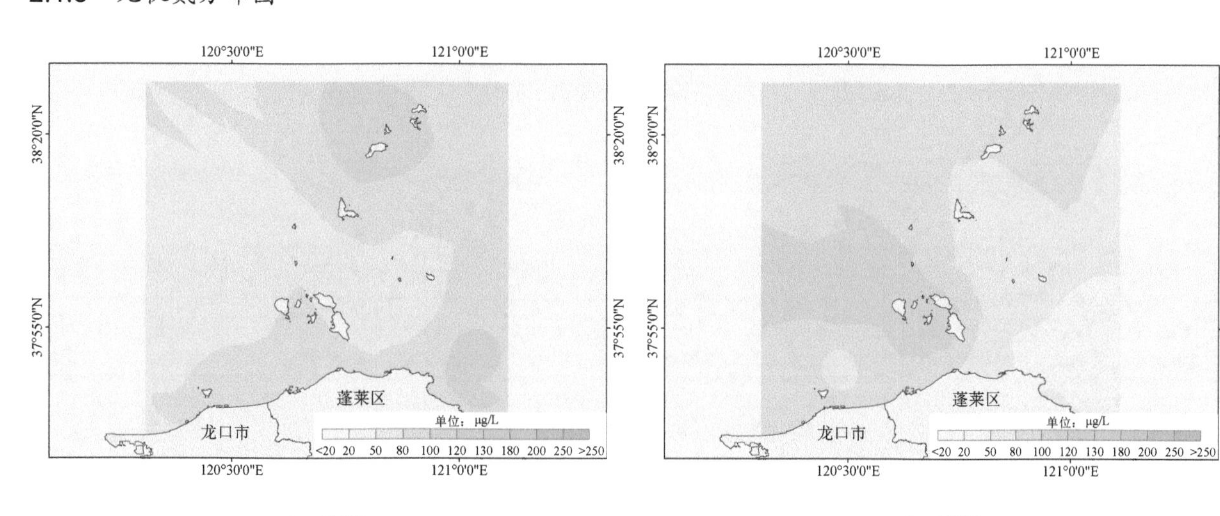

1- 春季　　2- 夏季

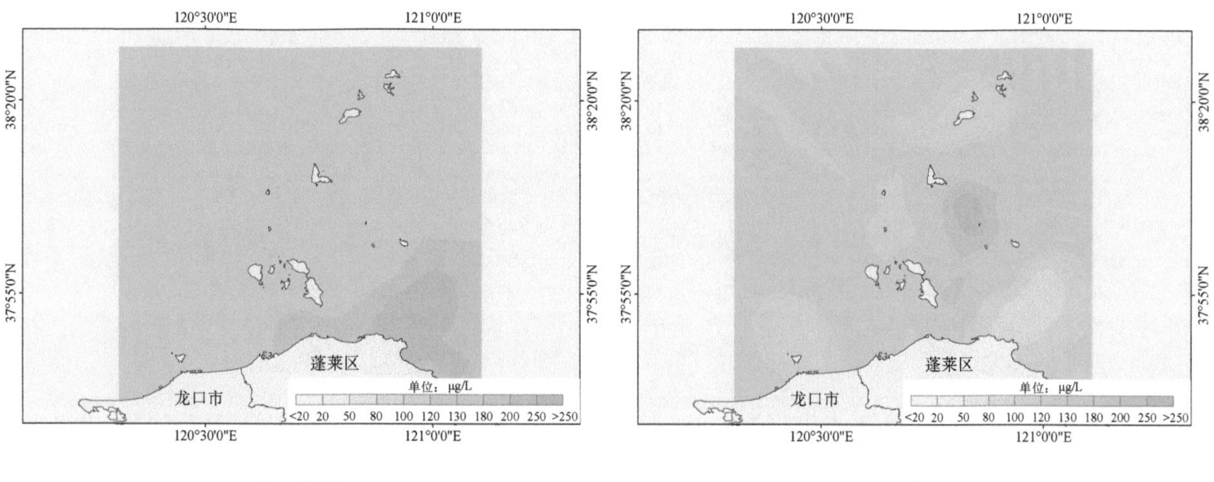

3- 秋季　　4- 冬季

2021 年庙岛群岛海洋生态环境监测
Marine Eco-Environment Monitoring in Miaodao Archipelago in 2021

2.1.9 活性磷酸盐分布图

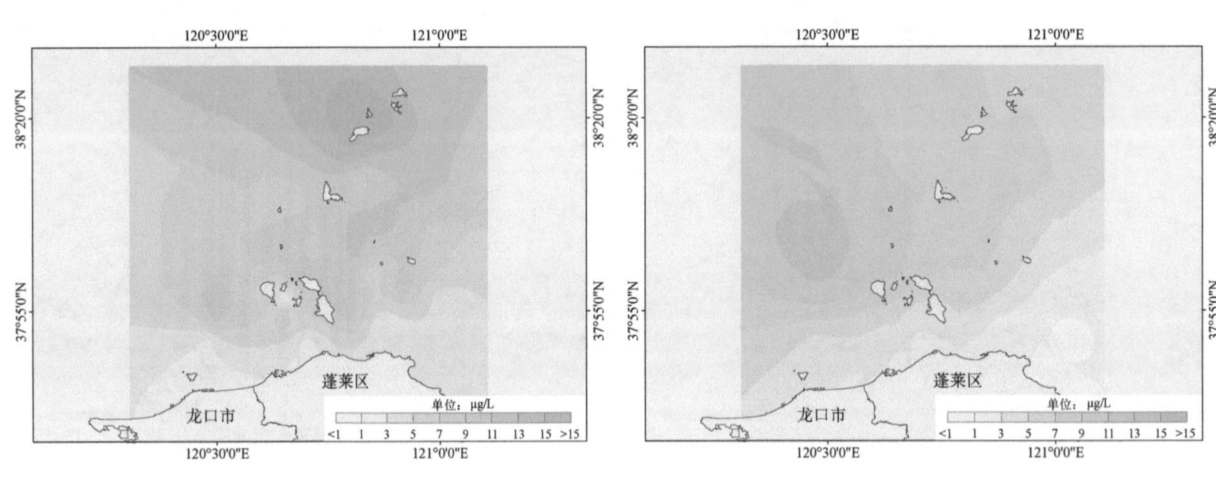

1- 春季　　2- 夏季

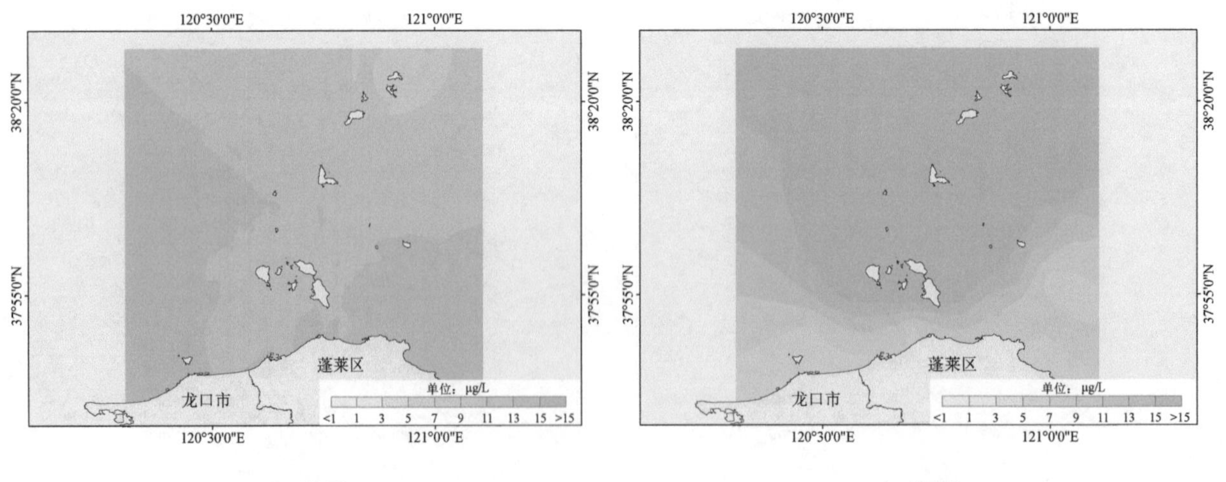

3- 秋季　　4- 冬季

2021 年庙岛群岛海洋生态环境监测

Marine Eco-Environment Monitoring in Miaodao Archipelago in 2021

2.1.10 叶绿素 a 分布图

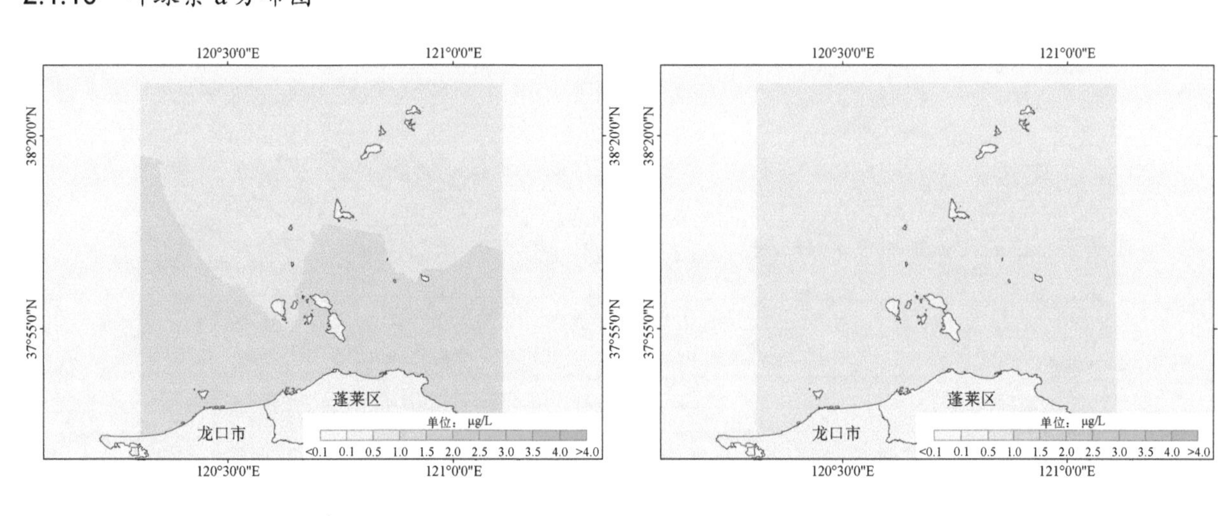

1- 春季

2- 夏季

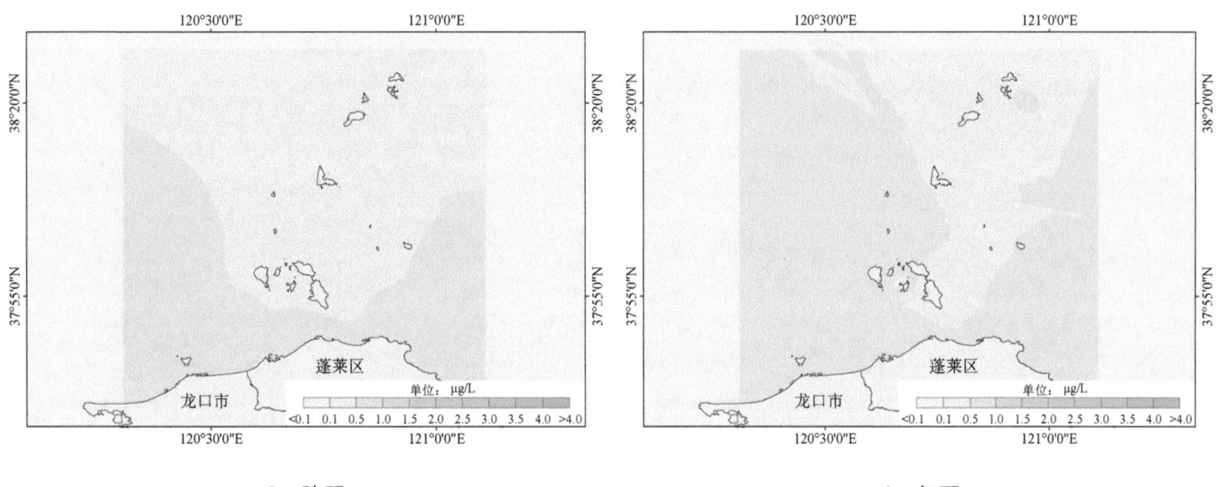

3- 秋季

4- 冬季

2021 年庙岛群岛海洋生态环境监测
Marine Eco-Environment Monitoring in Miaodao Archipelago in 2021

2.1.11 石油类分布图

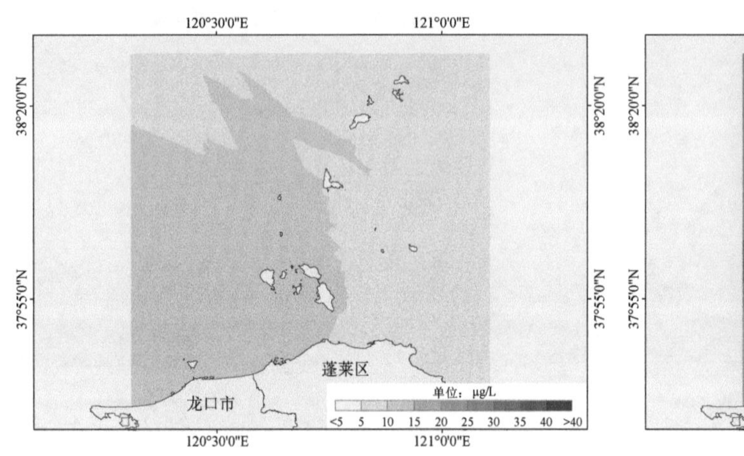

1- 春季

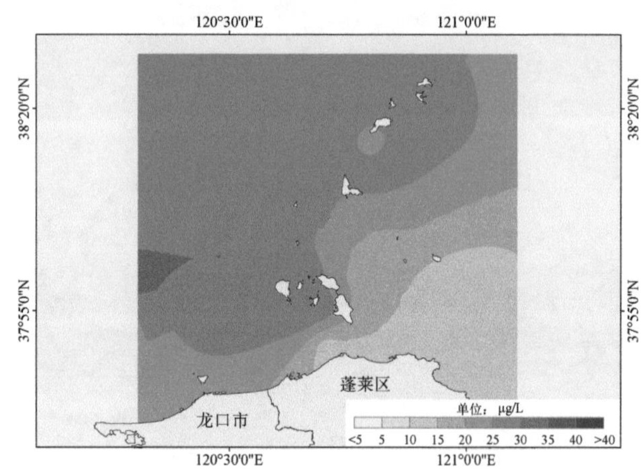

2- 夏季

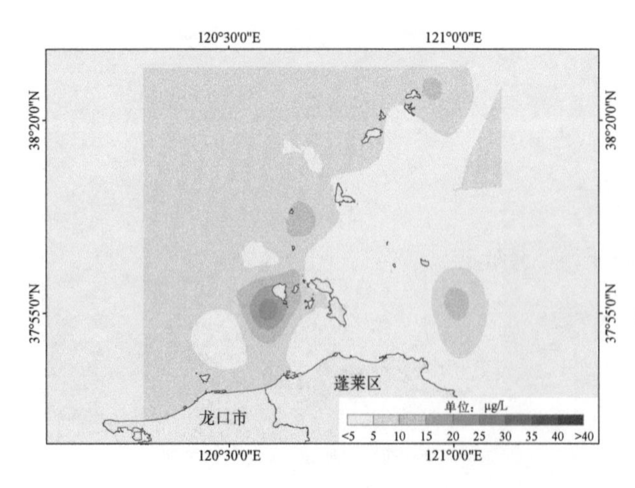

3- 秋季

4- 冬季

2021 年庙岛群岛海洋生态环境监测
Marine Eco-Environment Monitoring in Miaodao Archipelago in 2021

2.1.12 总氮分布图

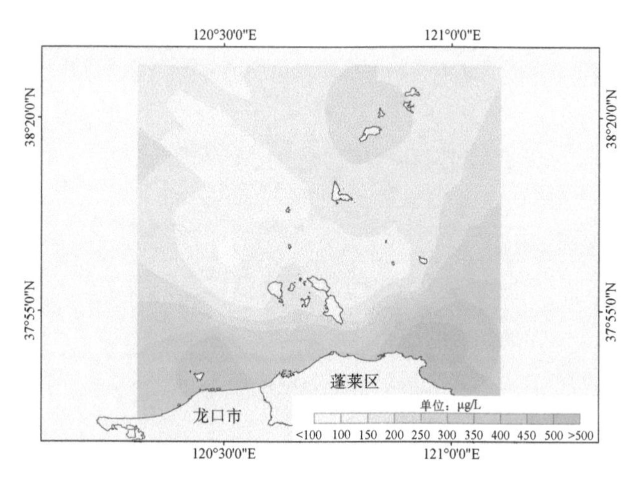

1- 春季

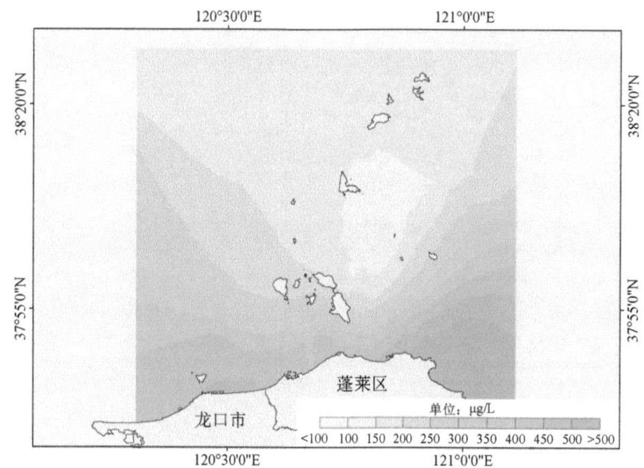

2- 夏季

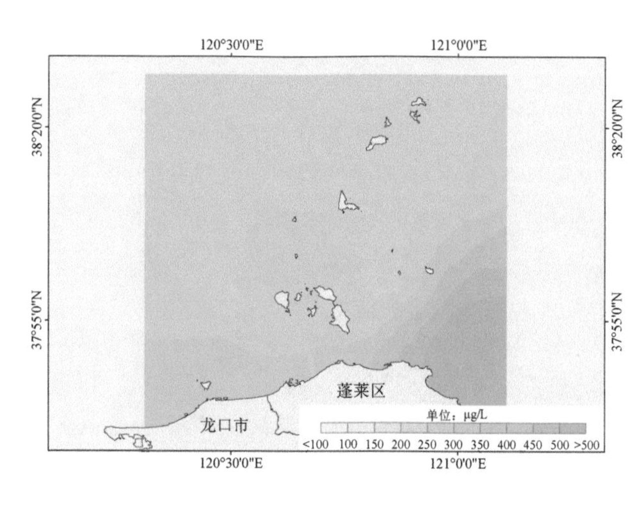

3- 秋季

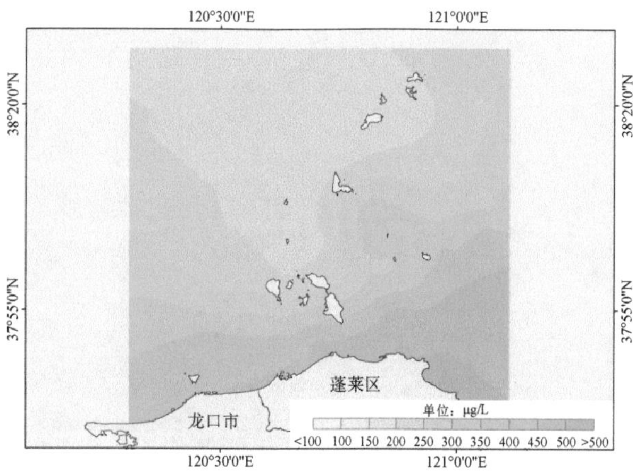

4- 冬季

2021年庙岛群岛海洋生态环境监测
Marine Eco-Environment Monitoring in Miaodao Archipelago in 2021

2.1.13 总磷分布图

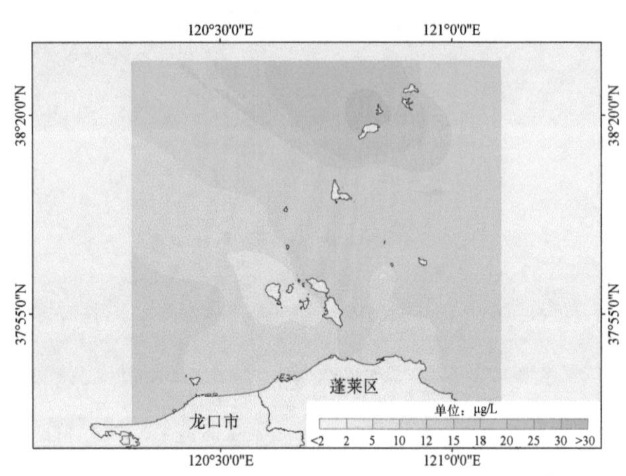

1- 春季

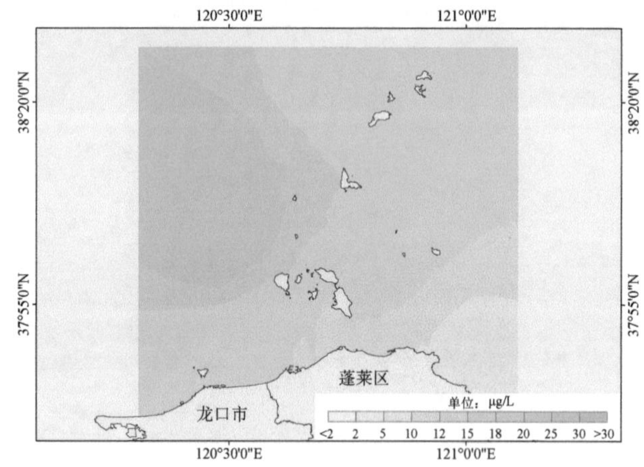

2- 夏季

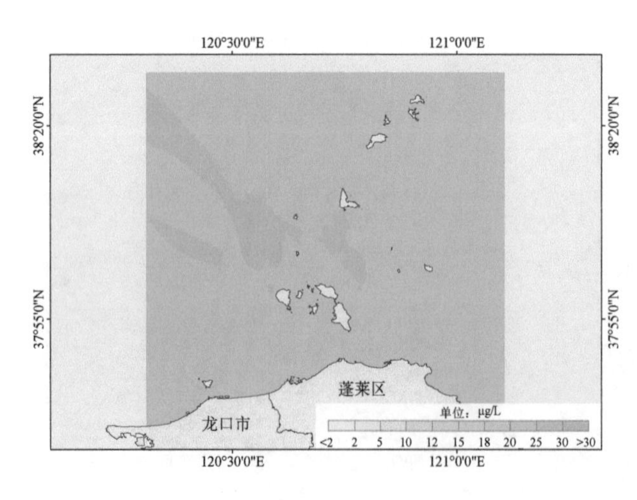

3- 秋季

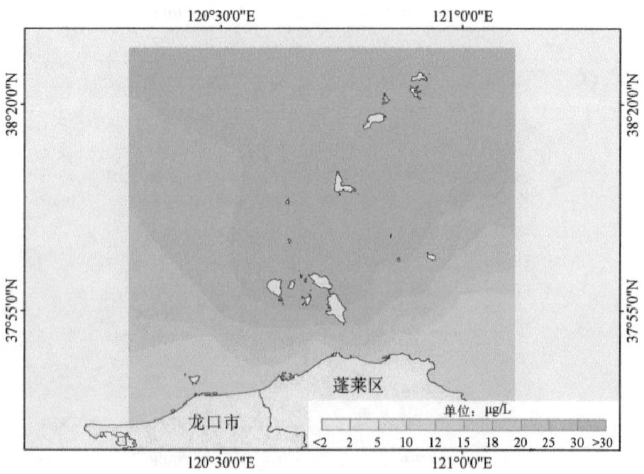

4- 冬季

2021 年庙岛群岛海洋生态环境监测
Marine Eco-Environment Monitoring in Miaodao Archipelago in 2021

2.1.14 硅酸盐分布图

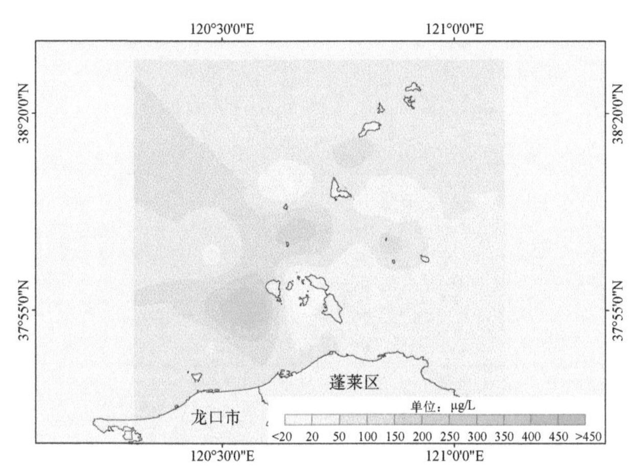

1- 春季

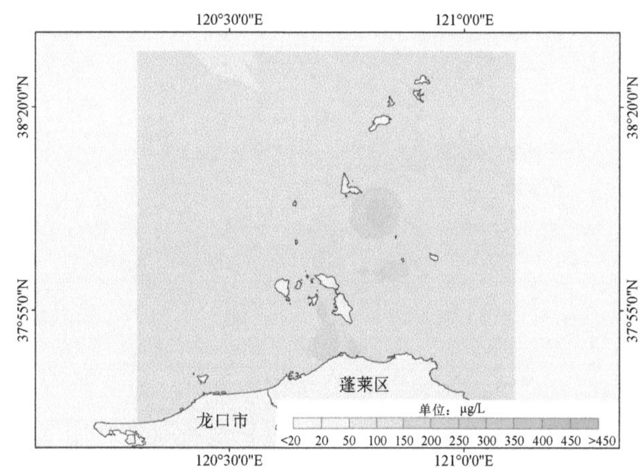

2- 夏季

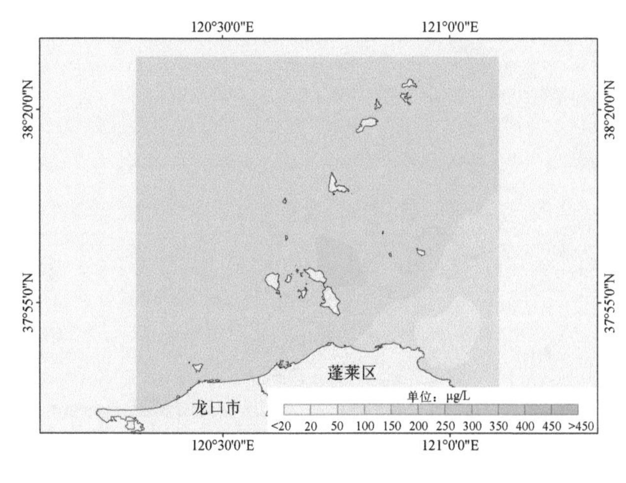

3- 秋季

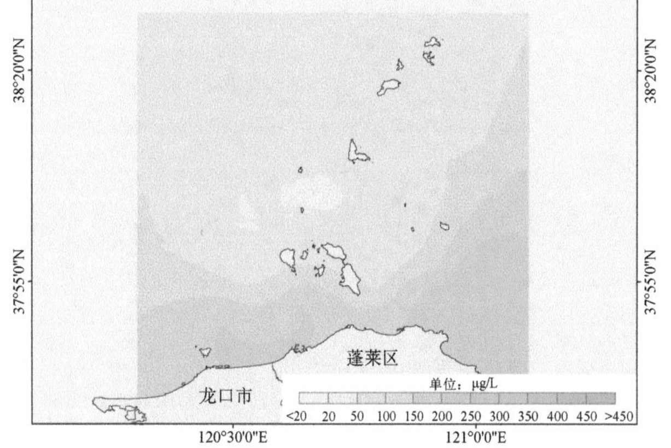

4- 冬季

2021 年庙岛群岛海洋生态环境监测
Marine Eco-Environment Monitoring in Miaodao Archipelago in 2021

2.1.15 悬浮物分布图

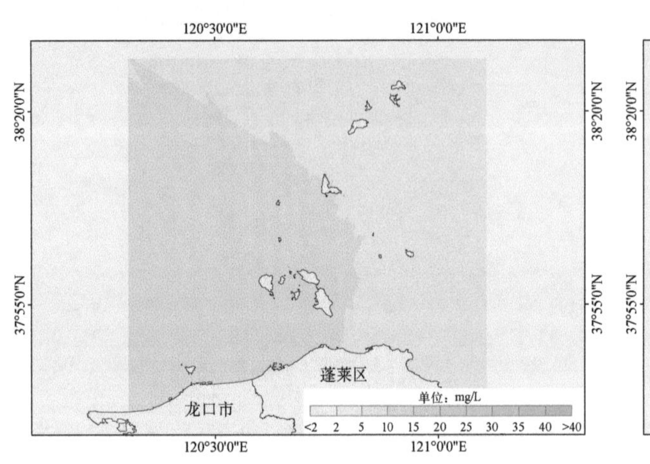

1- 春季

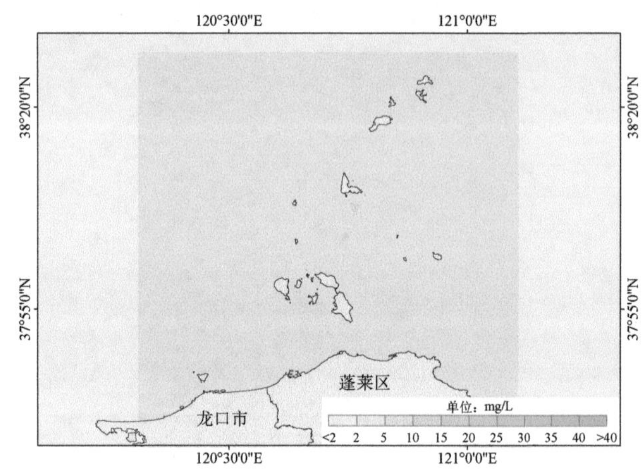

2- 夏季

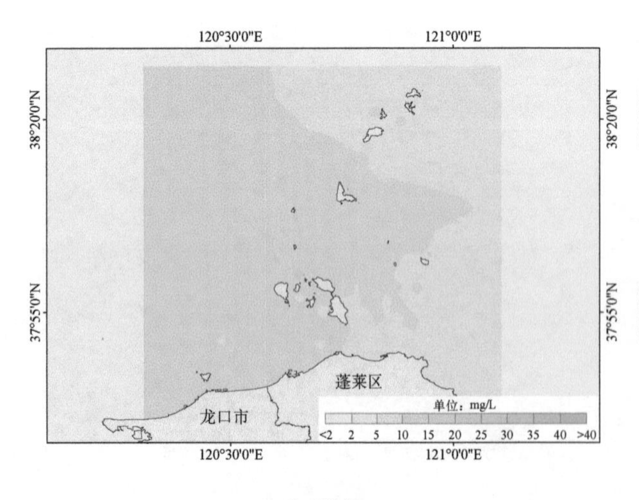

3- 秋季

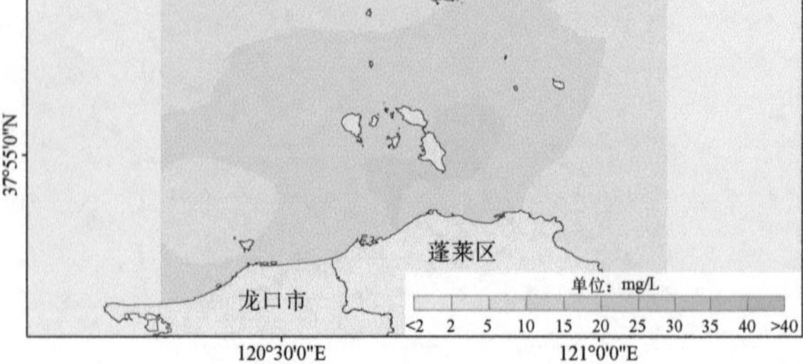

4- 冬季

2021 年庙岛群岛海洋生态环境监测

Marine Eco-Environment Monitoring in Miaodao Archipelago in 2021

2.1.16 重金属分布图

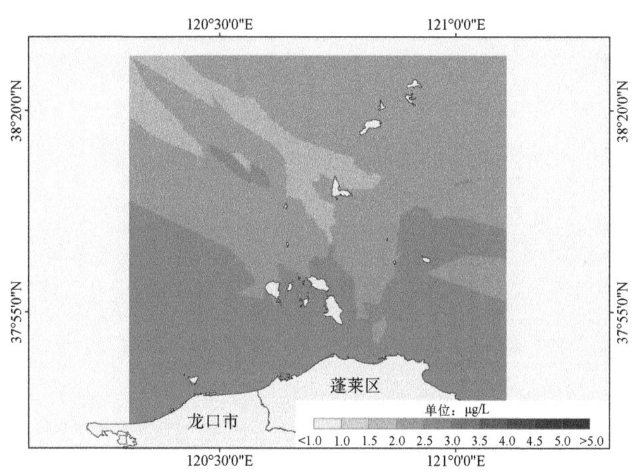

1- 铜（夏季）

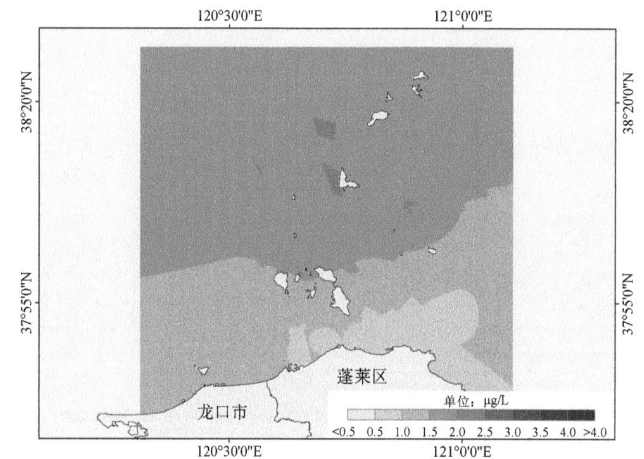

2- 铅（夏季）

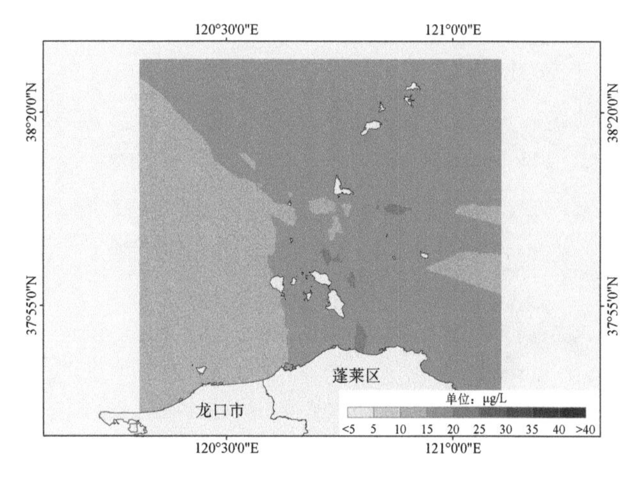

3- 锌（夏季）

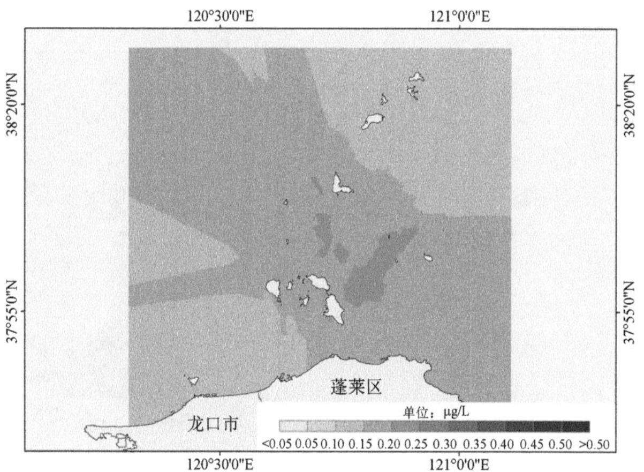

4- 镉（夏季）

2021 年庙岛群岛海洋生态环境监测
Marine Eco-Environment Monitoring in Miaodao Archipelago in 2021

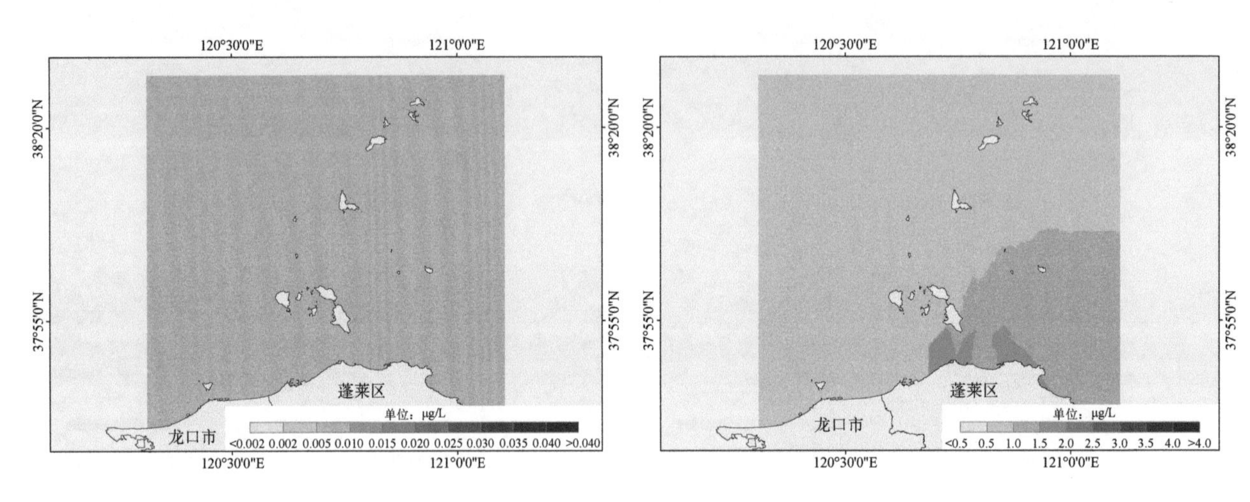

5- 汞（夏季）

6- 砷（夏季）

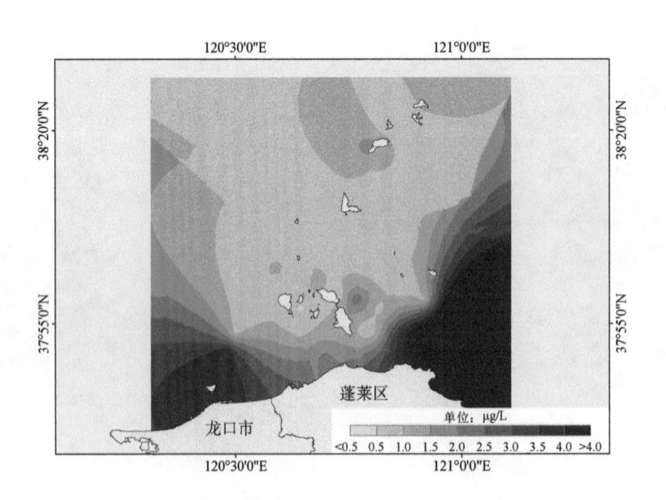

7- 铬（夏季）

2021 年庙岛群岛海洋生态环境监测

Marine Eco-Environment Monitoring in Miaodao Archipelago in 2021

2.1.17 氮磷比分布图

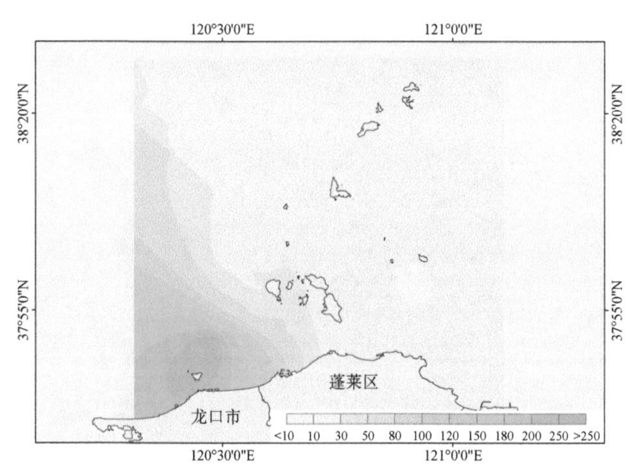

1- 春季

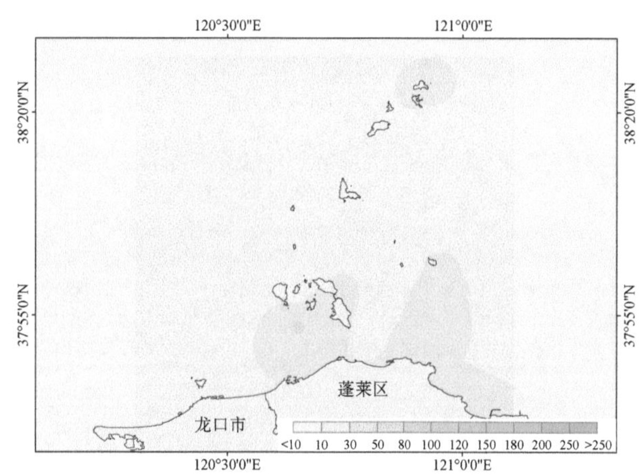

2- 夏季

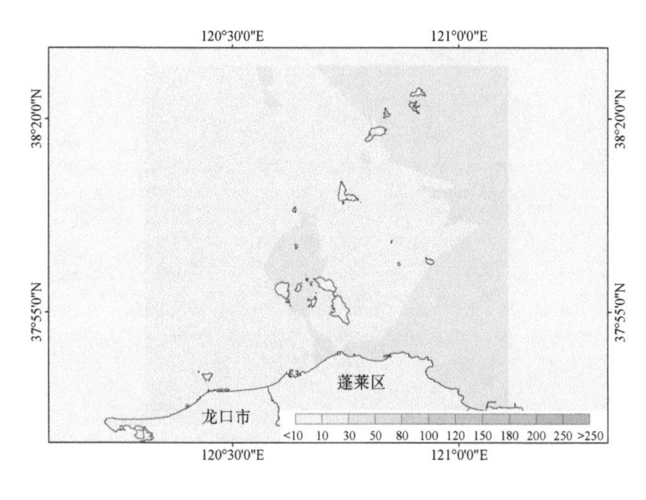

3- 秋季

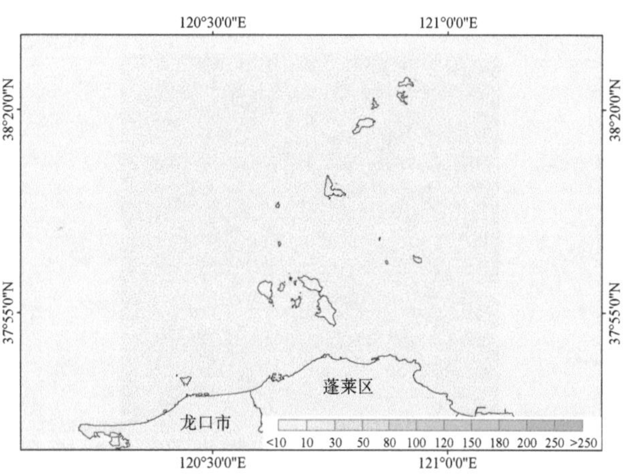

4- 冬季

2021 年庙岛群岛海洋生态环境监测
Marine Eco-Environment Monitoring in Miaodao Archipelago in 2021

2.1.18 硅磷比分布图

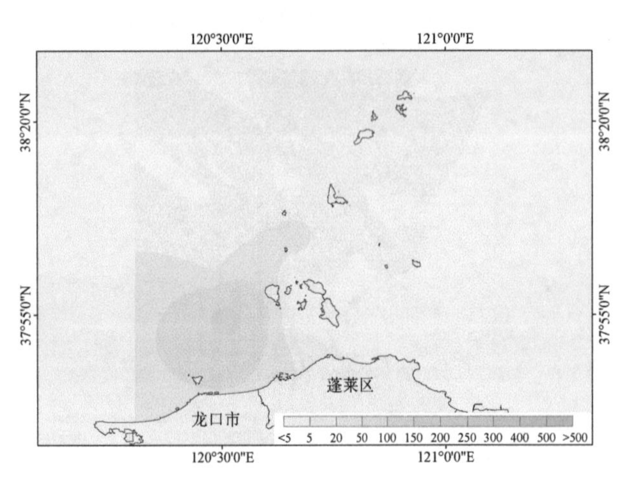

1- 春季

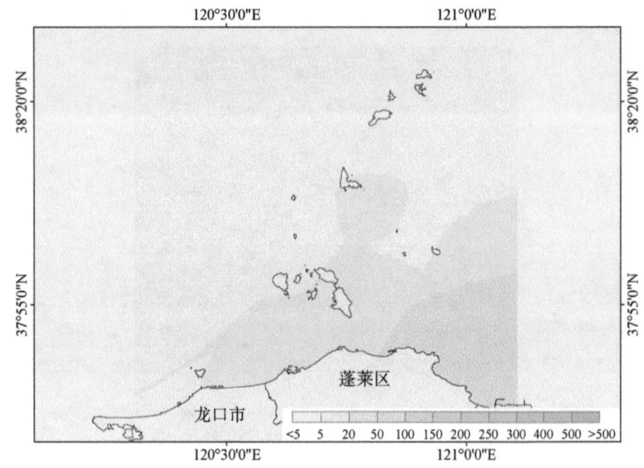

2- 夏季

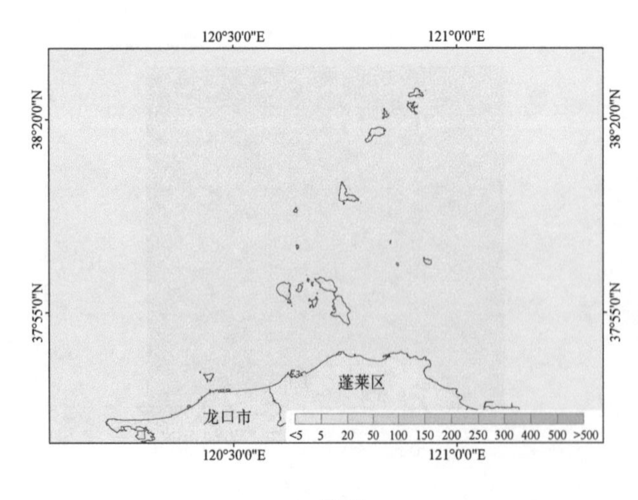

3- 秋季

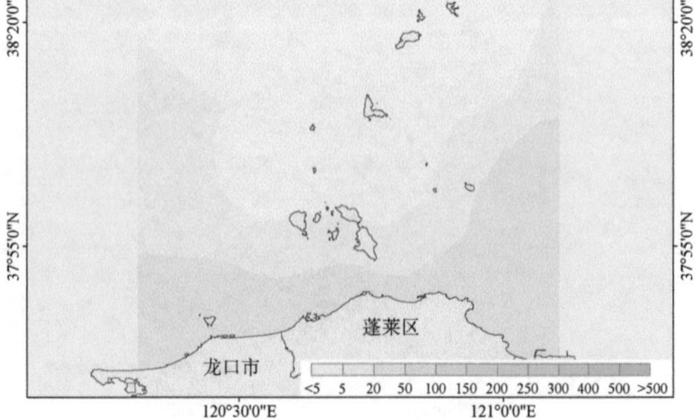

4- 冬季

2021 年庙岛群岛海洋生态环境监测
Marine Eco-Environment Monitoring in Miaodao Archipelago in 2021

2.1.19 硅氮比分布图

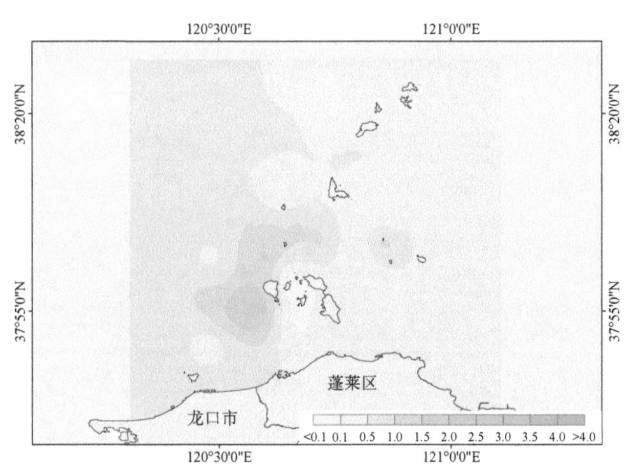

1- 春季

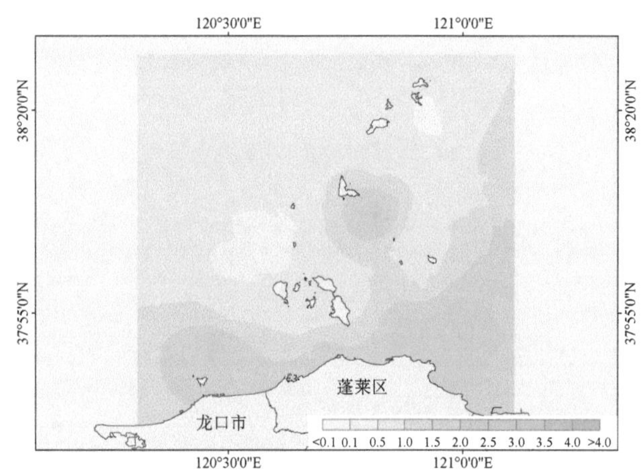

2- 夏季

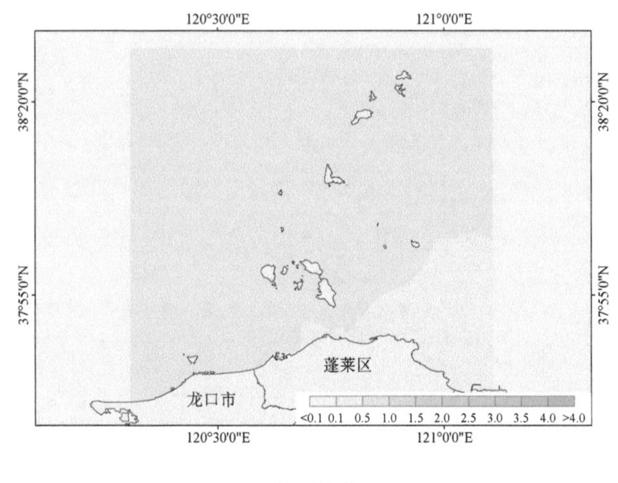

3- 秋季

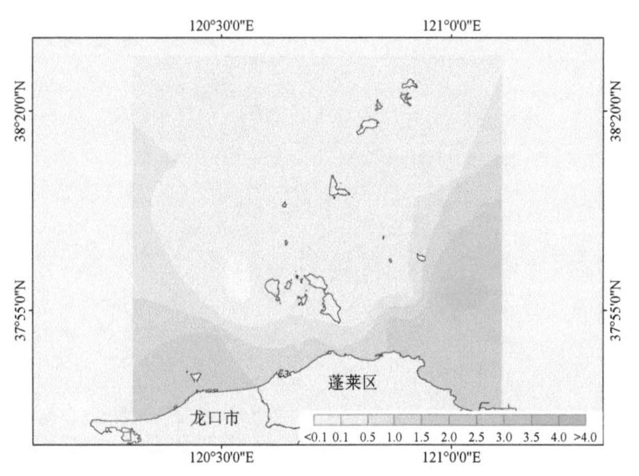

4- 冬季

2.2 沉积环境

2.2.1 重金属分布图

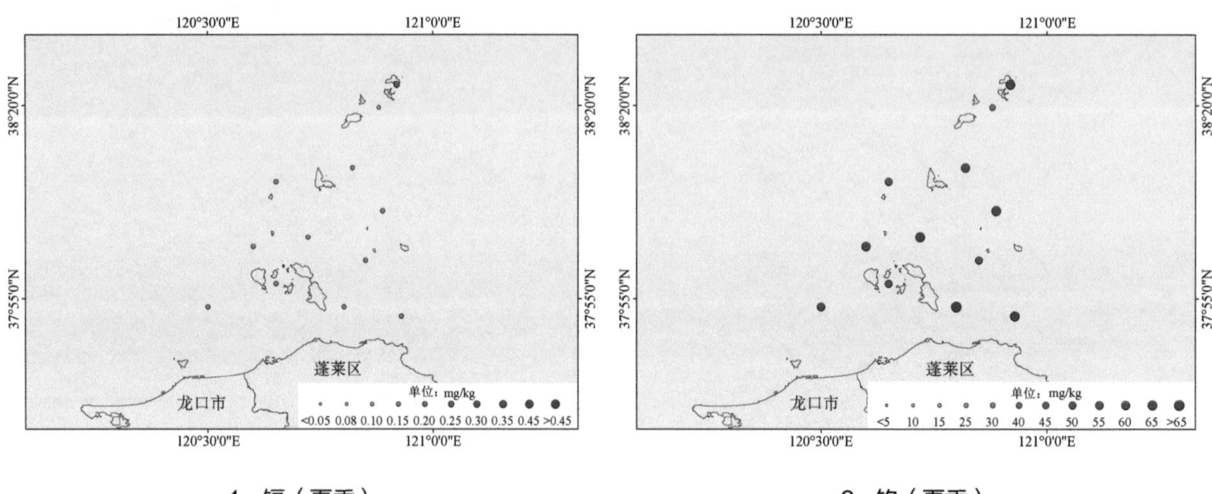

1- 镉（夏季）

2- 铬（夏季）

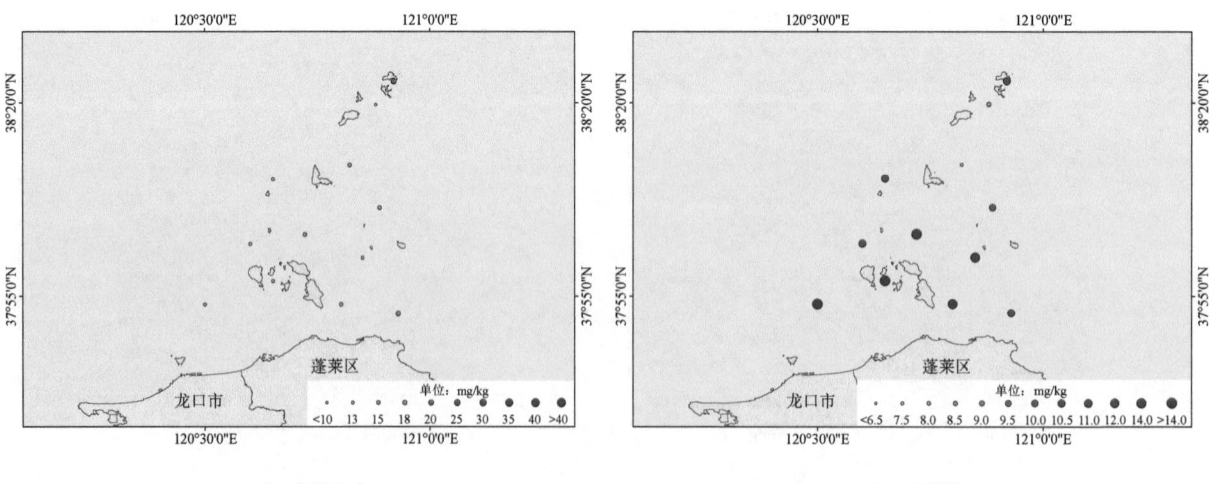

3- 铅（夏季）

4- 砷（夏季）

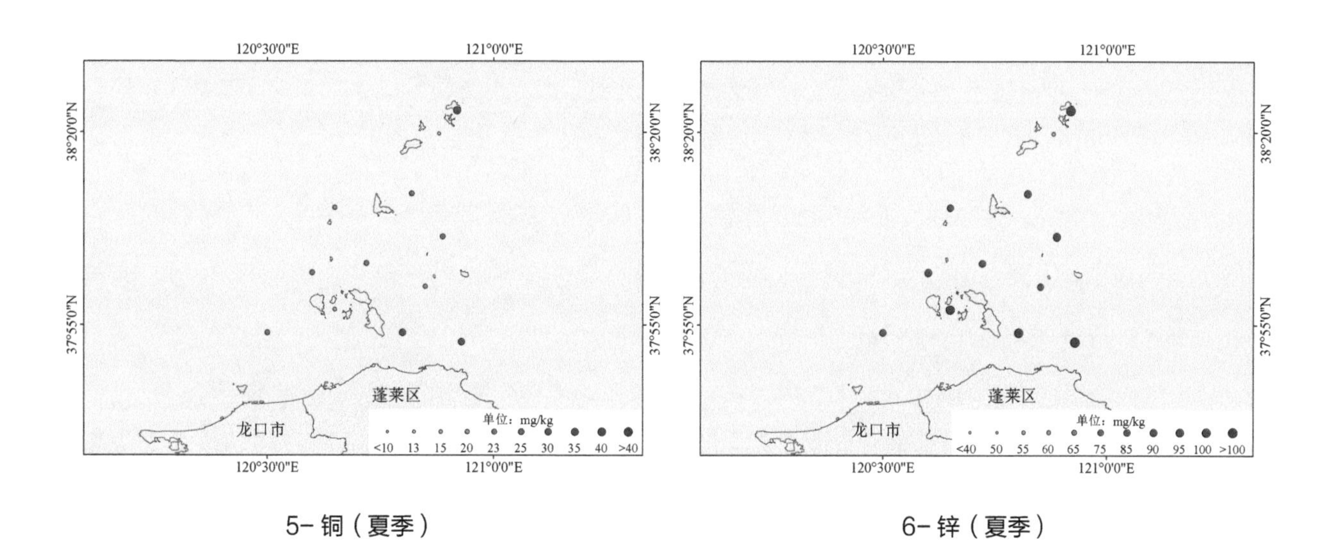

5- 铜（夏季）

6- 锌（夏季）

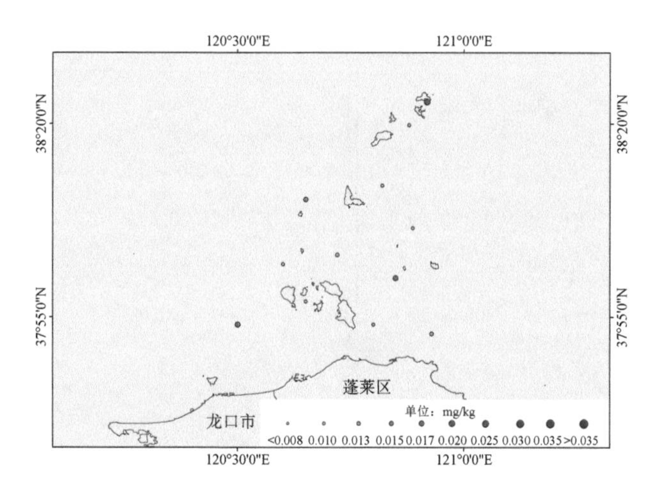

7- 汞（夏季）

2021 年庙岛群岛海洋生态环境监测
Marine Eco-Environment Monitoring in Miaodao Archipelago in 2021

2.2.2 硫化物分布图

2.2.3 石油类分布图

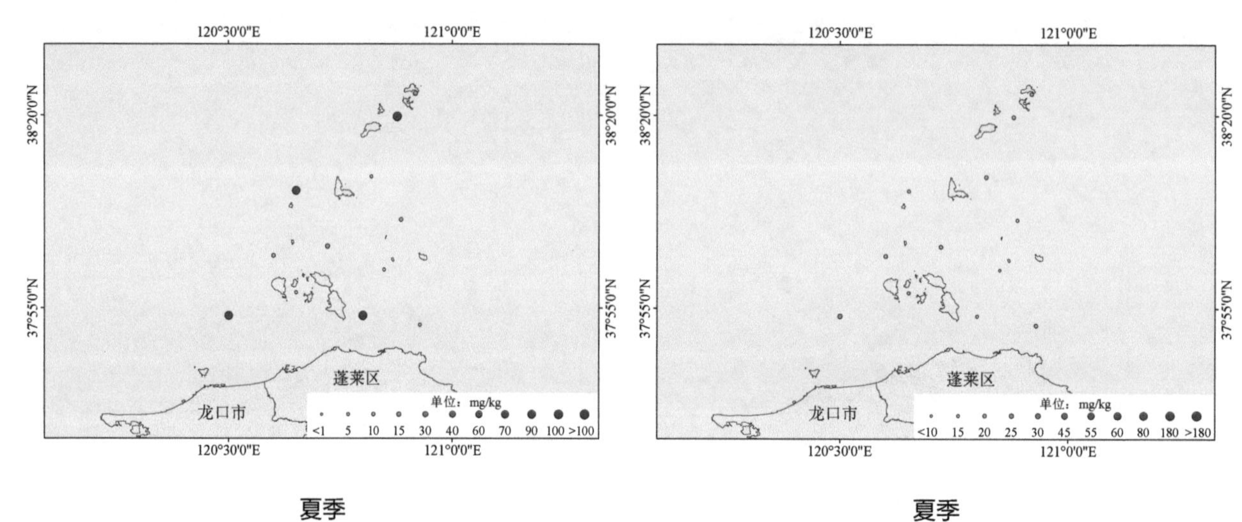

夏季

夏季

2.2.4 有机碳分布图

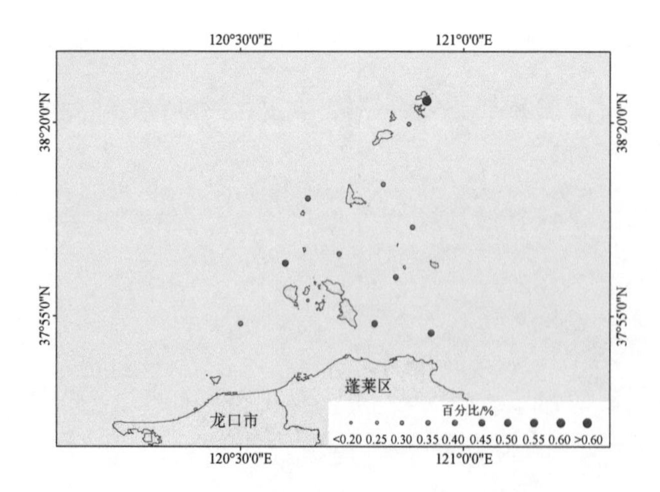

夏季

2021 年庙岛群岛海洋生态环境监测
Marine Eco-Environment Monitoring in Miaodao Archipelago in 2021

2.3 生物环境

2.3.1 大型浮游动物分布图

2.3.1.1 种类分布图

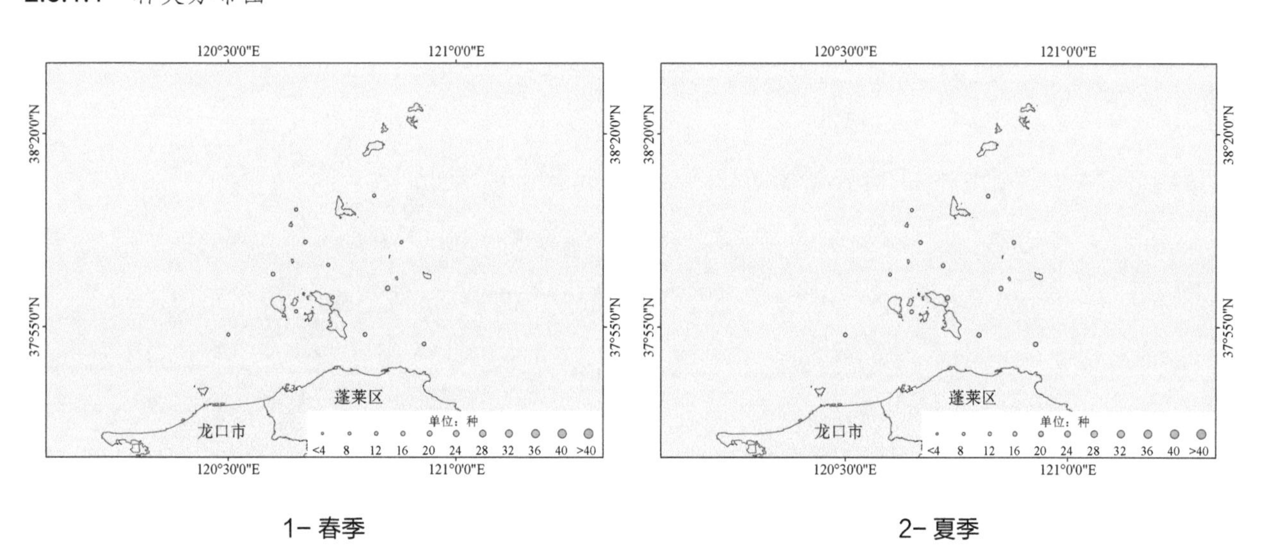

1- 春季　　2- 夏季

2.3.1.2 密度分布图

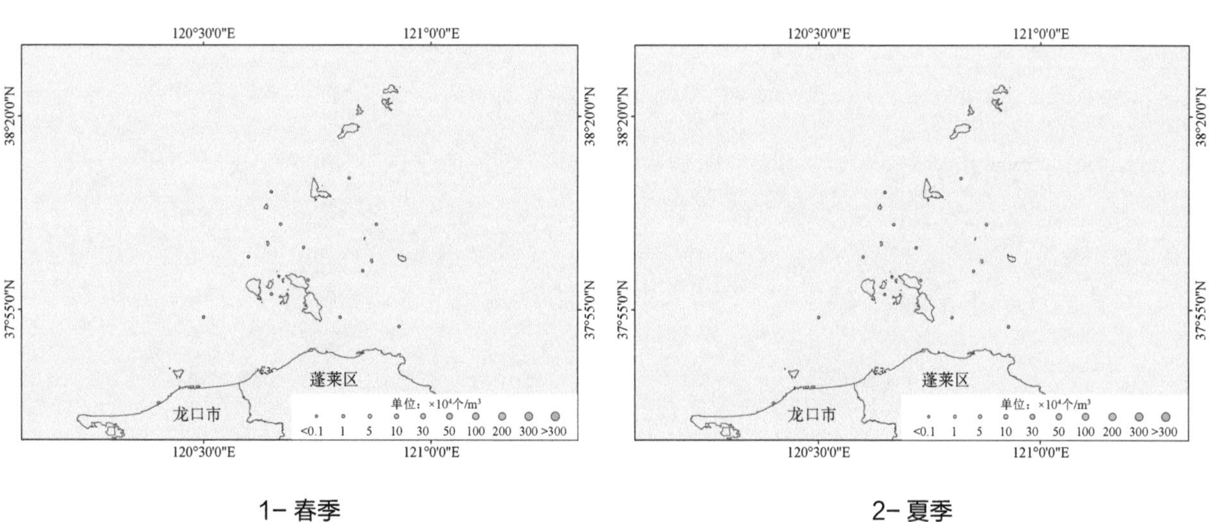

1- 春季　　2- 夏季

2021 年庙岛群岛海洋生态环境监测
Marine Eco-Environment Monitoring in Miaodao Archipelago in 2021

2.3.1.3 生物量分布图

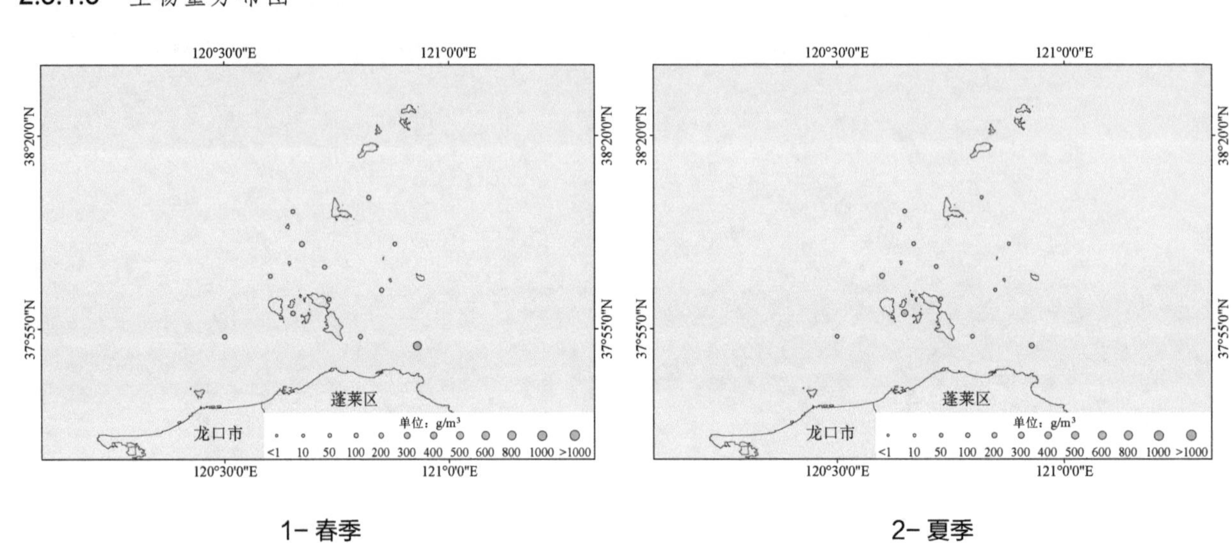

1- 春季　　2- 夏季

2.3.1.4 多样性指数分布图

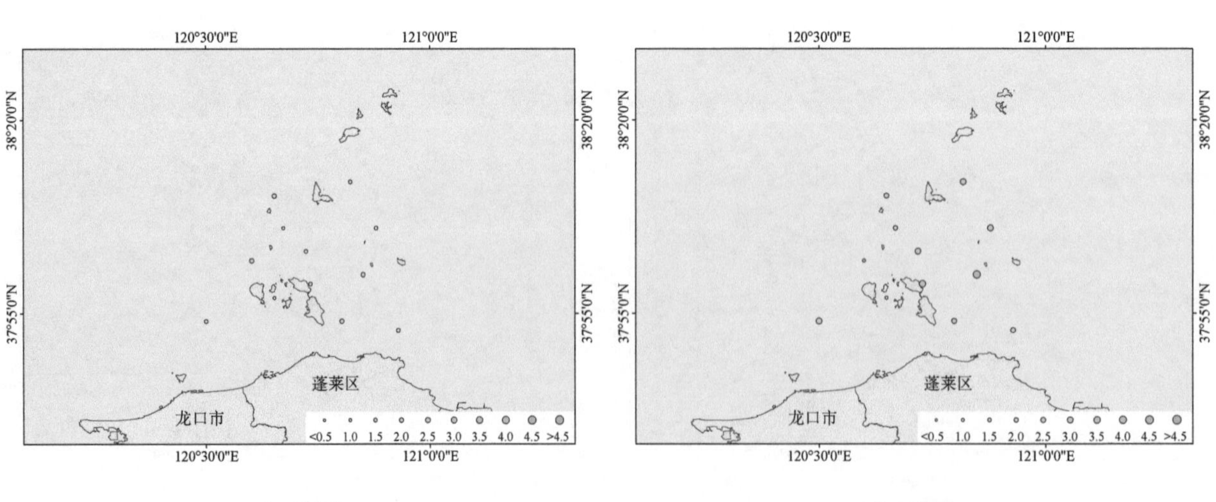

1- 春季　　2- 夏季

2021 年庙岛群岛海洋生态环境监测
Marine Eco-Environment Monitoring in Miaodao Archipelago in 2021

2.3.1.5 均匀度指数分布图

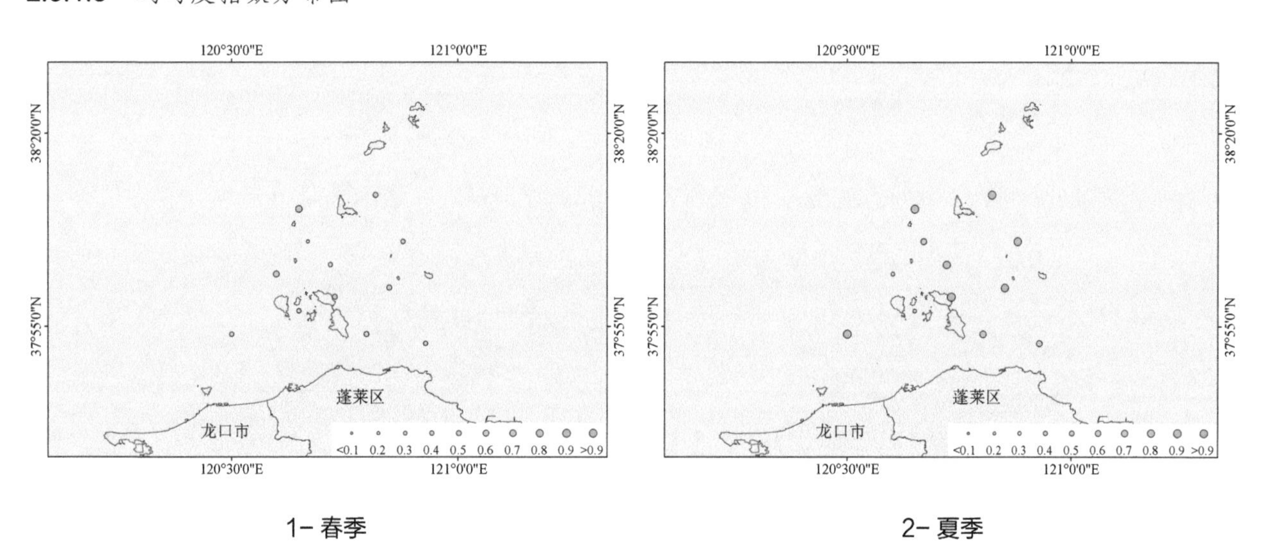

1- 春季 2- 夏季

2.3.1.6 丰富度指数分布图

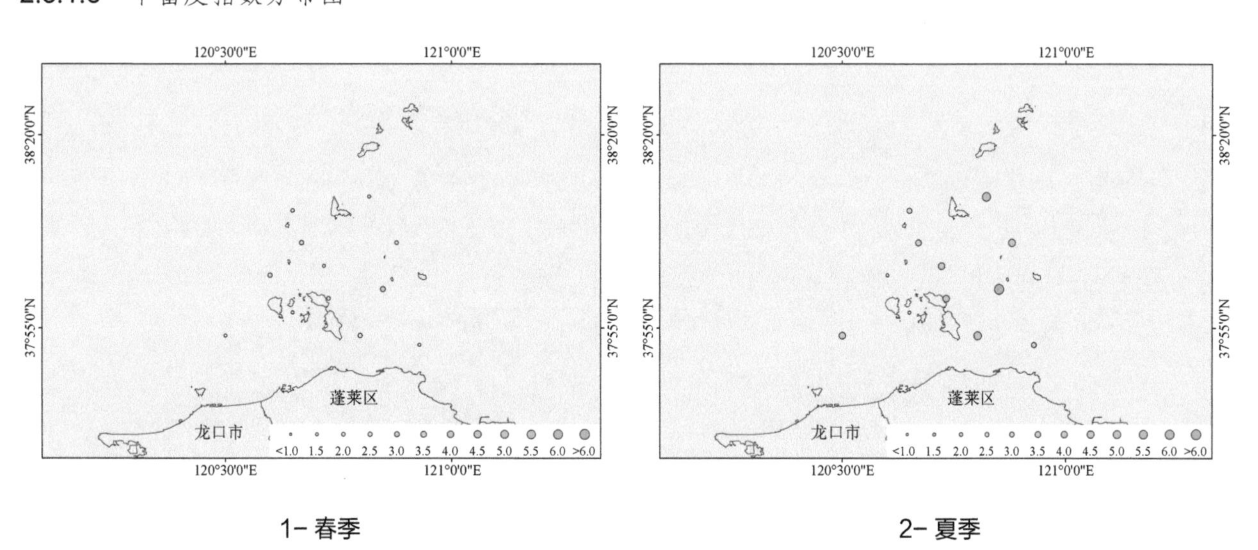

1- 春季 2- 夏季

2.3.2 小型浮游动物分布图

2.3.2.1 种类分布图

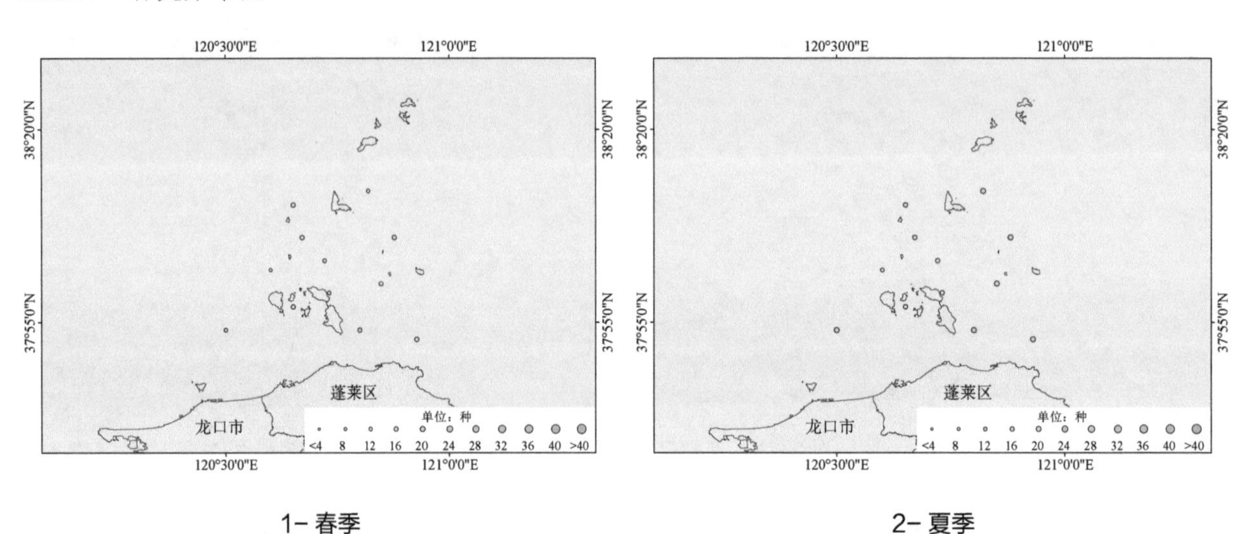

1- 春季　　2- 夏季

2.3.2.2 密度分布图

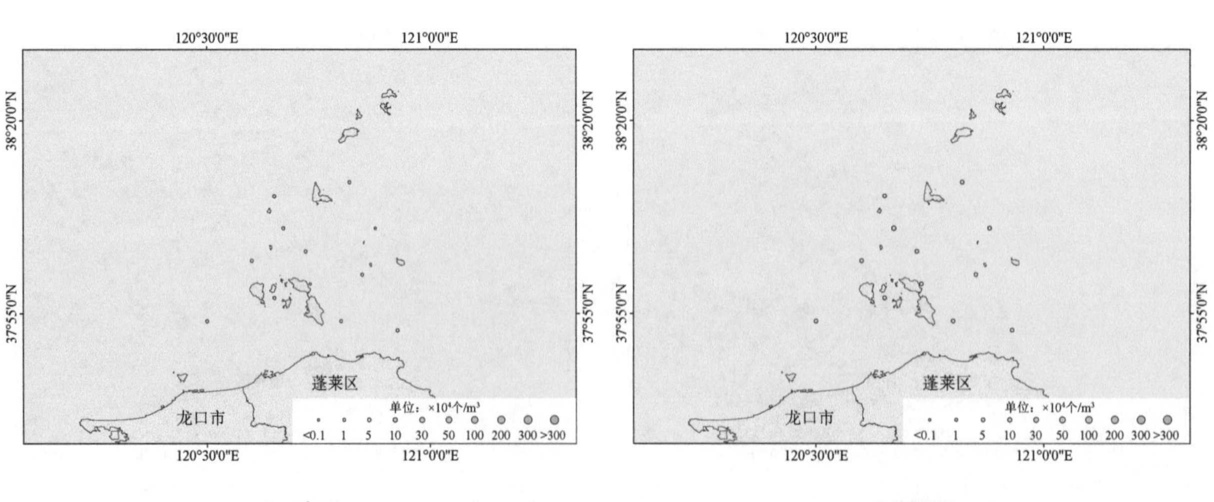

1- 春季　　2- 夏季

2021 年庙岛群岛海洋生态环境监测
Marine Eco-Environment Monitoring in Miaodao Archipelago in 2021

2.3.2.3 多样性指数分布图

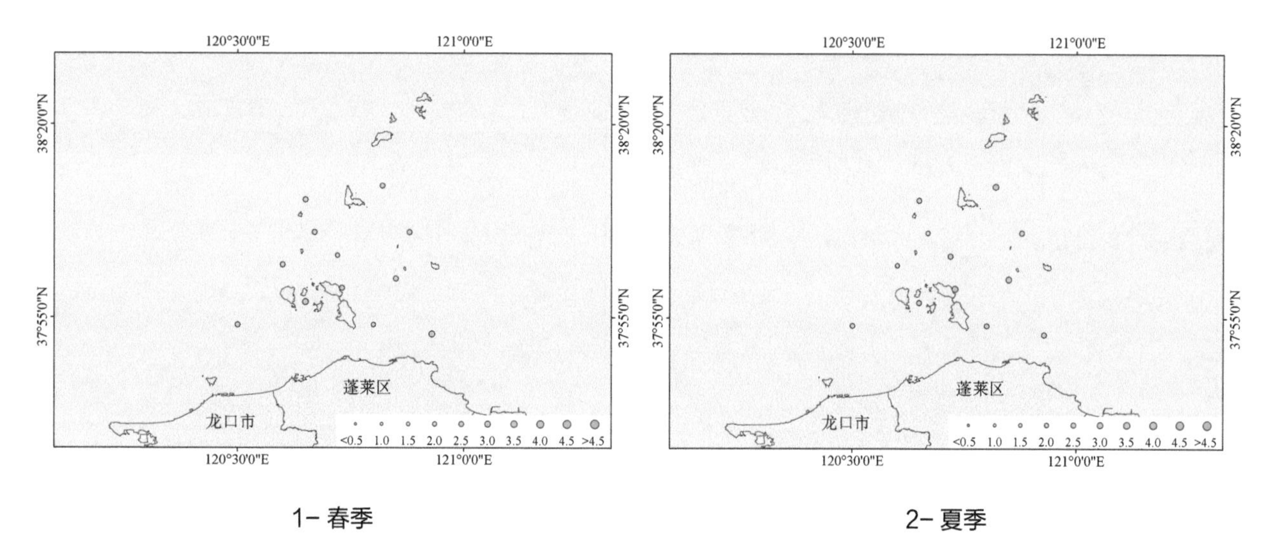

1- 春季　　2- 夏季

2.3.2.4 均匀度指数分布图

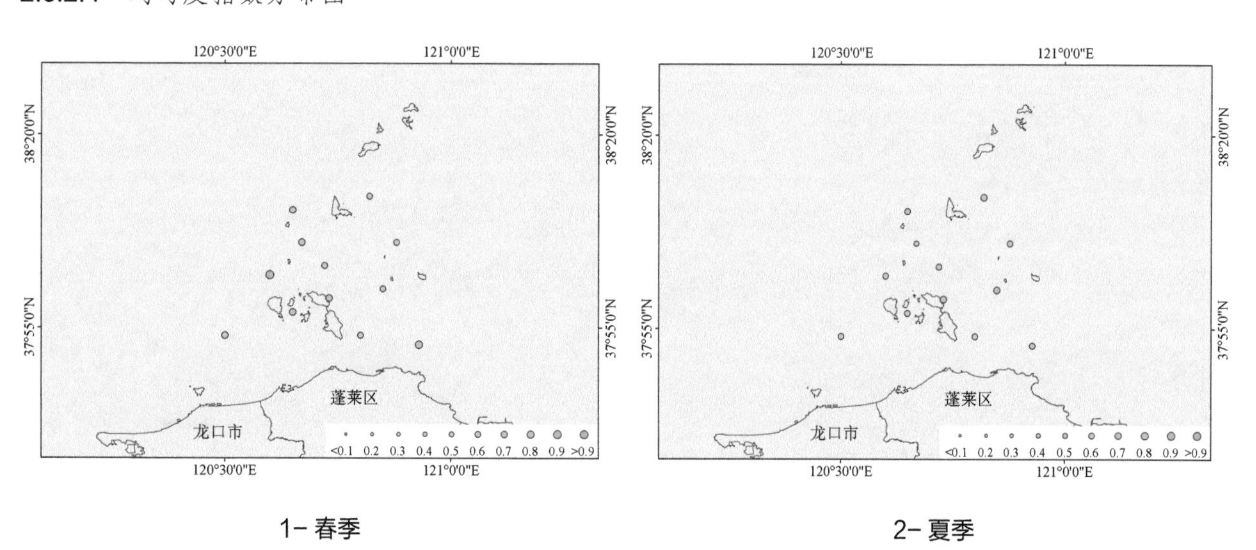

1- 春季　　2- 夏季

2021 年庙岛群岛海洋生态环境监测
Marine Eco-Environment Monitoring in Miaodao Archipelago in 2021

2.3.2.5 丰富度指数分布图

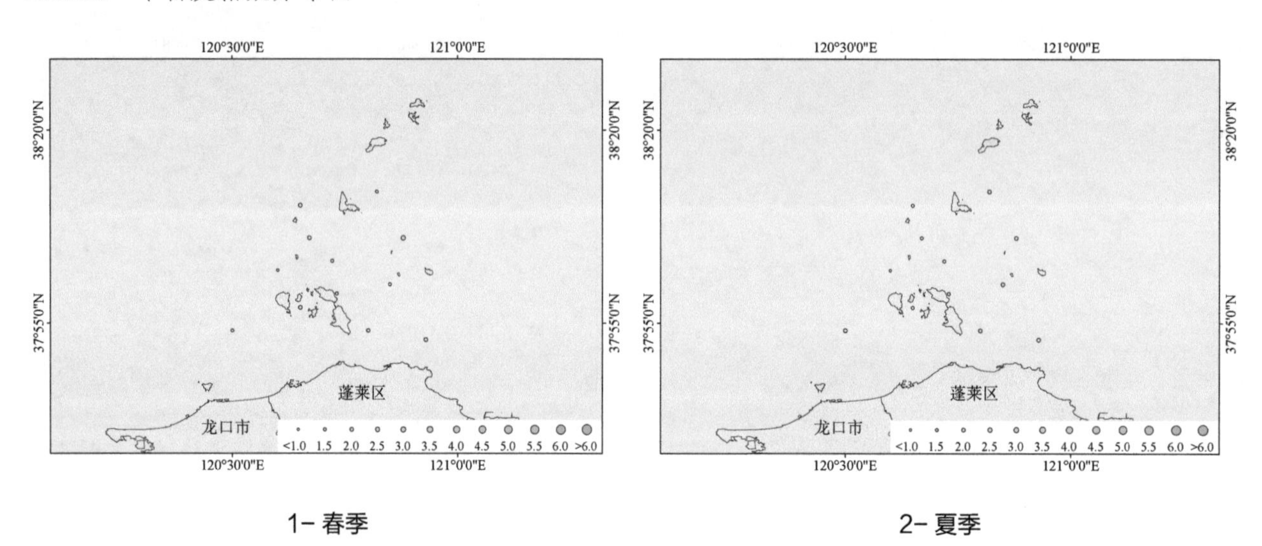

1- 春季　　2- 夏季

2.3.3 浮游植物分布图

2.3.3.1 种类分布图

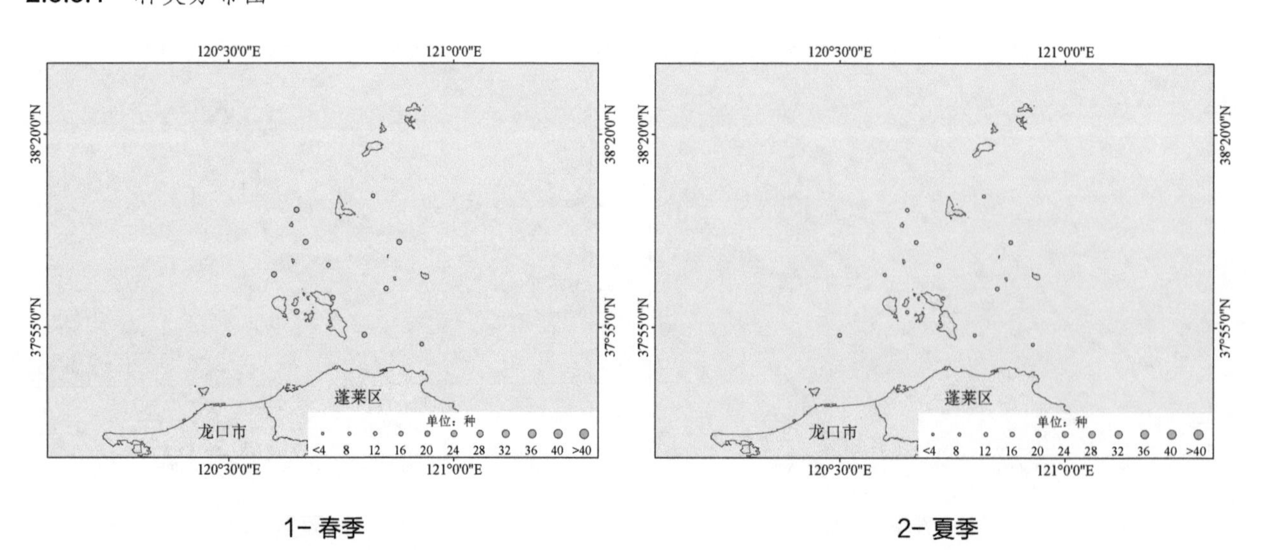

1- 春季　　2- 夏季

2021 年庙岛群岛海洋生态环境监测
Marine Eco-Environment Monitoring in Miaodao Archipelago in 2021

2.3.3.2 密度分布图

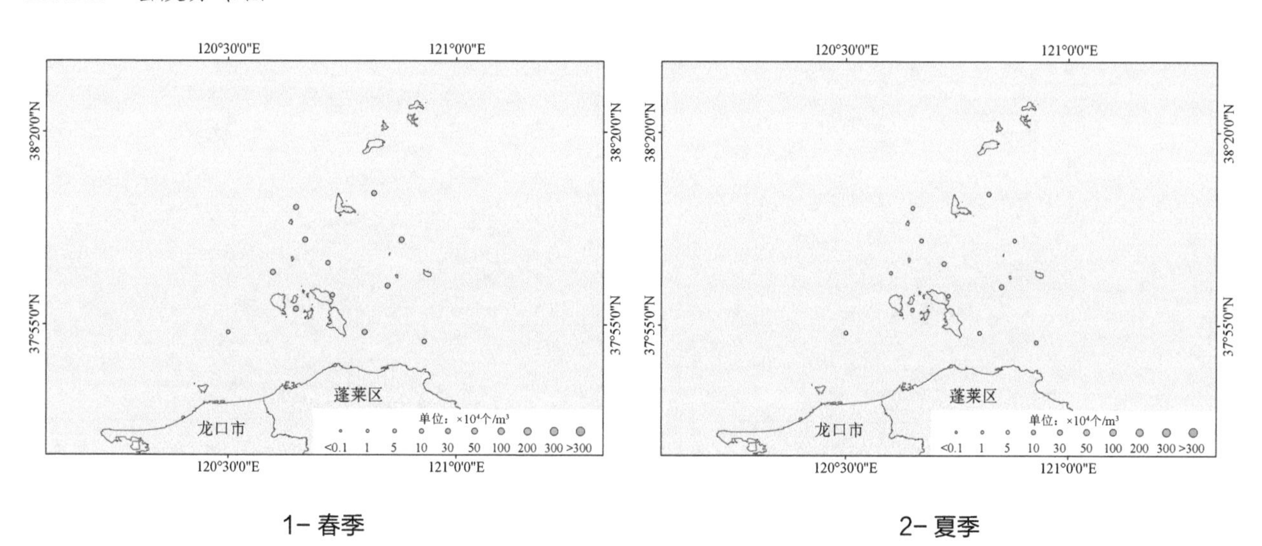

1- 春季　　　　2- 夏季

2.3.3.3 多样性指数分布图

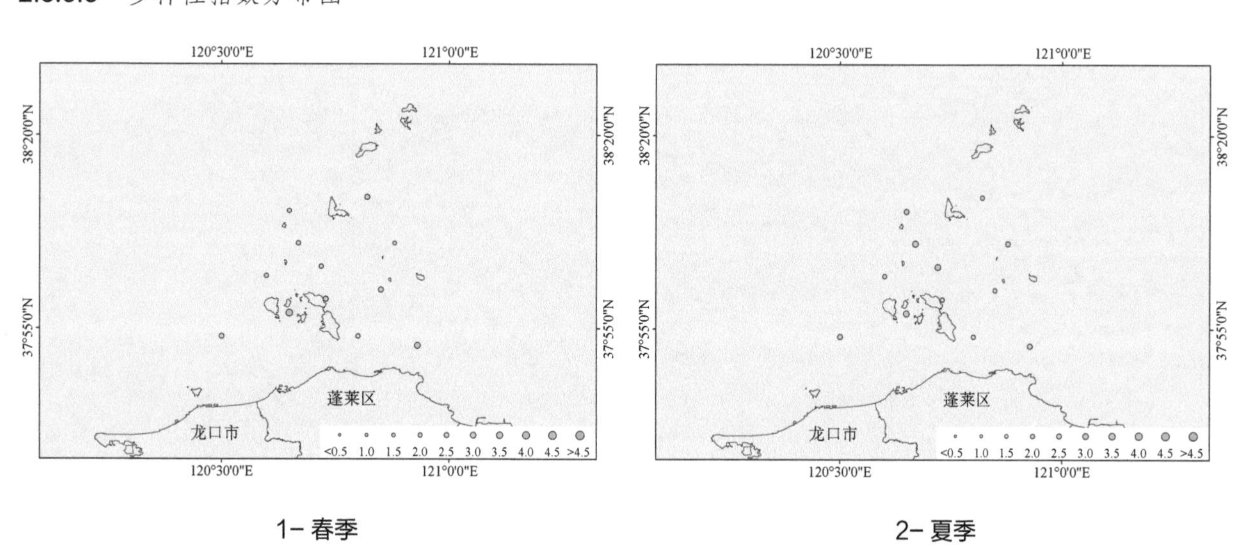

1- 春季　　　　2- 夏季

2021 年庙岛群岛海洋生态环境监测
Marine Eco-Environment Monitoring in Miaodao Archipelago in 2021

2.3.3.4 均匀度指数分布图

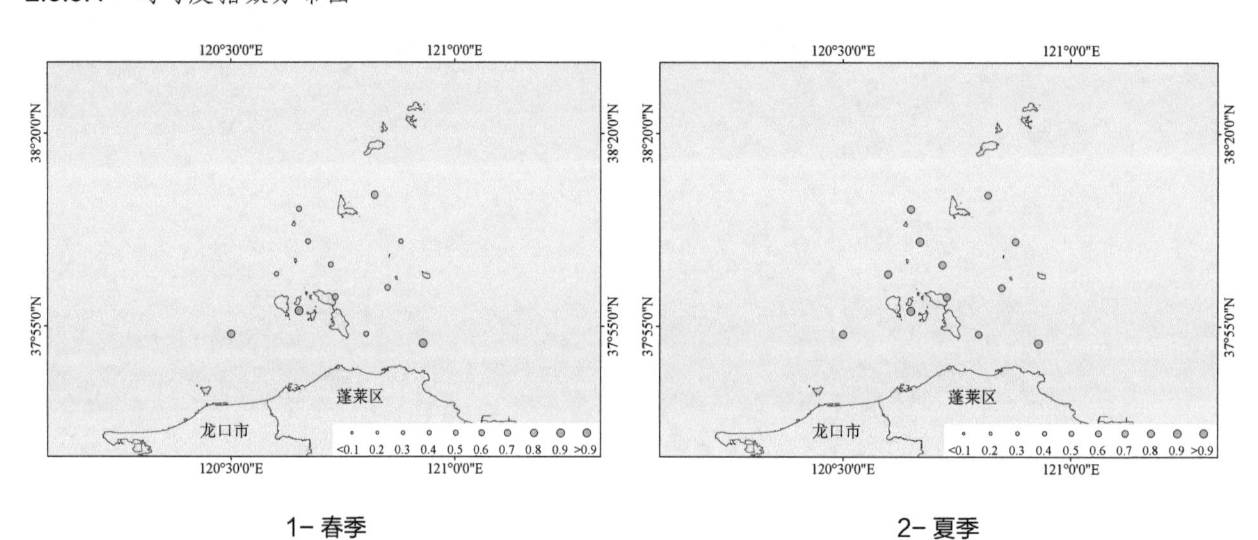

1- 春季　　2- 夏季

2.3.3.5 丰富度指数分布图

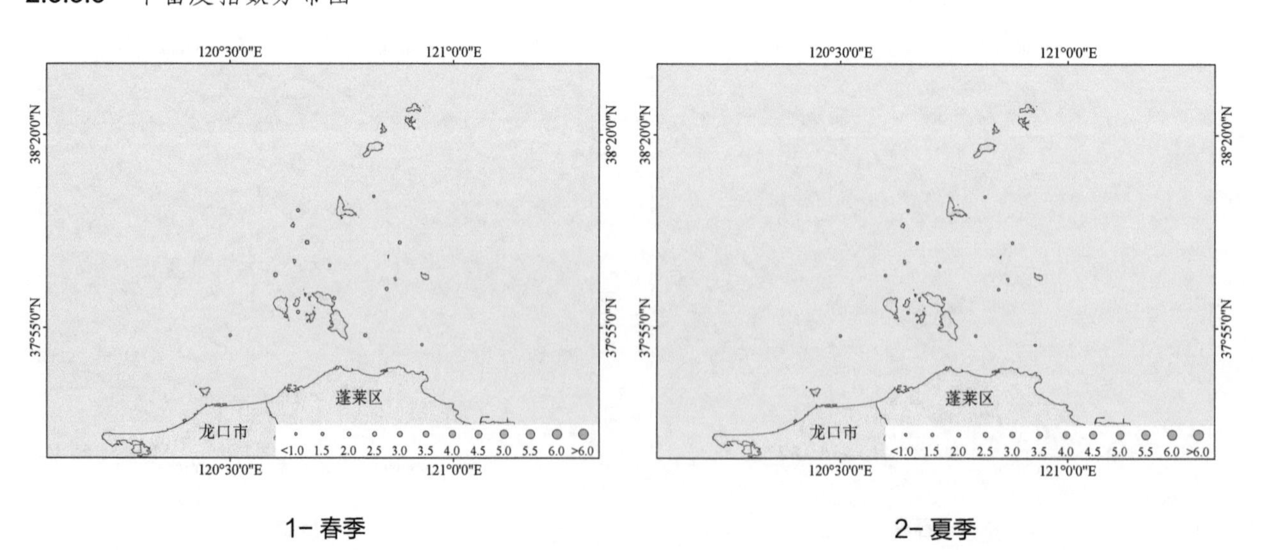

1- 春季　　2- 夏季

2021 年庙岛群岛海洋生态环境监测
Marine Eco-Environment Monitoring in Miaodao Archipelago in 2021

2.3.4 底栖生物分布图

2.3.4.1 种类分布图

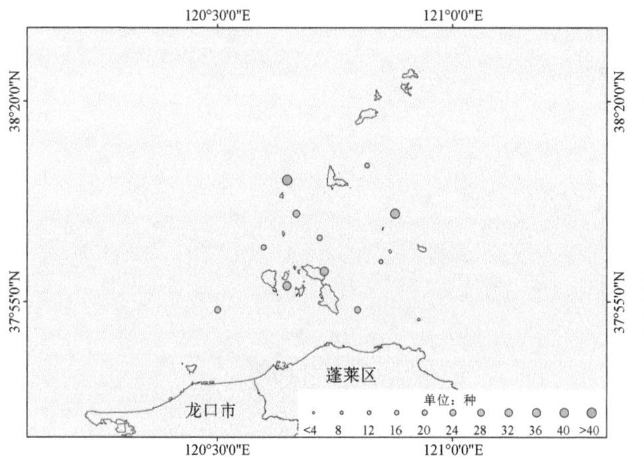

夏季

2.3.4.2 密度分布图

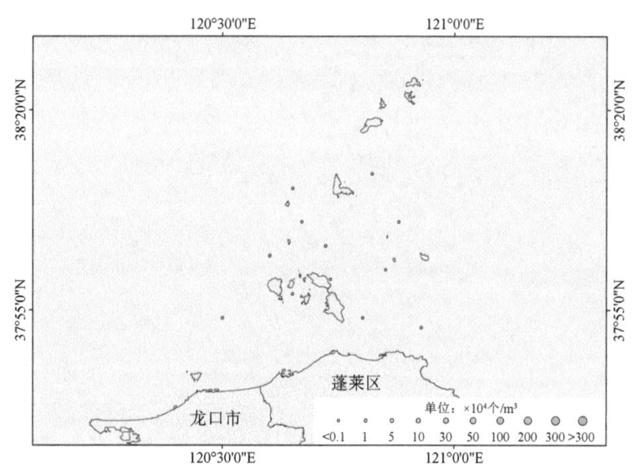

夏季

2.3.4.3 生物量分布图

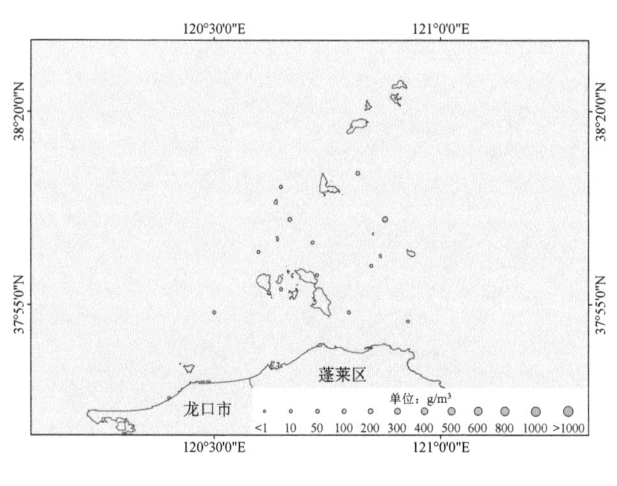

夏季

2.3.4.4 多样性指数分布图

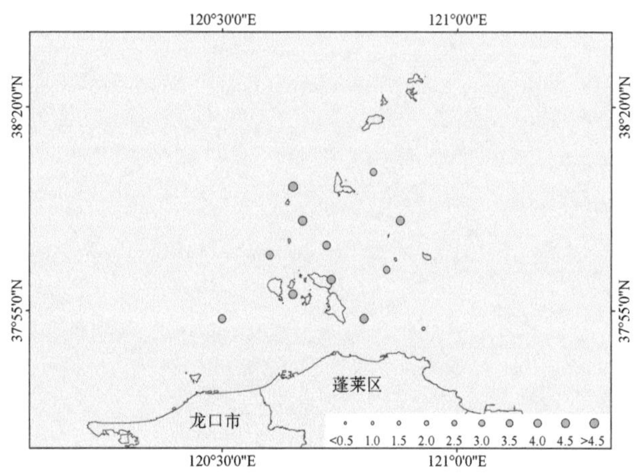

夏季

2021 年庙岛群岛海洋生态环境监测
Marine Eco-Environment Monitoring in Miaodao Archipelago in 2021

2.3.4.5　均匀度指数分布图　　　　2.3.4.6　丰富度指数分布图

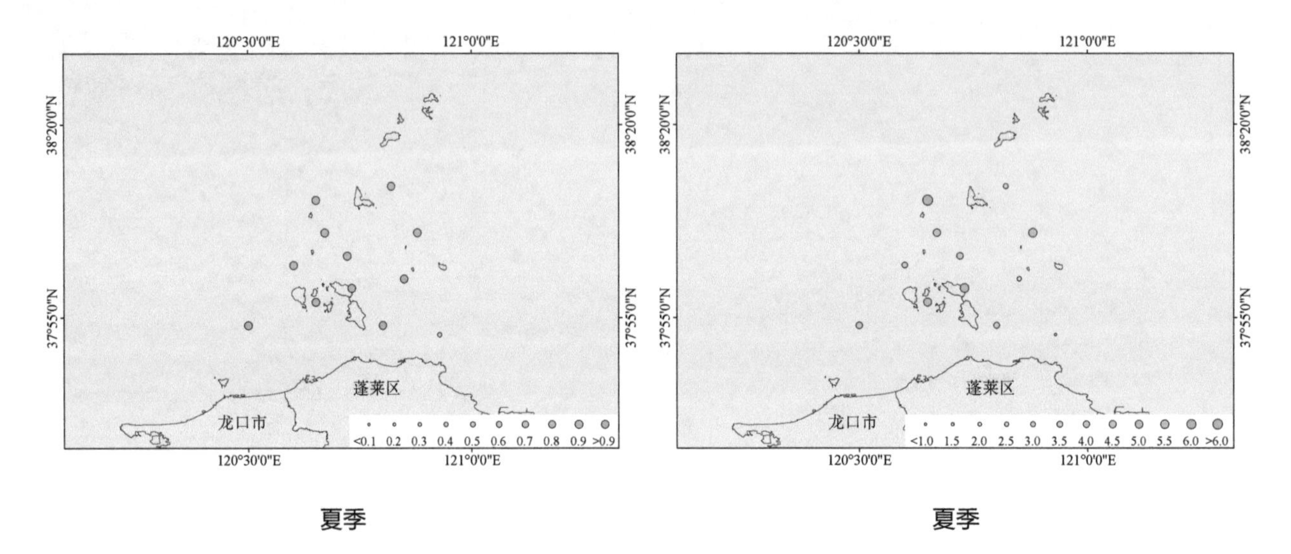

夏季　　　　夏季

2020 年庙岛群岛海洋生态环境监测

Marine Eco-Environment Monitoring in Miaodao Archipelago in 2020

3.1 海水环境

3.1.1 pH 分布图

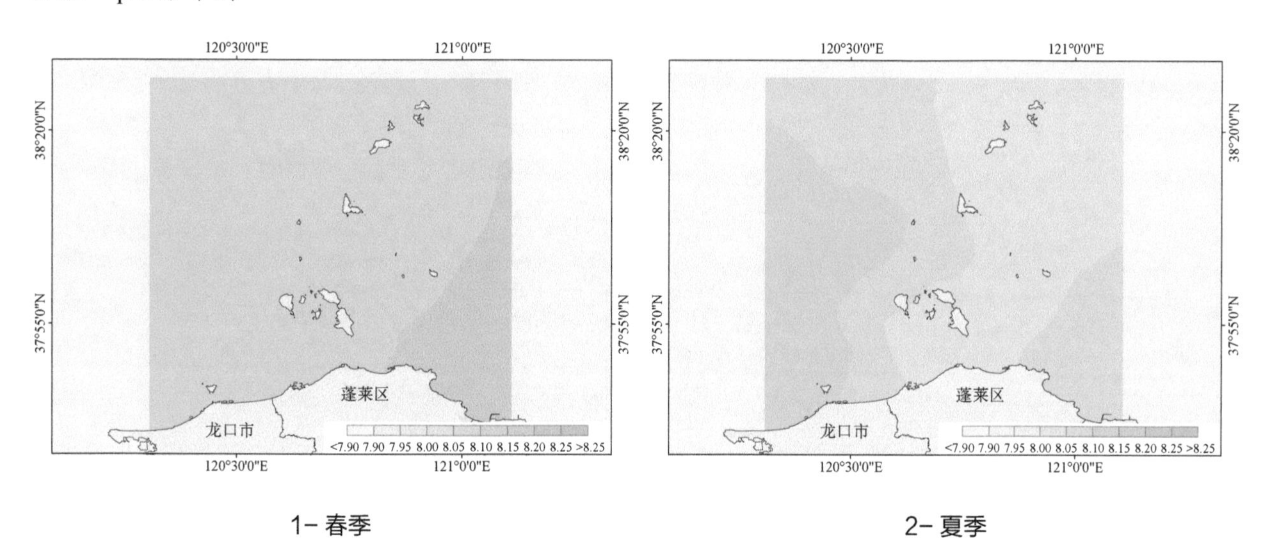

1- 春季

2- 夏季

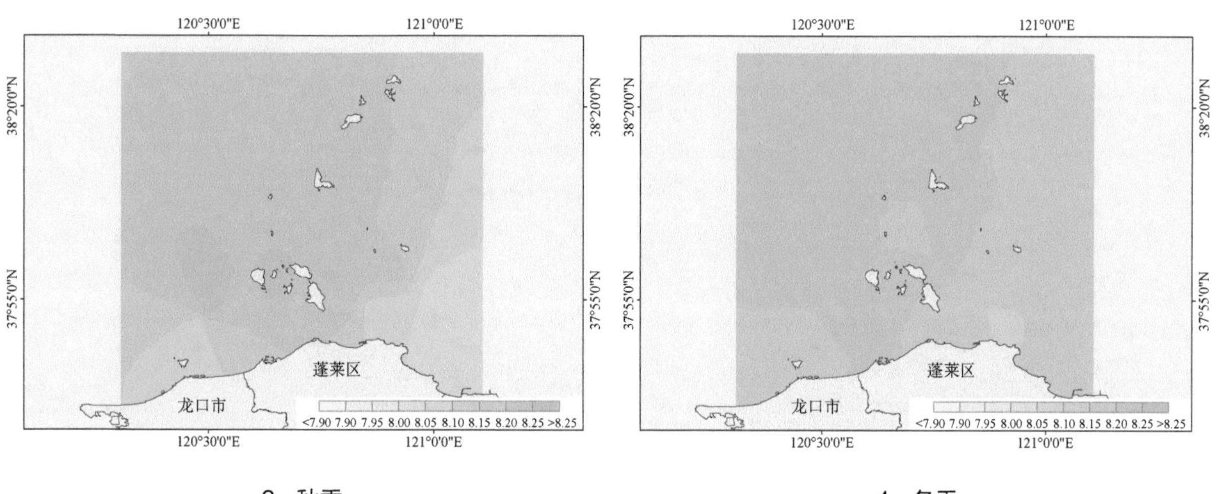

3- 秋季

4- 冬季

2020 年庙岛群岛海洋生态环境监测
Marine Eco-Environment Monitoring in Miaodao Archipelago in 2020

3.1.2 盐度分布图

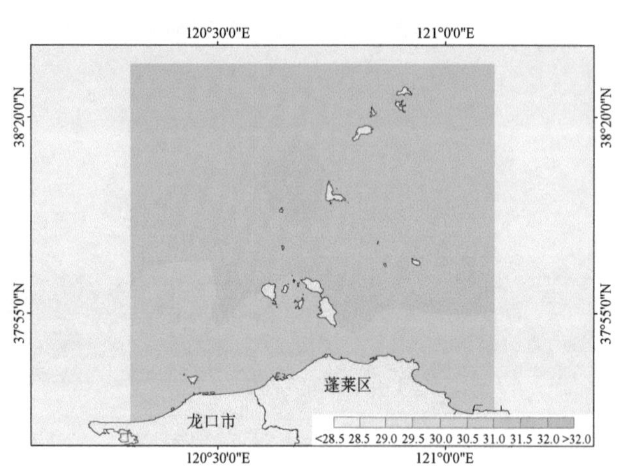

1- 春季

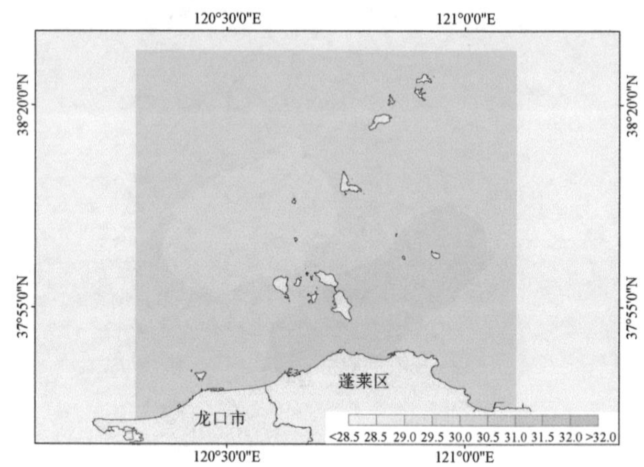

2- 夏季

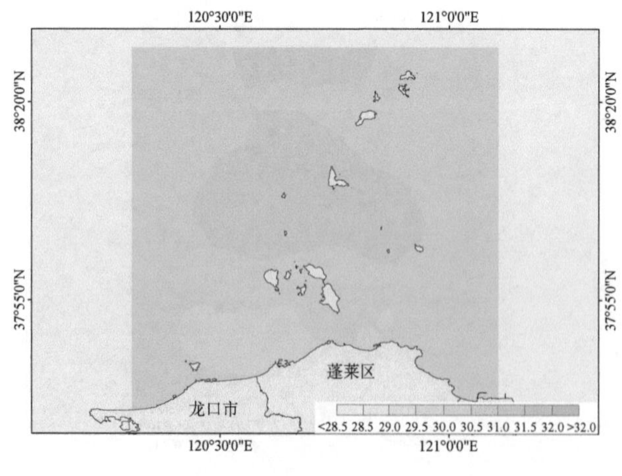

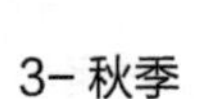
3- 秋季

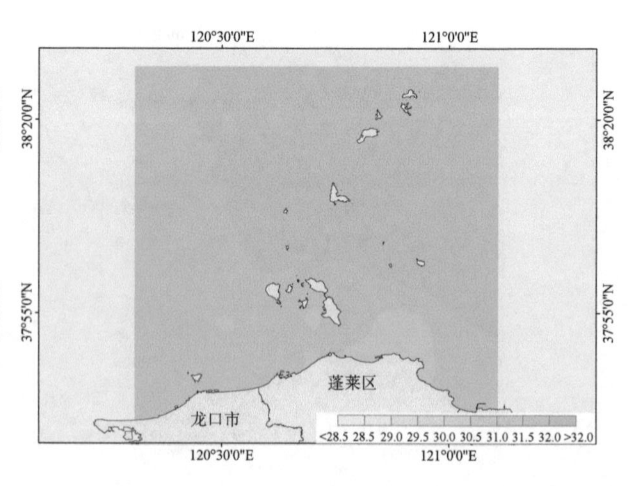

4- 冬季

2020 年庙岛群岛海洋生态环境监测

Marine Eco-Environment Monitoring in Miaodao Archipelago in 2020

3.1.3 溶解氧分布图

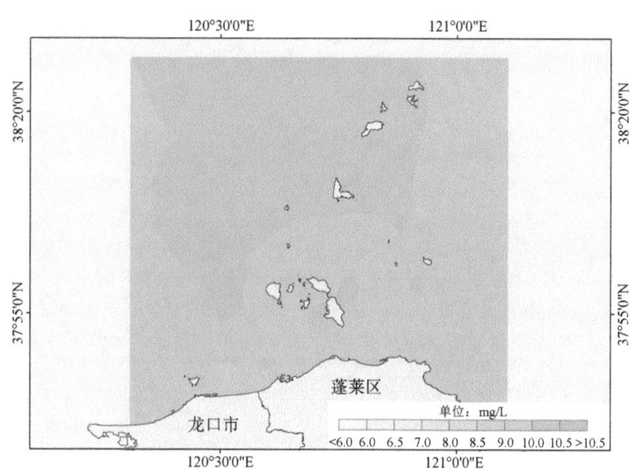

1- 春季

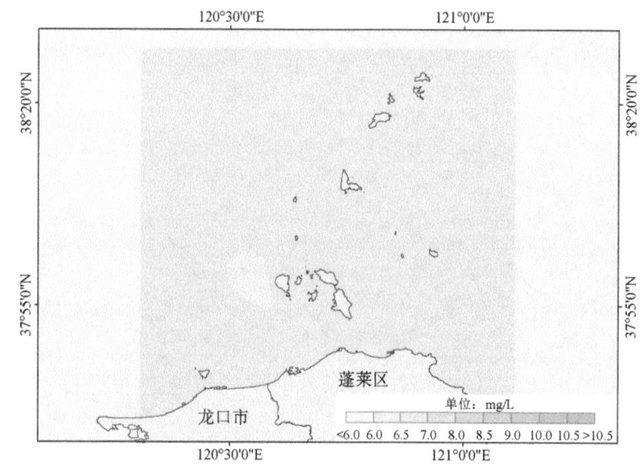

2- 夏季

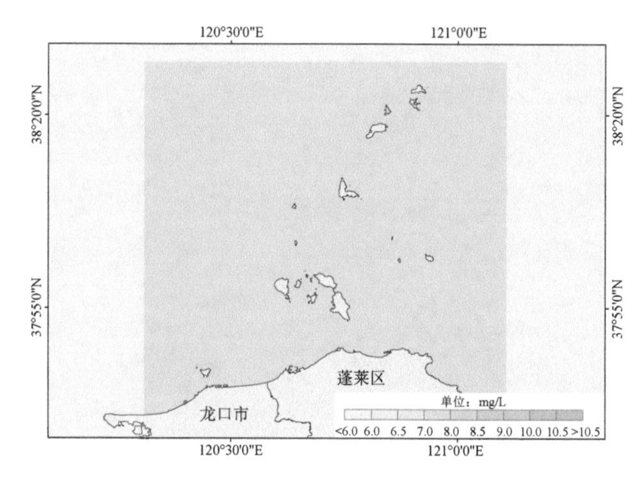

3- 秋季

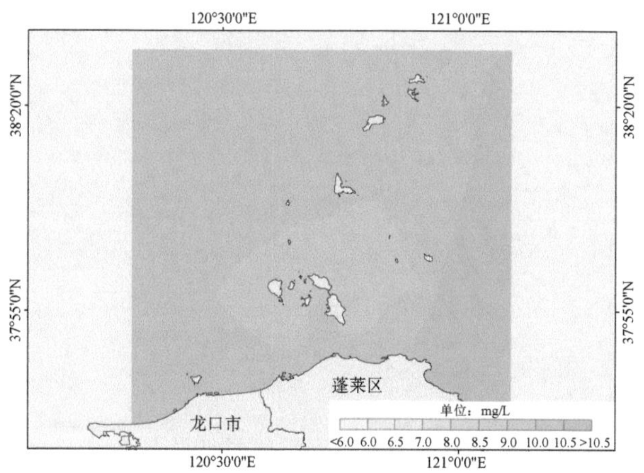

4- 冬季

2020 年庙岛群岛海洋生态环境监测
Marine Eco-Environment Monitoring in Miaodao Archipelago in 2020

3.1.4 化学需氧量分布图

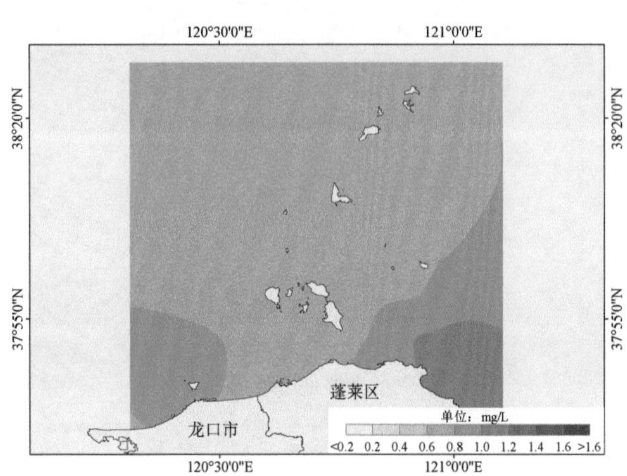

1- 春季

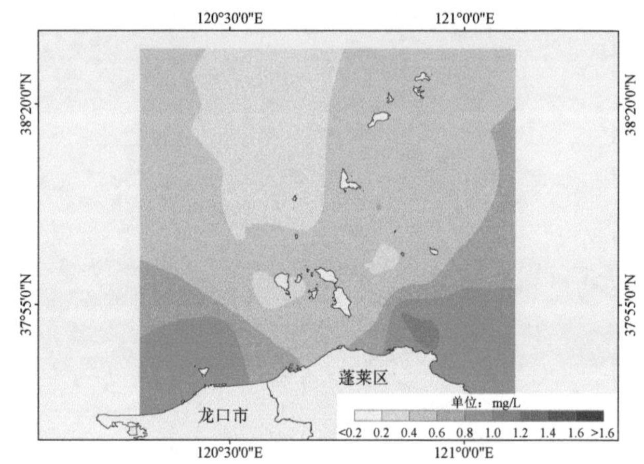

2- 夏季

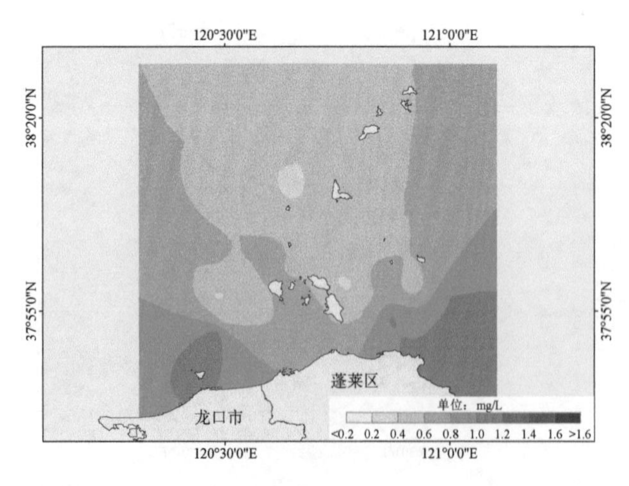

3- 秋季

4- 冬季

2020 年庙岛群岛海洋生态环境监测
Marine Eco-Environment Monitoring in Miaodao Archipelago in 2020

3.1.5 氨氮分布图

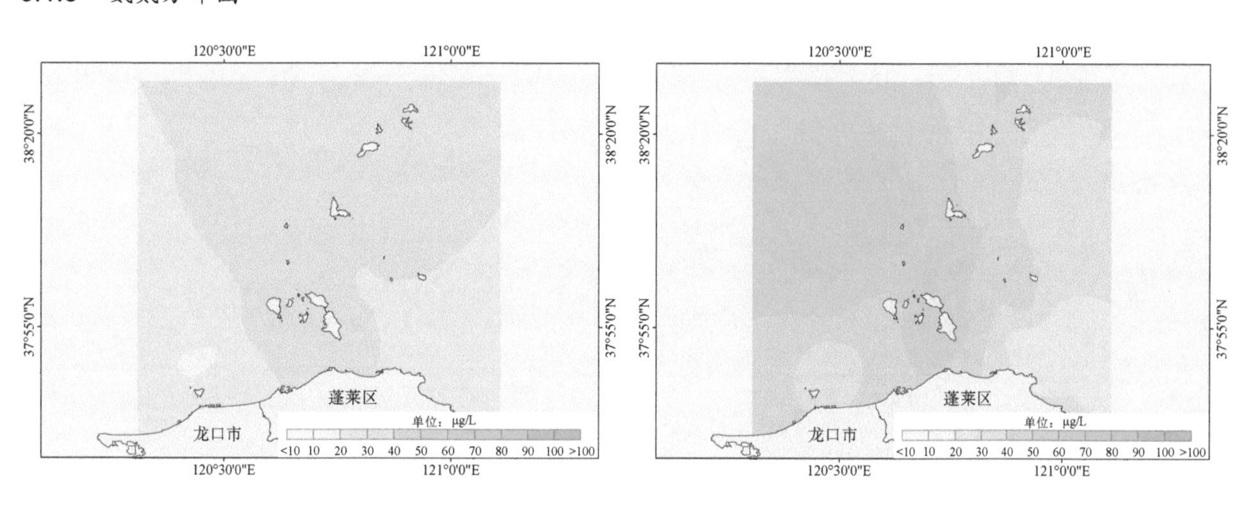

1- 春季

2- 夏季

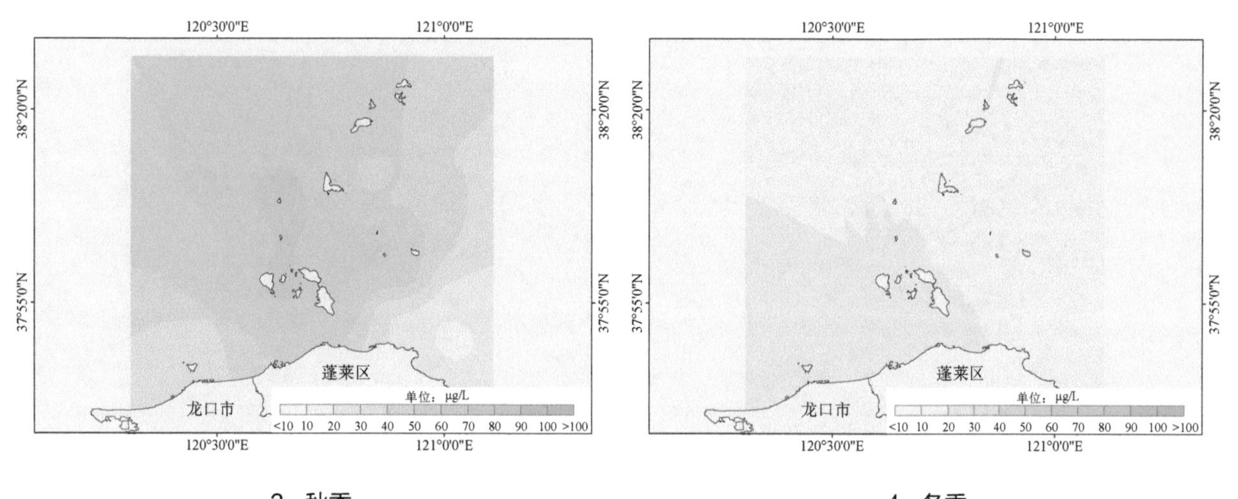

3- 秋季

4- 冬季

2020 年庙岛群岛海洋生态环境监测
Marine Eco-Environment Monitoring in Miaodao Archipelago in 2020

3.1.6 亚硝酸盐分布图

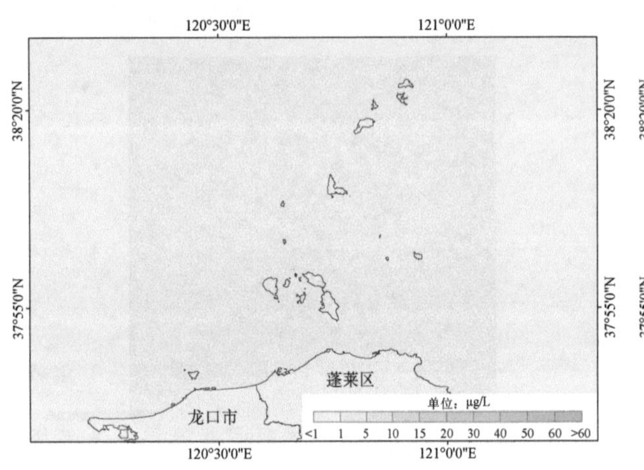

1- 春季

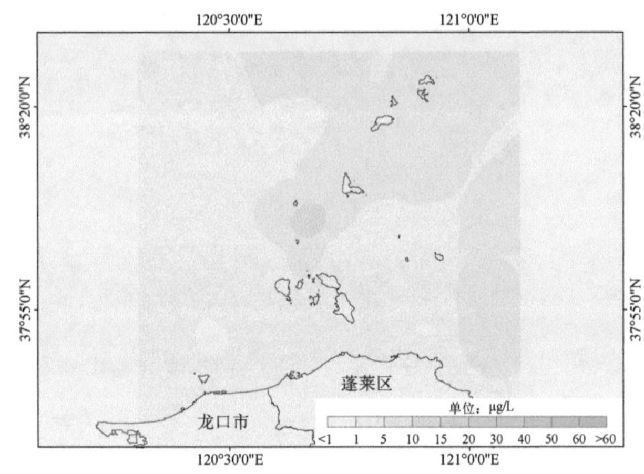

2- 夏季

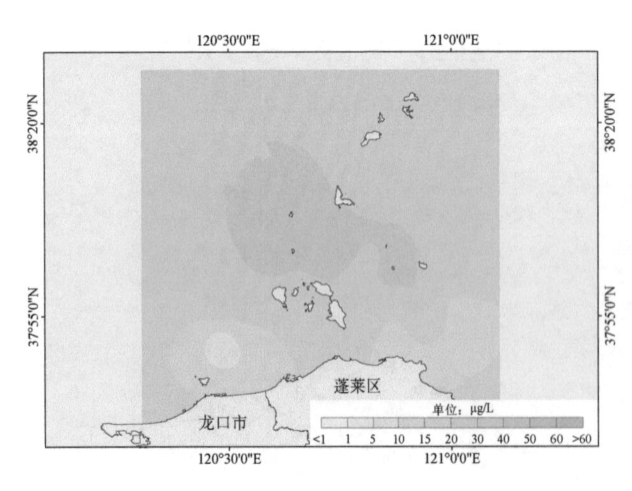

3- 秋季

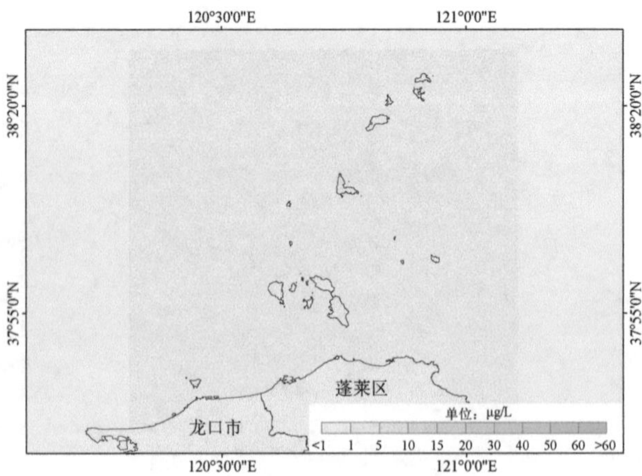

4- 冬季

2020 年庙岛群岛海洋生态环境监测
Marine Eco-Environment Monitoring in Miaodao Archipelago in 2020

3.1.7 硝酸盐分布图

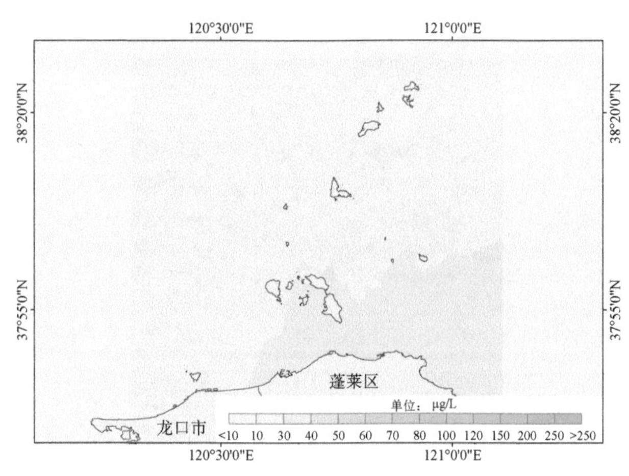

1- 春季

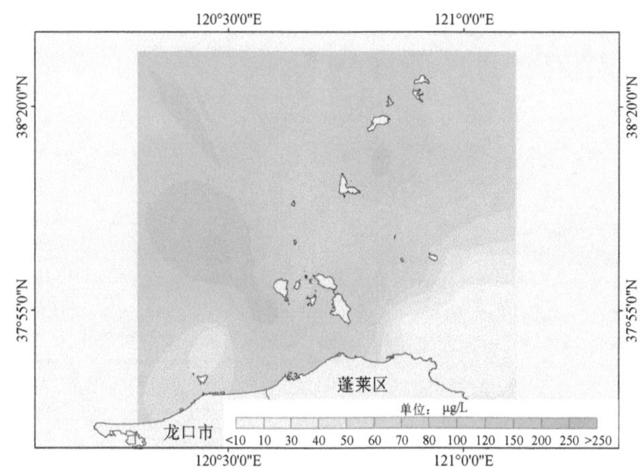

2- 夏季

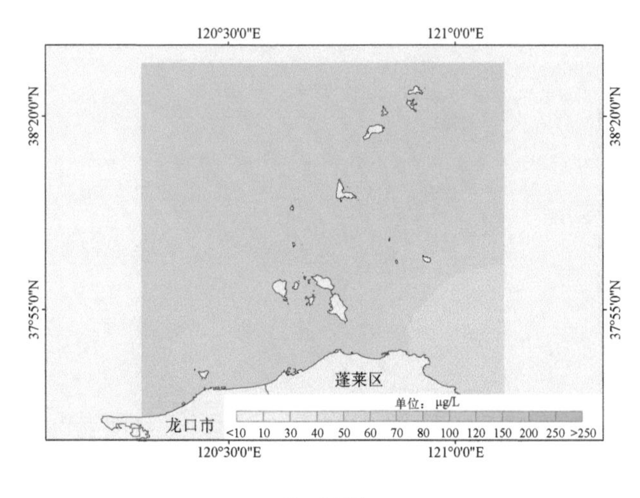

3- 秋季

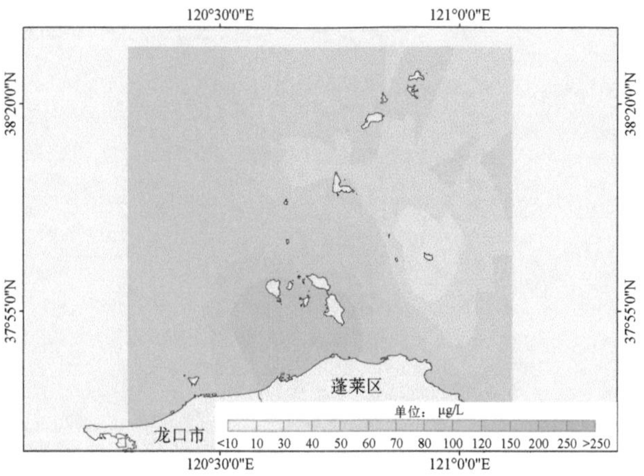

4- 冬季

2020 年庙岛群岛海洋生态环境监测
Marine Eco-Environment Monitoring in Miaodao Archipelago in 2020

3.1.8 无机氮分布图

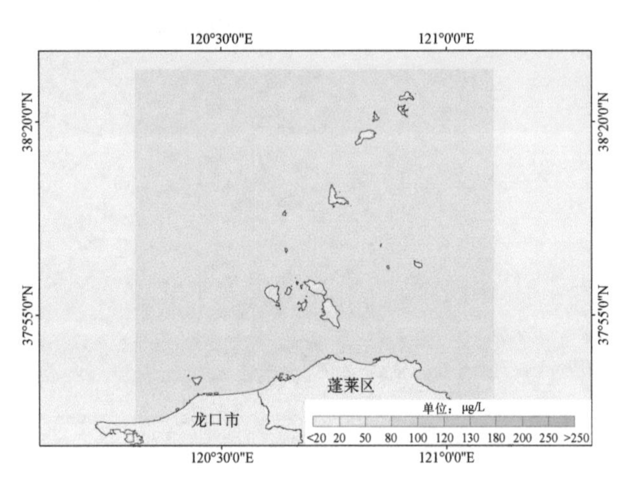

1- 春季

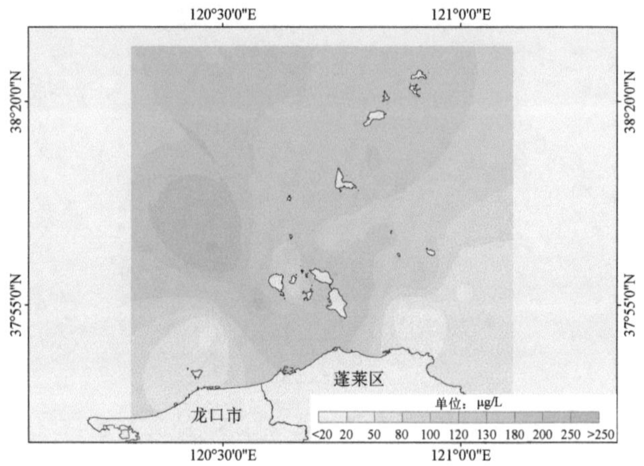

2- 夏季

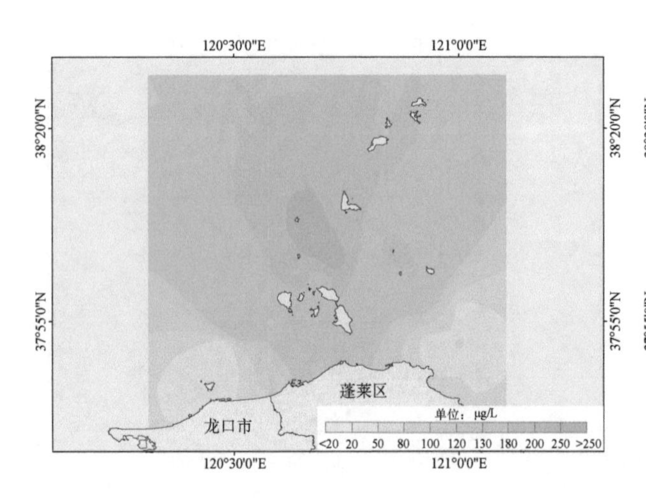

3- 秋季

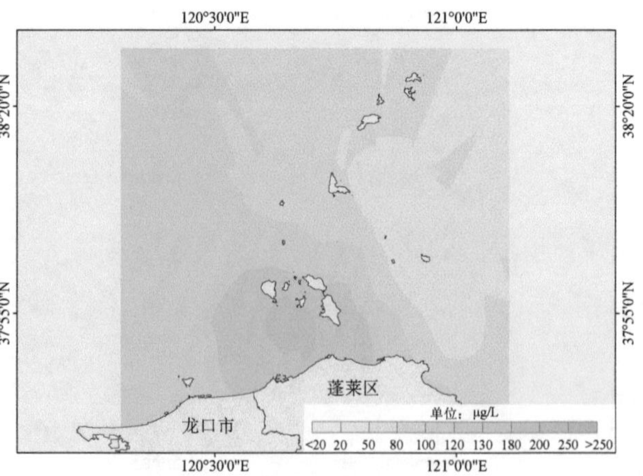

4- 冬季

2020 年庙岛群岛海洋生态环境监测

Marine Eco-Environment Monitoring in Miaodao Archipelago in 2020

3.1.9 活性磷酸盐分布图

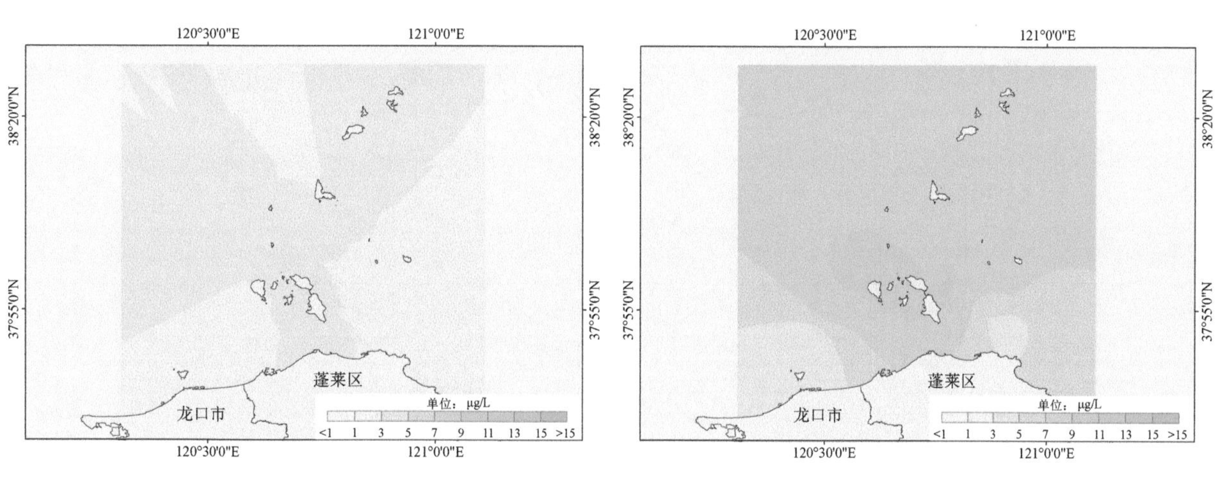

1- 春季　　2- 夏季

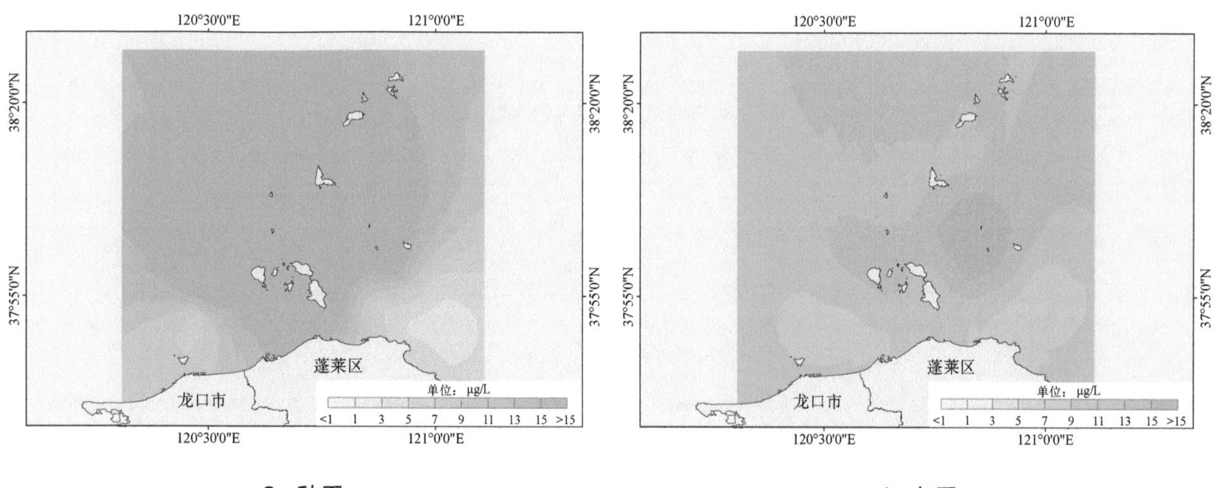

3- 秋季　　4- 冬季

2020 年庙岛群岛海洋生态环境监测
Marine Eco-Environment Monitoring in Miaodao Archipelago in 2020

3.1.10 叶绿素 a 分布图

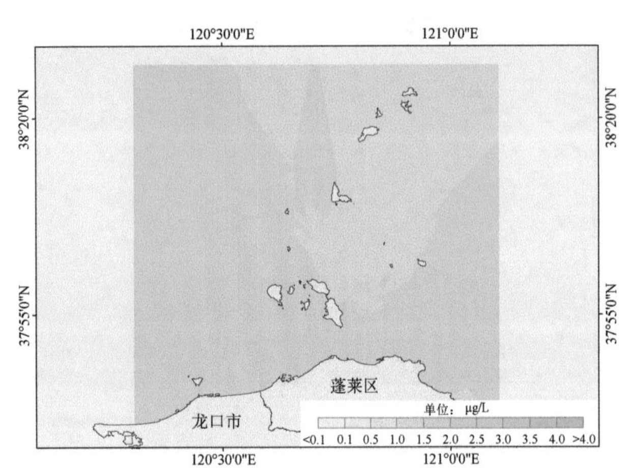

1- 春季

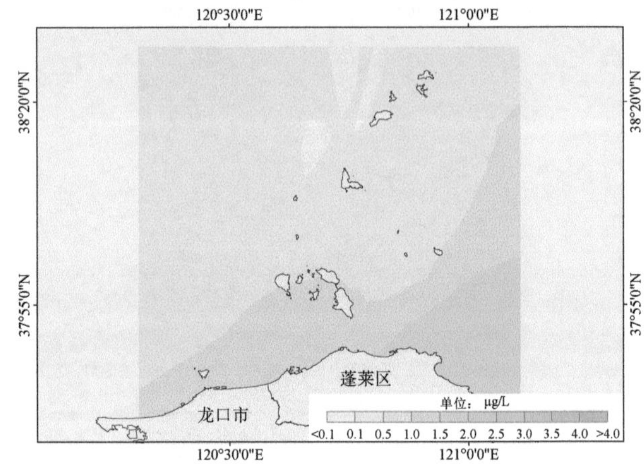

2- 夏季

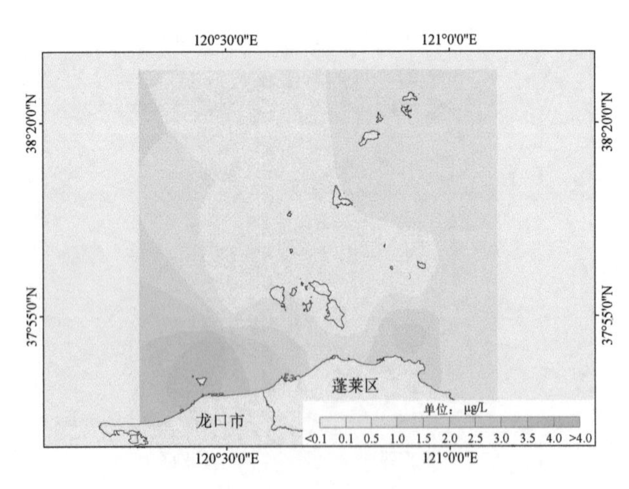

3- 秋季

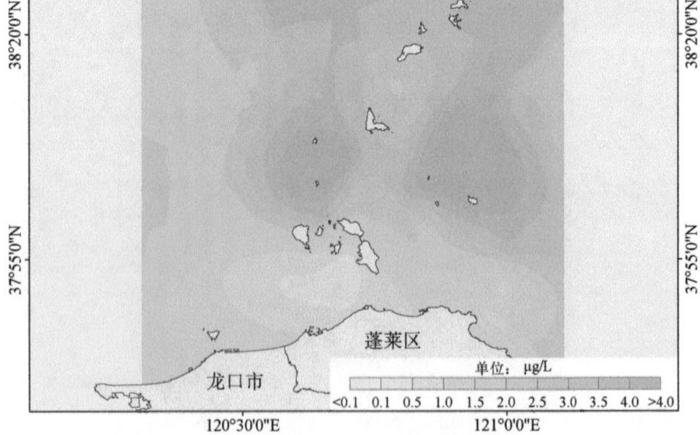

4- 冬季

2020 年庙岛群岛海洋生态环境监测

Marine Eco-Environment Monitoring in Miaodao Archipelago in 2020

3.1.11 石油类分布图

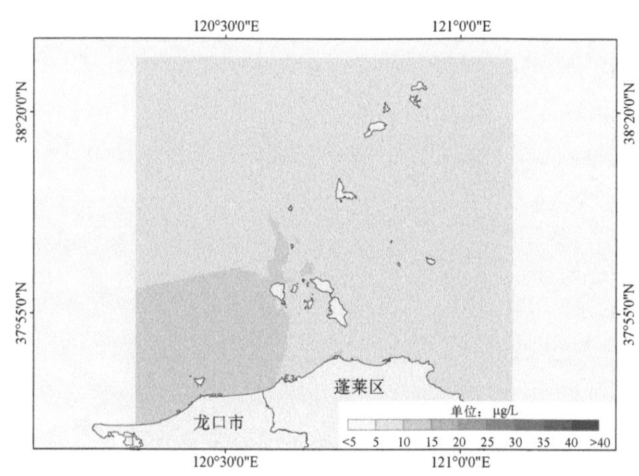

1- 春季

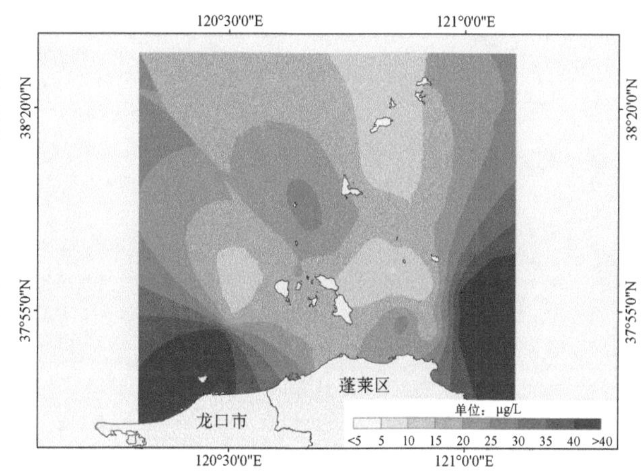

2- 夏季

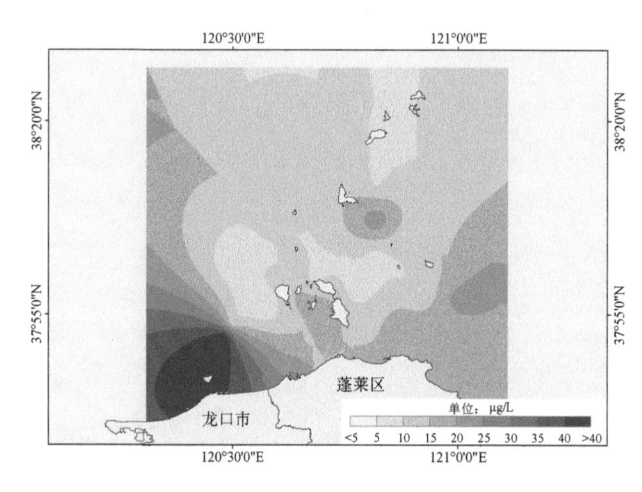

3- 秋季

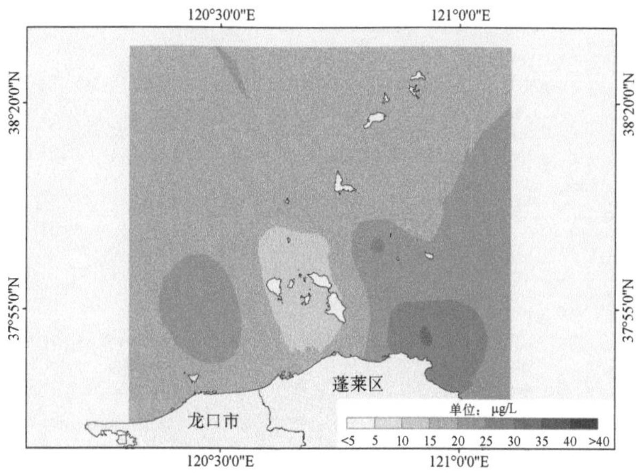

4- 冬季

2020 年庙岛群岛海洋生态环境监测

Marine Eco-Environment Monitoring in Miaodao Archipelago in 2020

3.1.12 总氮分布图

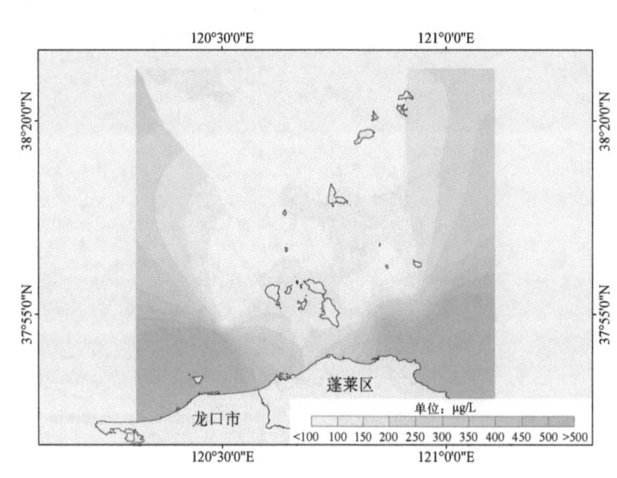

1- 春季

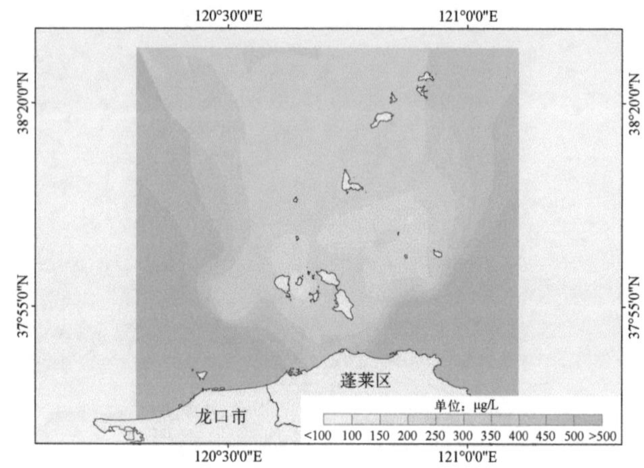

2- 夏季

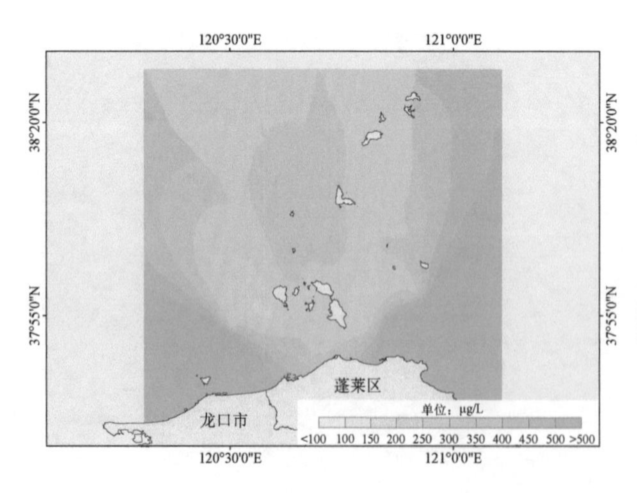

3- 秋季

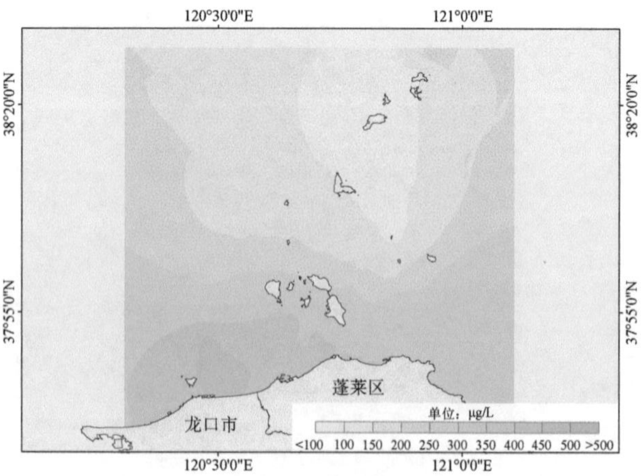

4- 冬季

2020 年庙岛群岛海洋生态环境监测
Marine Eco-Environment Monitoring in Miaodao Archipelago in 2020

3.1.13 总磷分布图

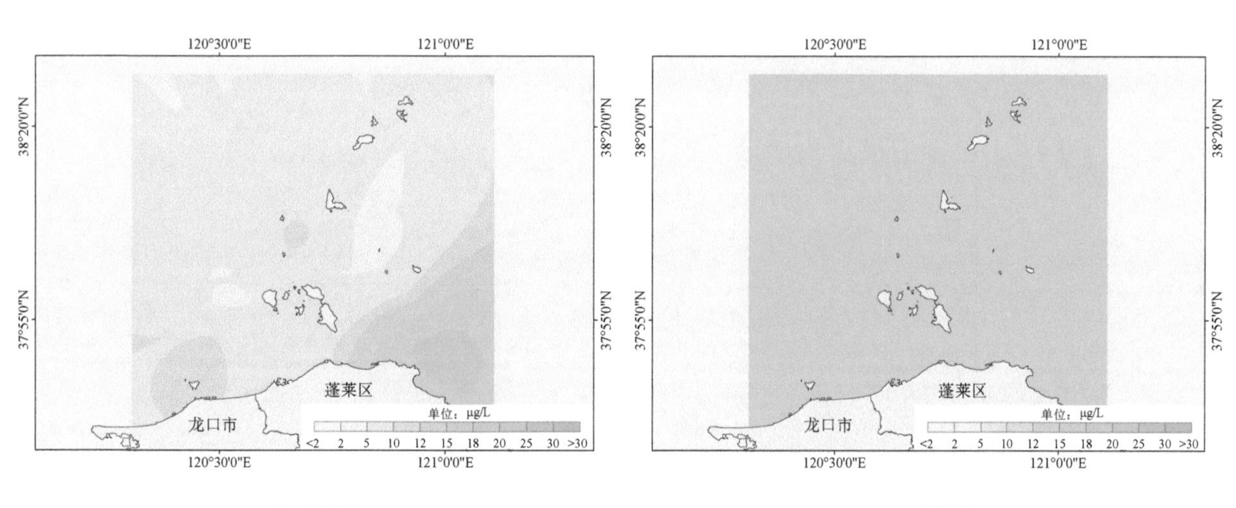

1- 春季　　2- 夏季

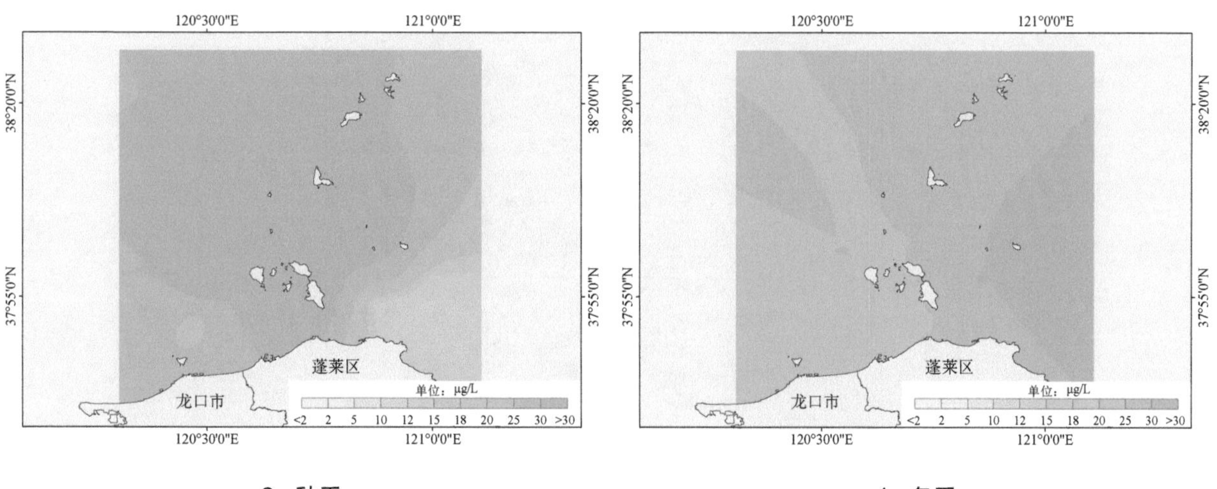

3- 秋季　　4- 冬季

2020 年庙岛群岛海洋生态环境监测
Marine Eco-Environment Monitoring in Miaodao Archipelago in 2020

3.1.14 硅酸盐分布图

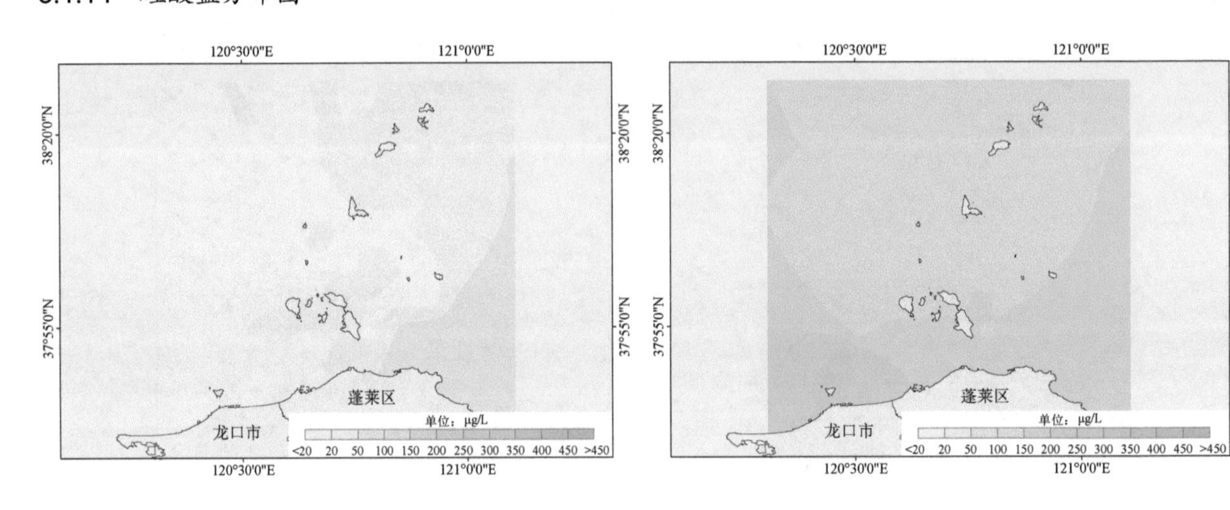

1- 春季

2- 夏季

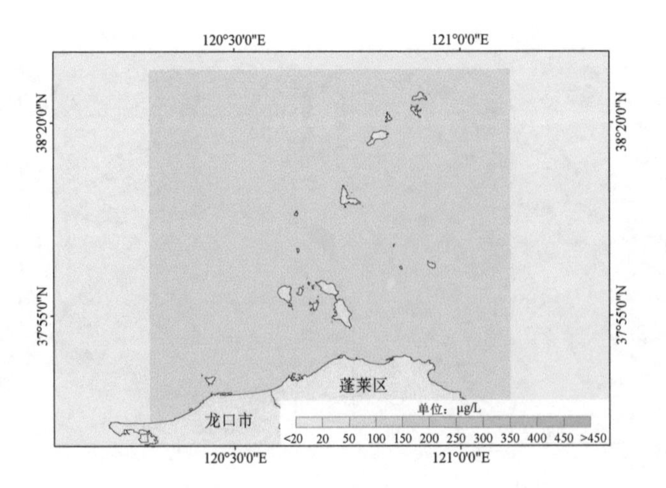

3- 秋季

2020 年庙岛群岛海洋生态环境监测
Marine Eco-Environment Monitoring in Miaodao Archipelago in 2020

3.1.15 悬浮物分布图

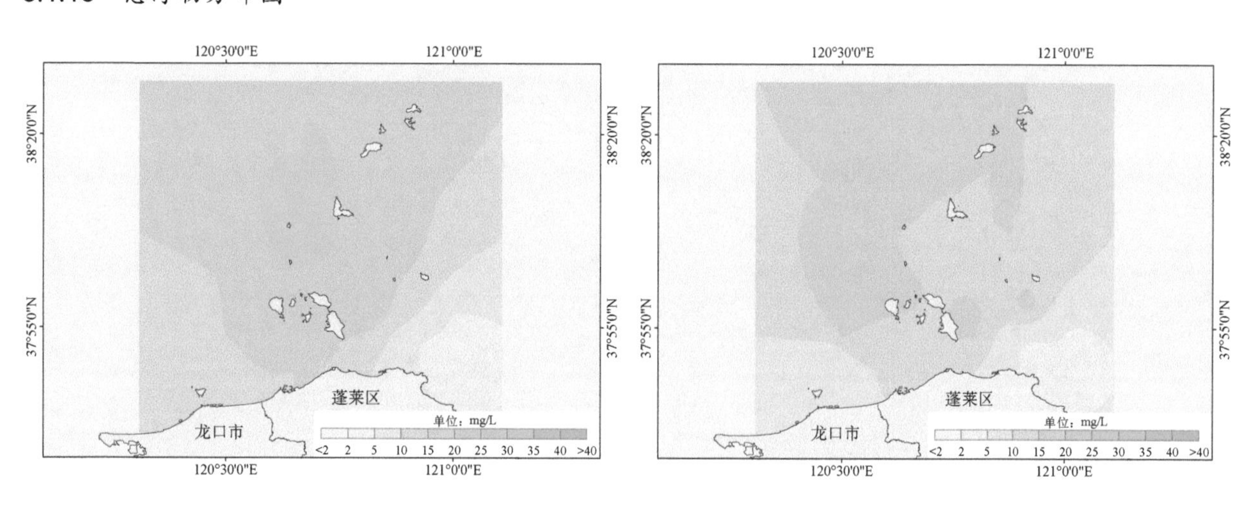

1- 春季　　2- 夏季

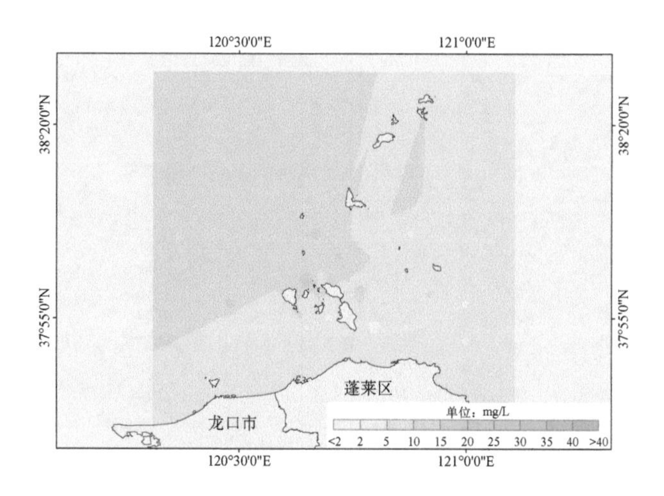

3- 秋季

2020 年庙岛群岛海洋生态环境监测
Marine Eco-Environment Monitoring in Miaodao Archipelago in 2020

3.1.16 重金属分布图

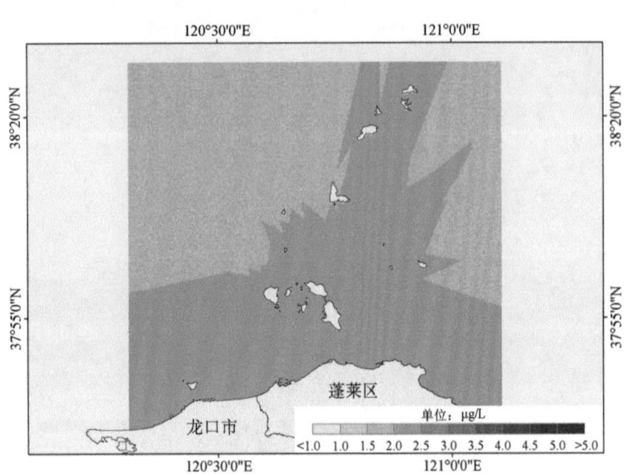

1- 铜（夏季）

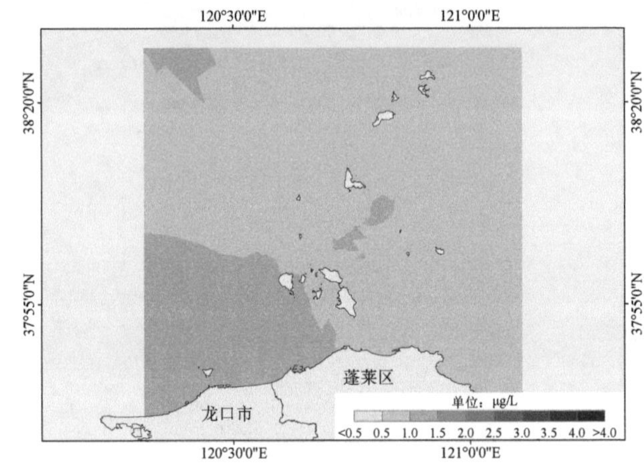

2- 铅（夏季）

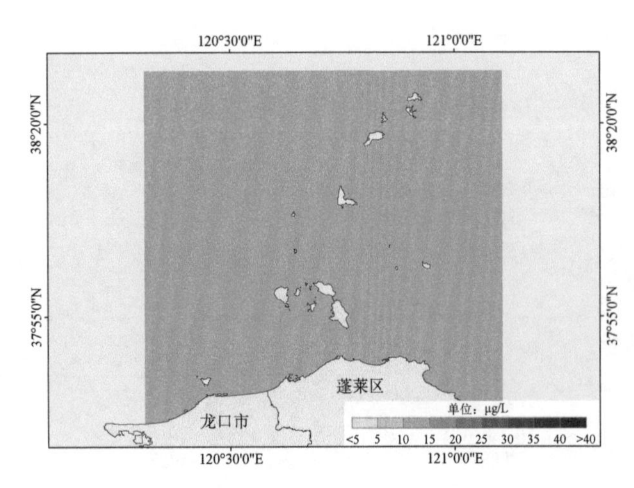

3- 锌（夏季）

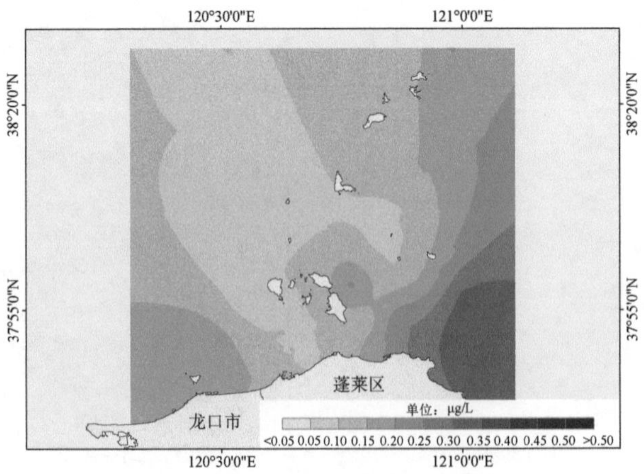

4- 镉（夏季）

2020 年庙岛群岛海洋生态环境监测
Marine Eco-Environment Monitoring in Miaodao Archipelago in 2020

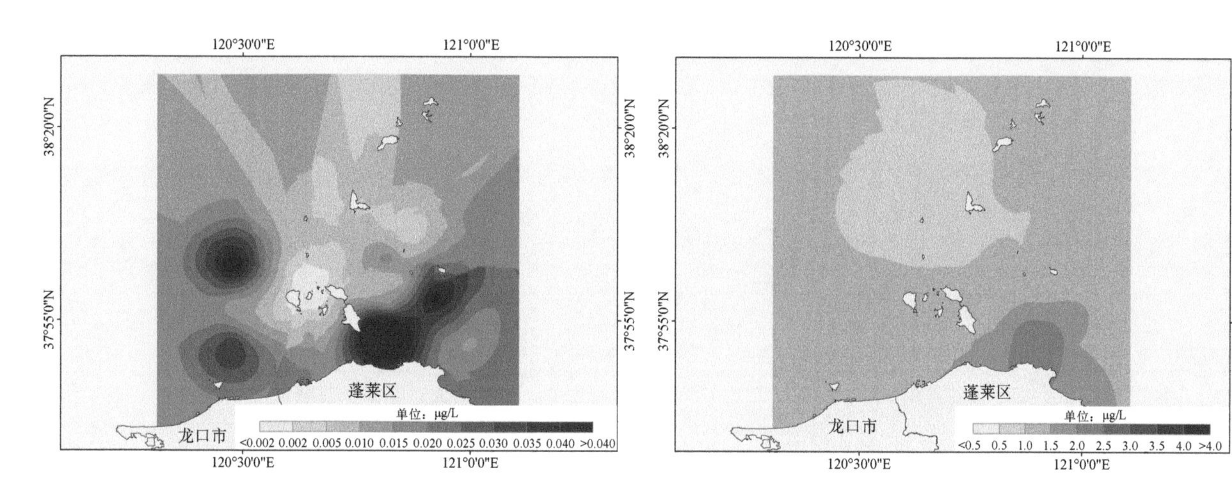

5- 汞（夏季） 6- 砷（夏季）

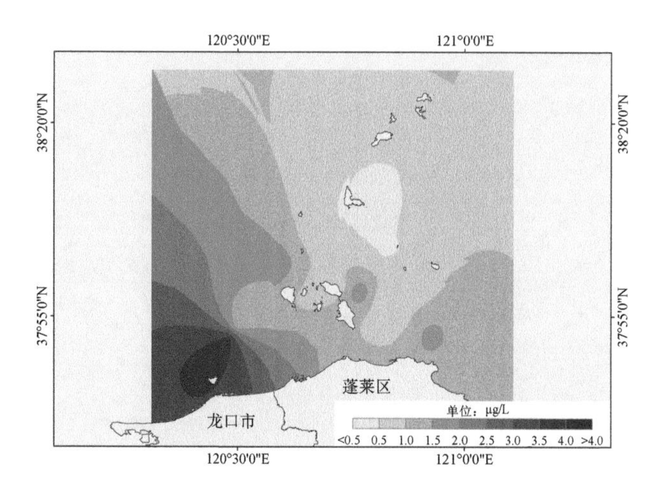

7- 铬（夏季）

2020年庙岛群岛海洋生态环境监测
Marine Eco-Environment Monitoring in Miaodao Archipelago in 2020

3.1.17 氮磷比分布图

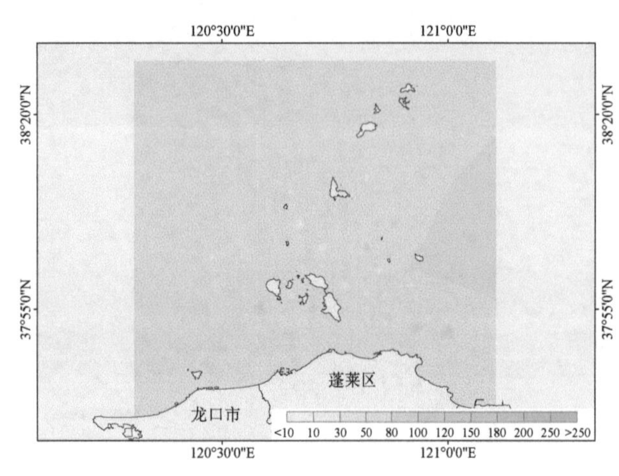

1- 春季

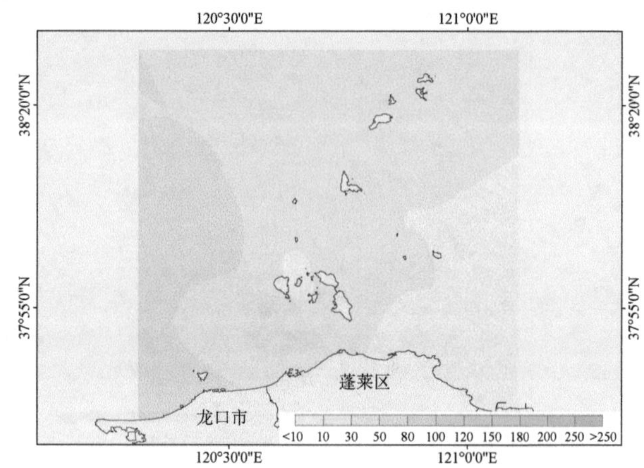

2- 夏季

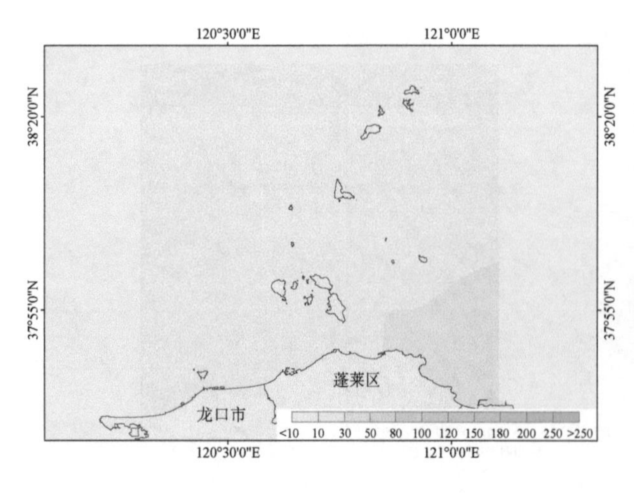

3- 秋季

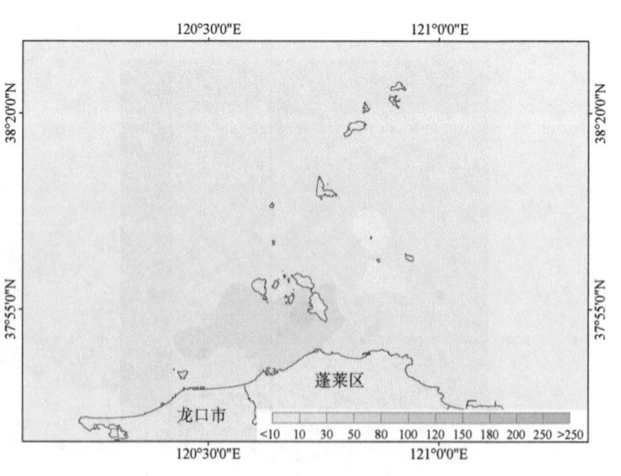

4- 冬季

2020 年庙岛群岛海洋生态环境监测
Marine Eco-Environment Monitoring in Miaodao Archipelago in 2020

3.1.18 硅磷比分布图

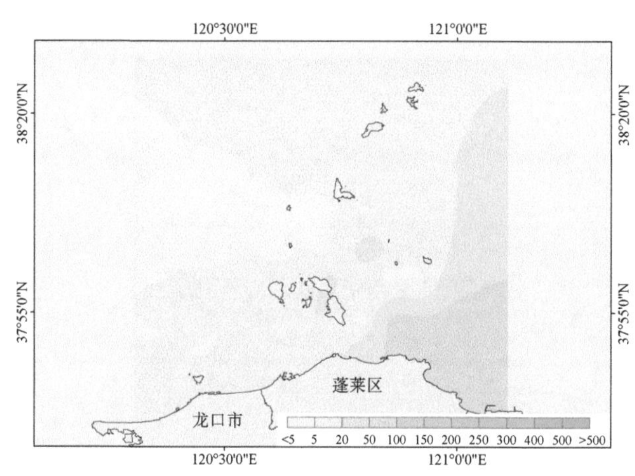

1- 春季

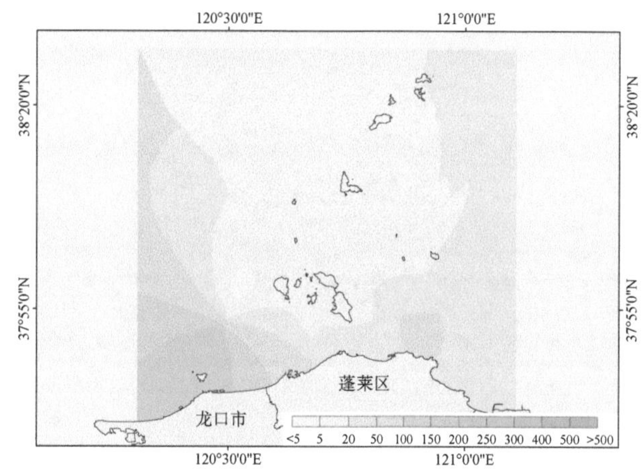

2- 夏季

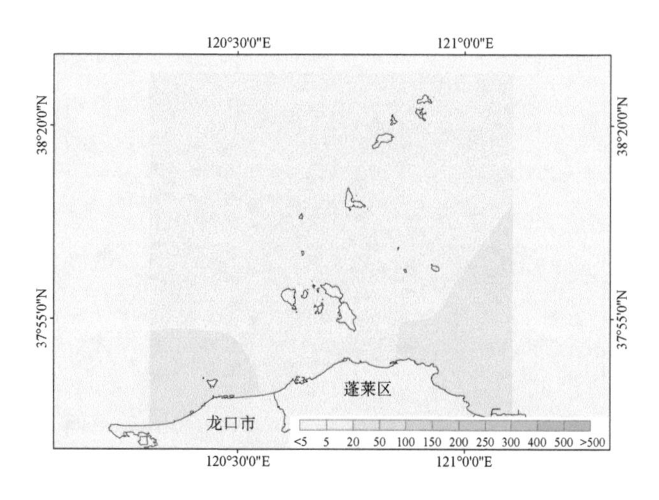

3- 秋季

2020 年庙岛群岛海洋生态环境监测
Marine Eco-Environment Monitoring in Miaodao Archipelago in 2020

3.1.19 硅氮比分布图

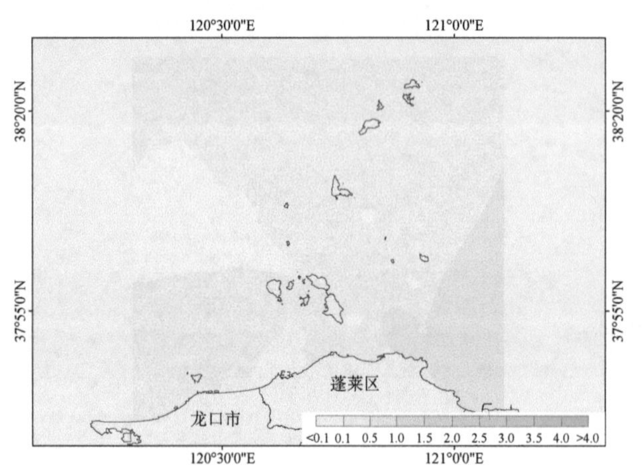

1- 春季

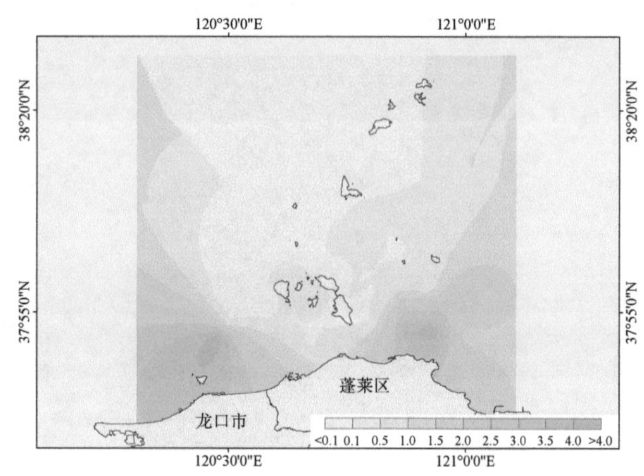

2- 夏季

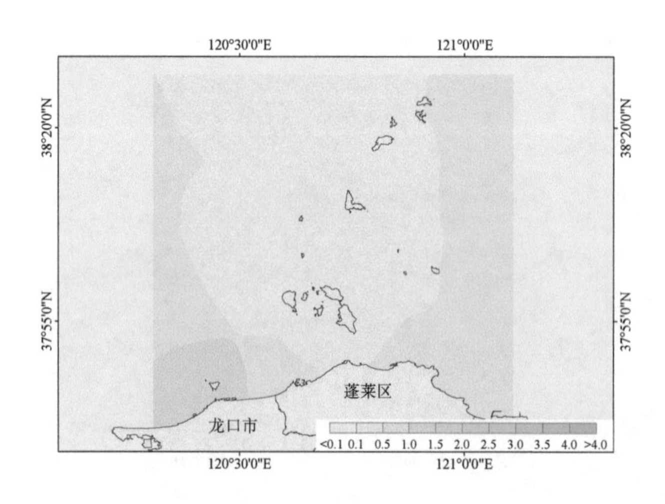

3- 秋季

2020 年庙岛群岛海洋生态环境监测

Marine Eco-Environment Monitoring in Miaodao Archipelago in 2020

3.2 沉积环境

3.2.1 重金属分布图

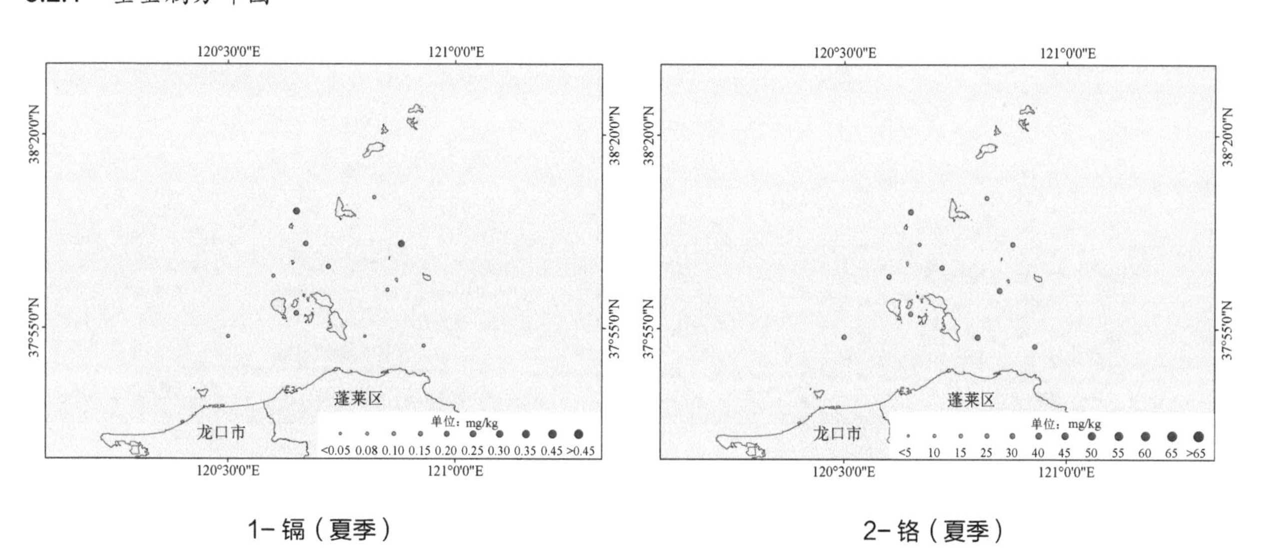

1- 镉（夏季）

2- 铬（夏季）

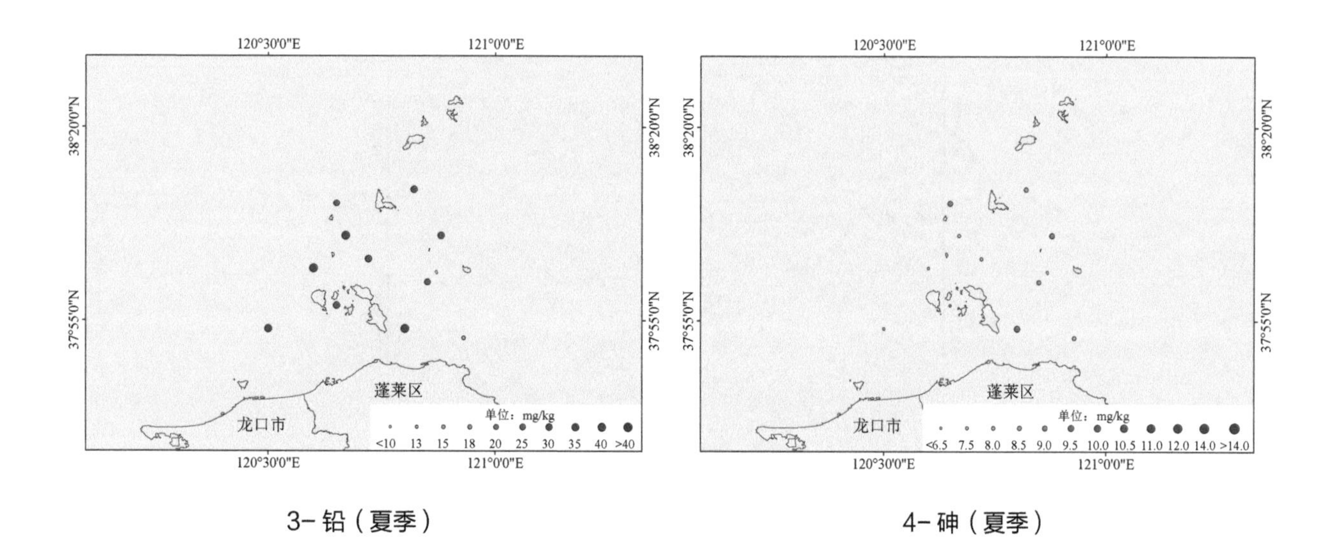

3- 铅（夏季）

4- 砷（夏季）

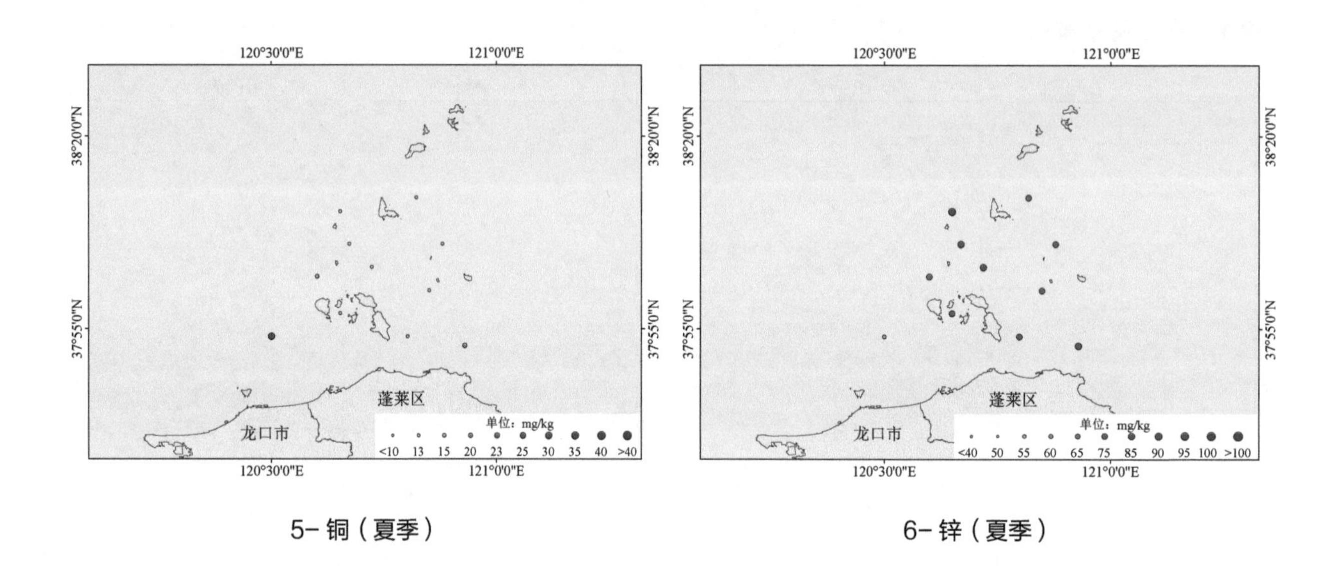

5- 铜（夏季）

6- 锌（夏季）

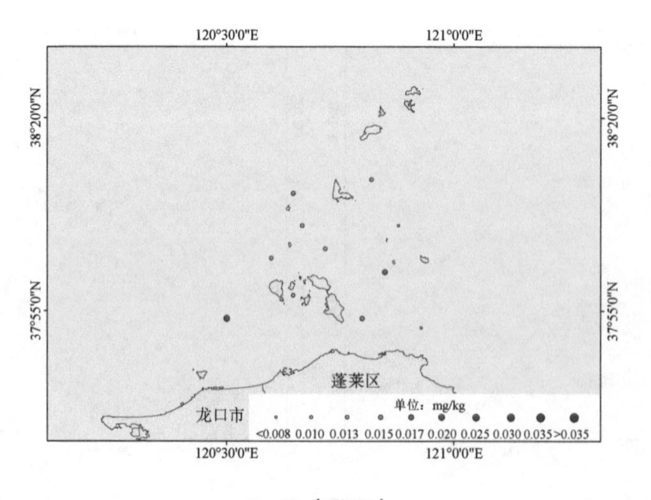

7- 汞（夏季）

3.2.2 硫化物分布图

3.2.3 石油类分布图

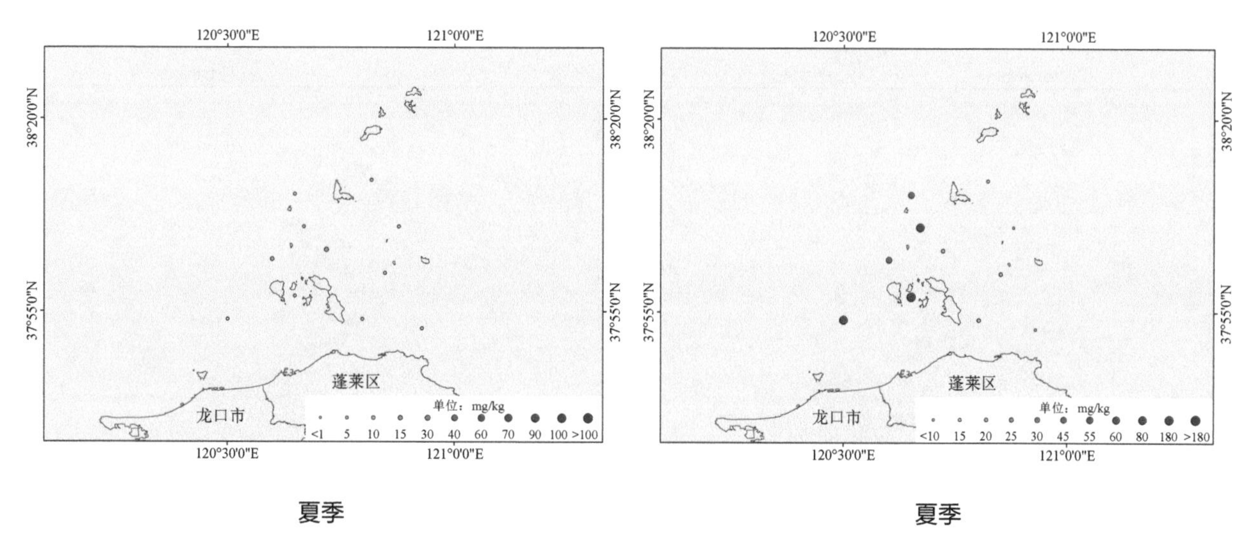

夏季

夏季

3.2.4 有机碳分布图

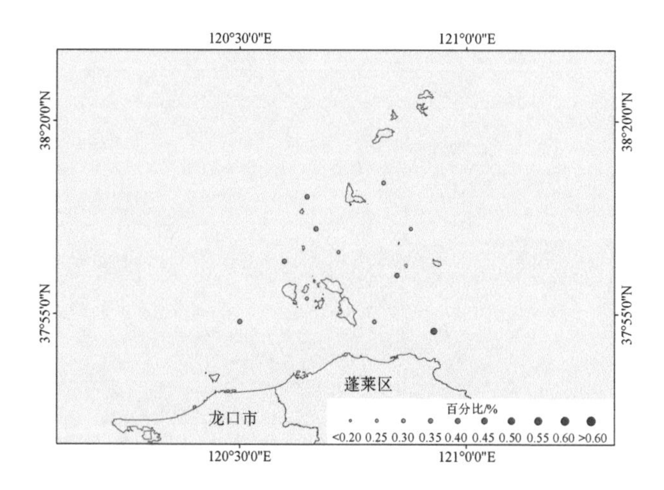

夏季

2020 年庙岛群岛海洋生态环境监测
Marine Eco-Environment Monitoring in Miaodao Archipelago in 2020

3.3 生物环境

3.3.1 大型浮游动物分布图

3.3.1.1 种类分布图

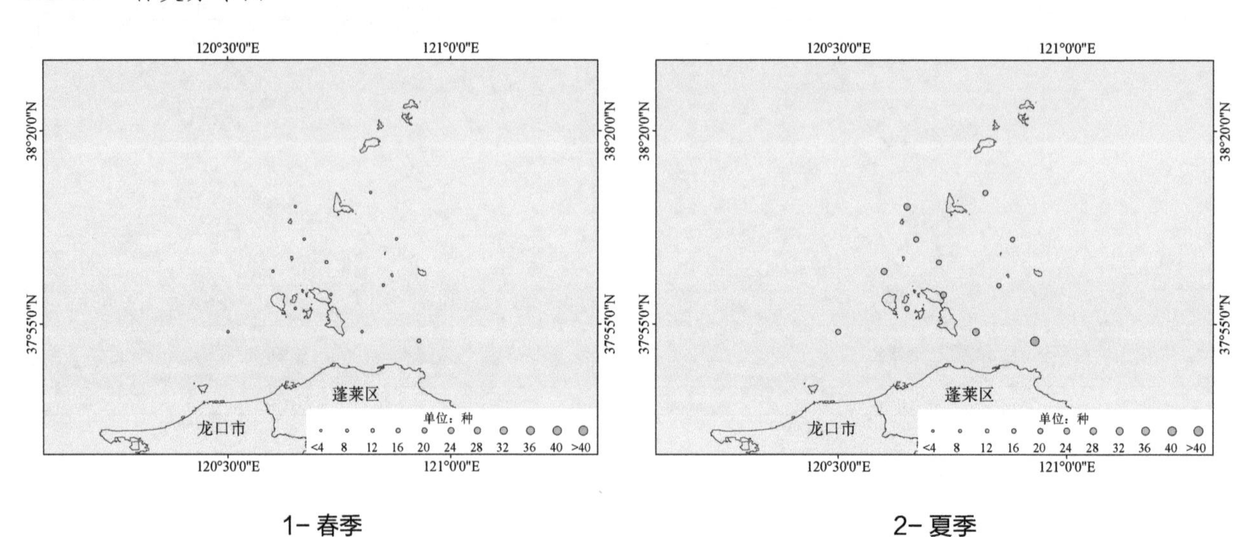

1- 春季　　2- 夏季

3.3.1.2 密度分布图

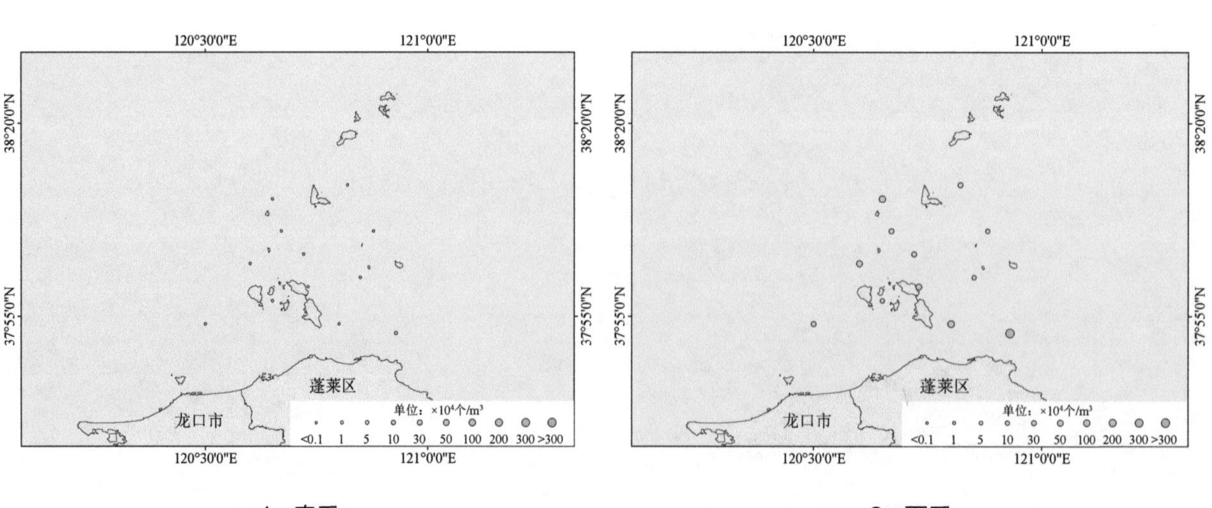

1- 春季　　2- 夏季

2020 年庙岛群岛海洋生态环境监测
Marine Eco-Environment Monitoring in Miaodao Archipelago in 2020

3.3.1.3 生物量分布图

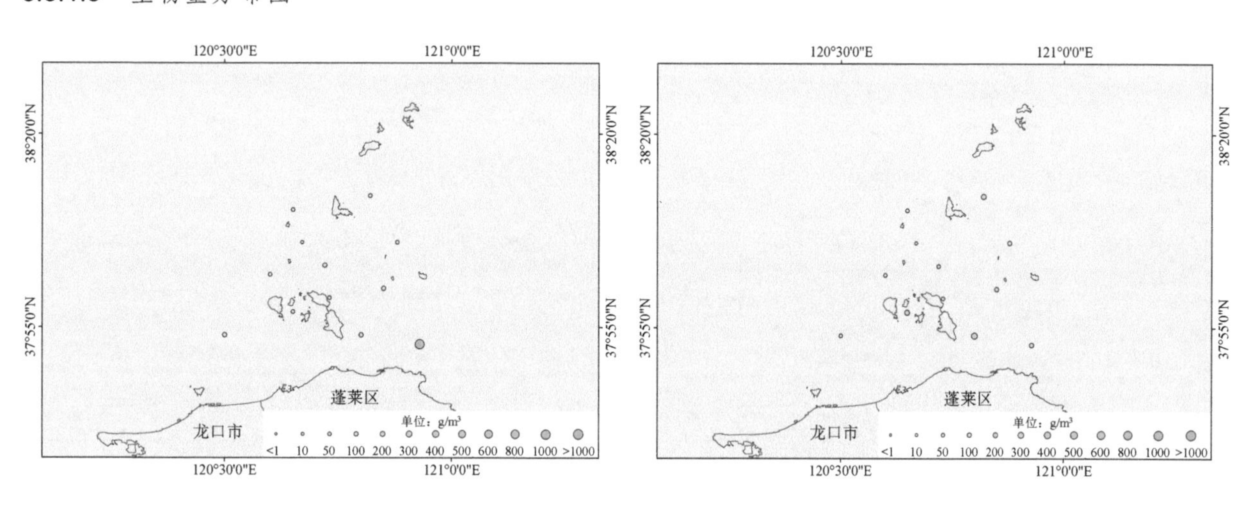

1- 春季　　2- 夏季

3.3.1.4 多样性指数分布图

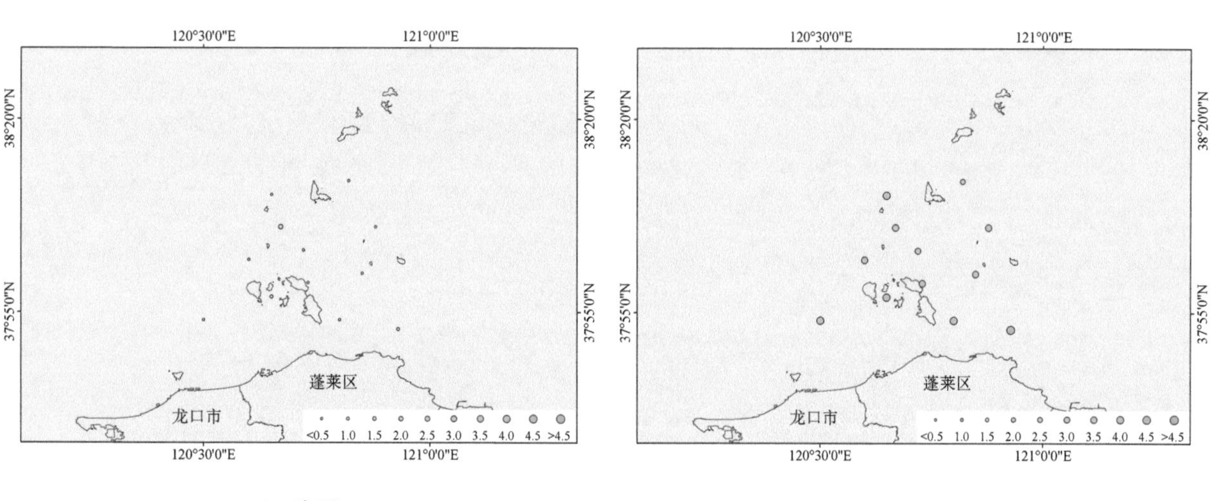

1- 春季　　2- 夏季

2020 年庙岛群岛海洋生态环境监测

Marine Eco-Environment Monitoring in Miaodao Archipelago in 2020

3.3.1.5 均匀度指数分布图

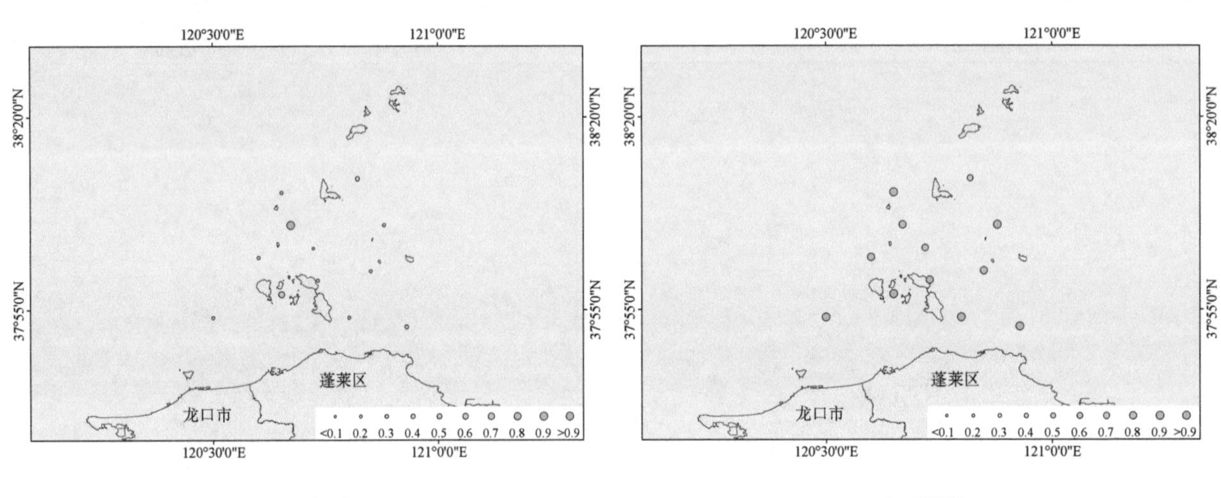

1- 春季　　　　2- 夏季

3.3.1.6 丰富度指数分布图

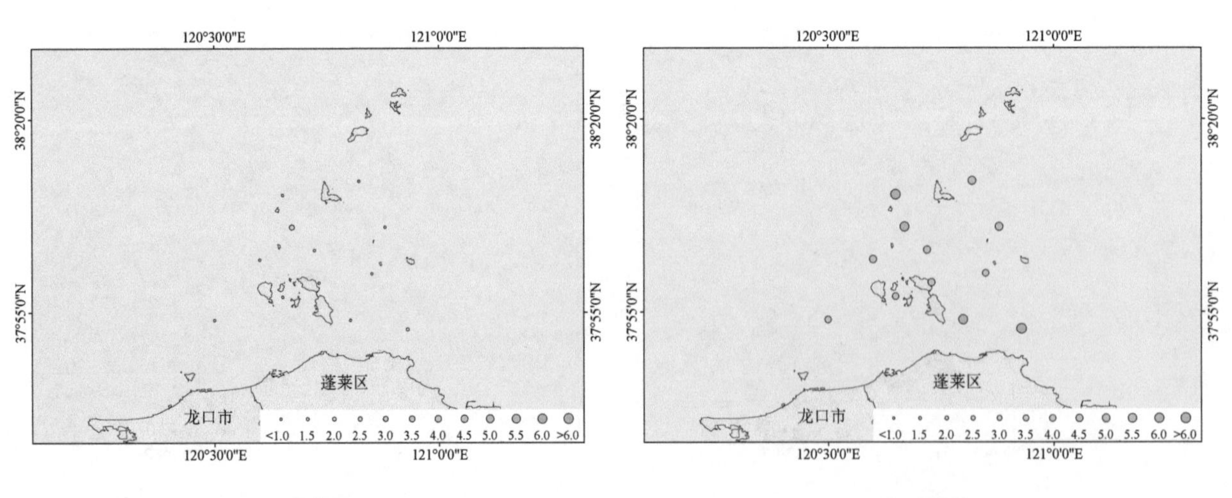

1- 春季　　　　2- 夏季

2020 年庙岛群岛海洋生态环境监测
Marine Eco-Environment Monitoring in Miaodao Archipelago in 2020

3.3.2 小型浮游动物分布图

3.3.2.1 种类分布图

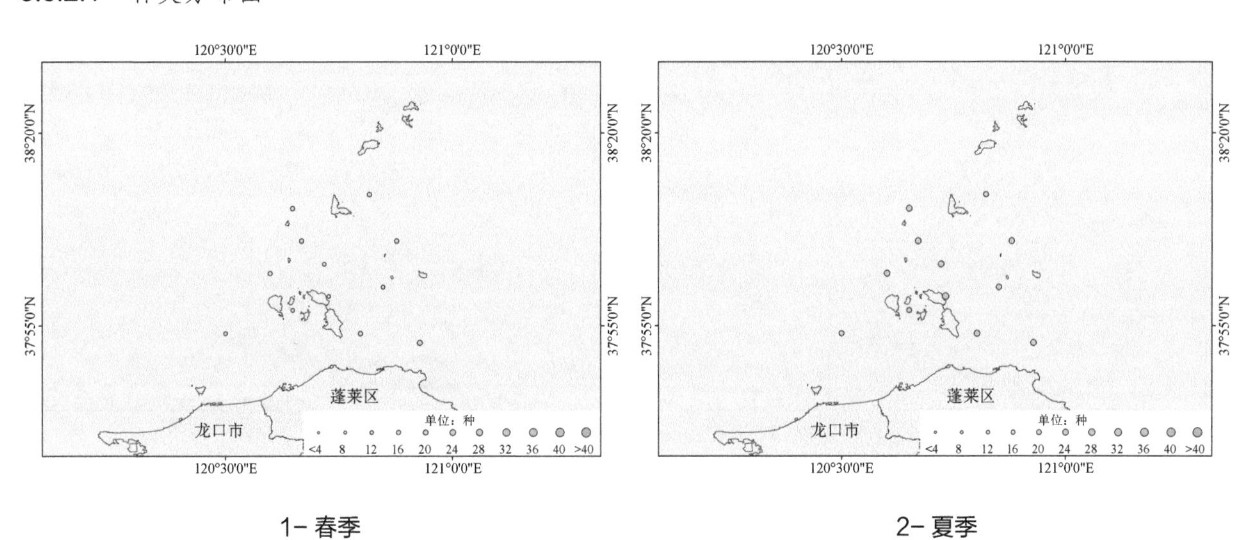

1- 春季　　　　2- 夏季

3.3.2.2 密度分布图

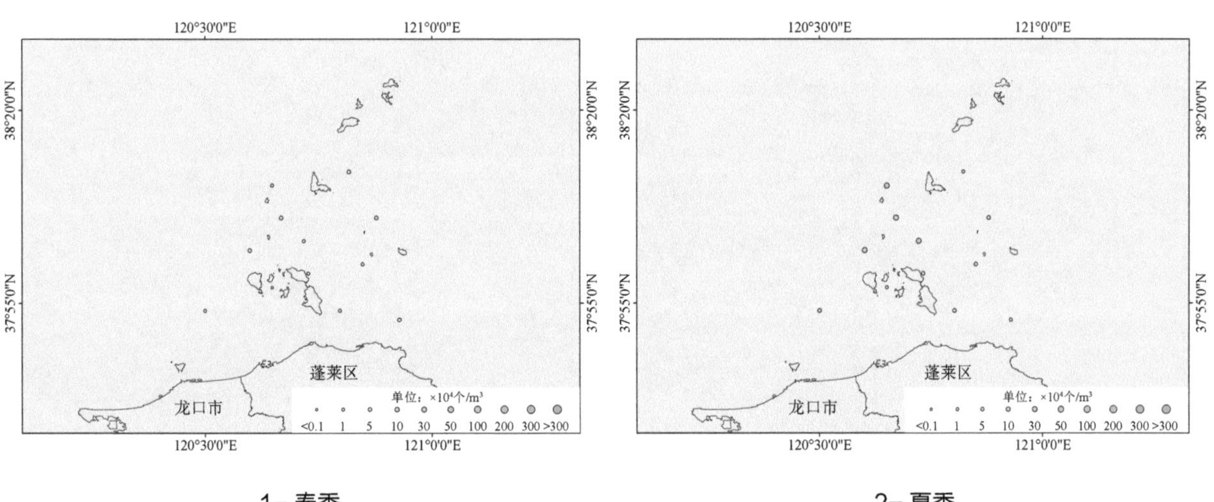

1- 春季　　　　2- 夏季

2020 年庙岛群岛海洋生态环境监测

Marine Eco-Environment Monitoring in Miaodao Archipelago in 2020

3.3.2.3 多样性指数分布图

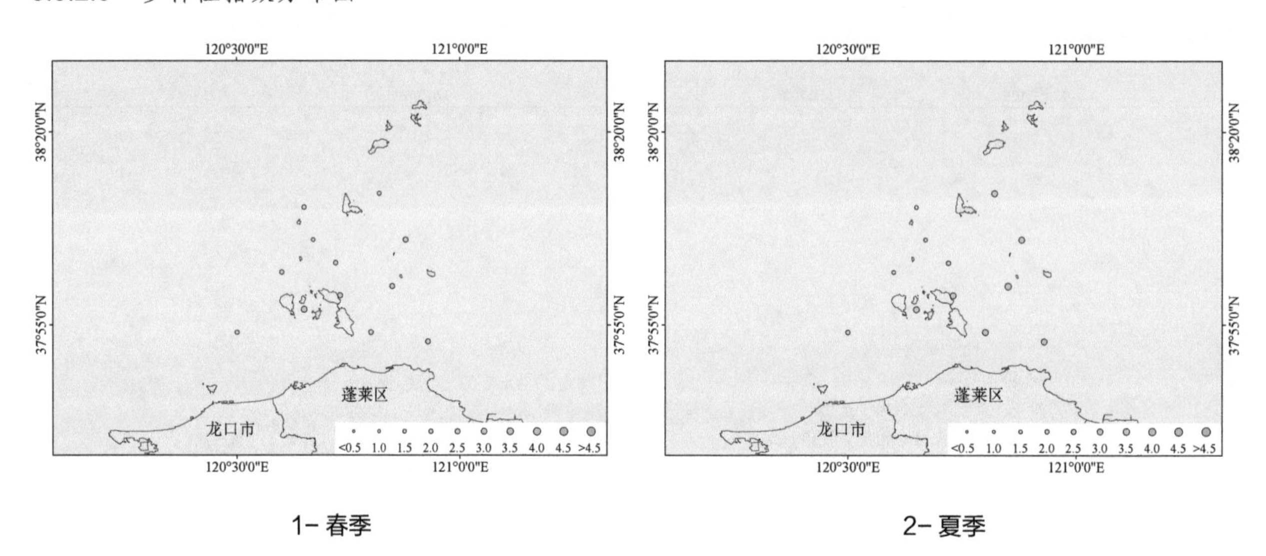

1- 春季

2- 夏季

3.3.2.4 均匀度指数分布图

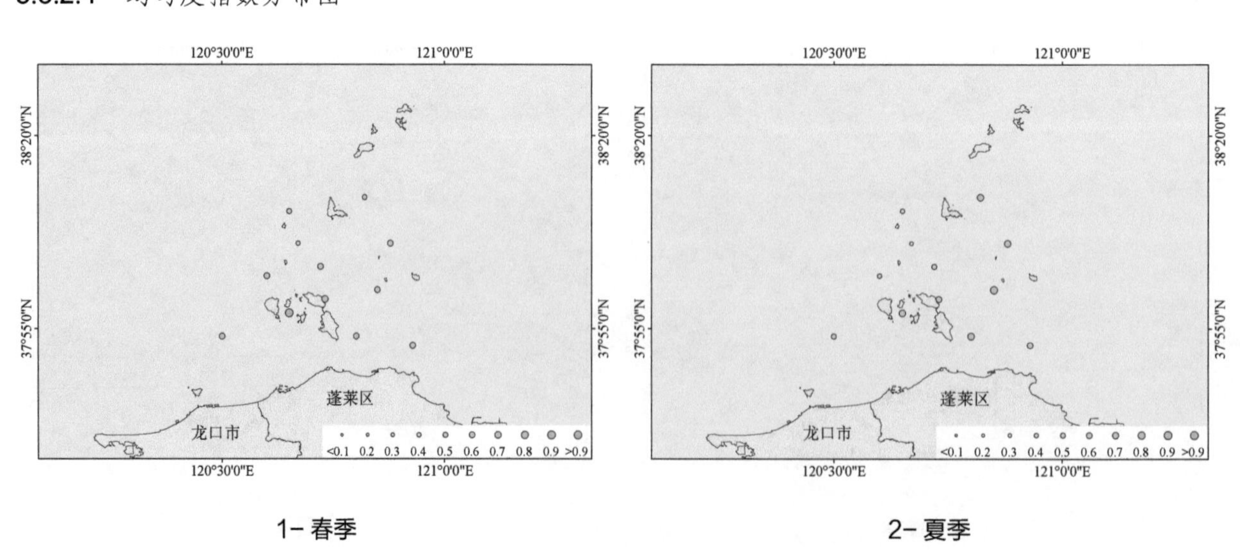

1- 春季

2- 夏季

2020 年庙岛群岛海洋生态环境监测
Marine Eco-Environment Monitoring in Miaodao Archipelago in 2020

3.3.2.5 丰富度指数分布图

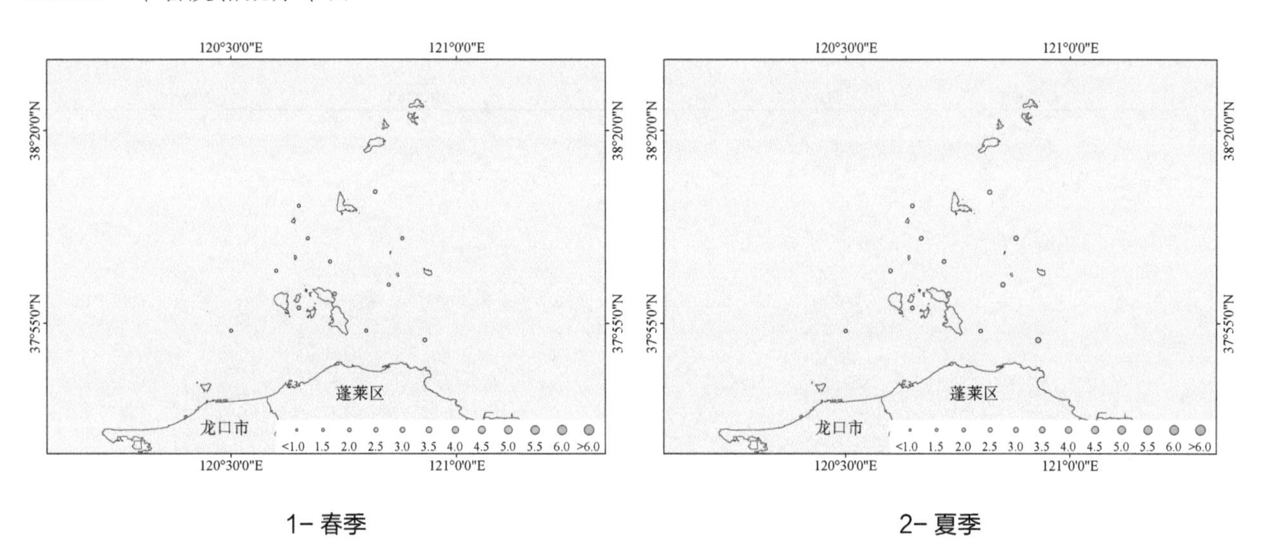

1- 春季 2- 夏季

3.3.3 浮游植物分布图

3.3.3.1 种类分布图

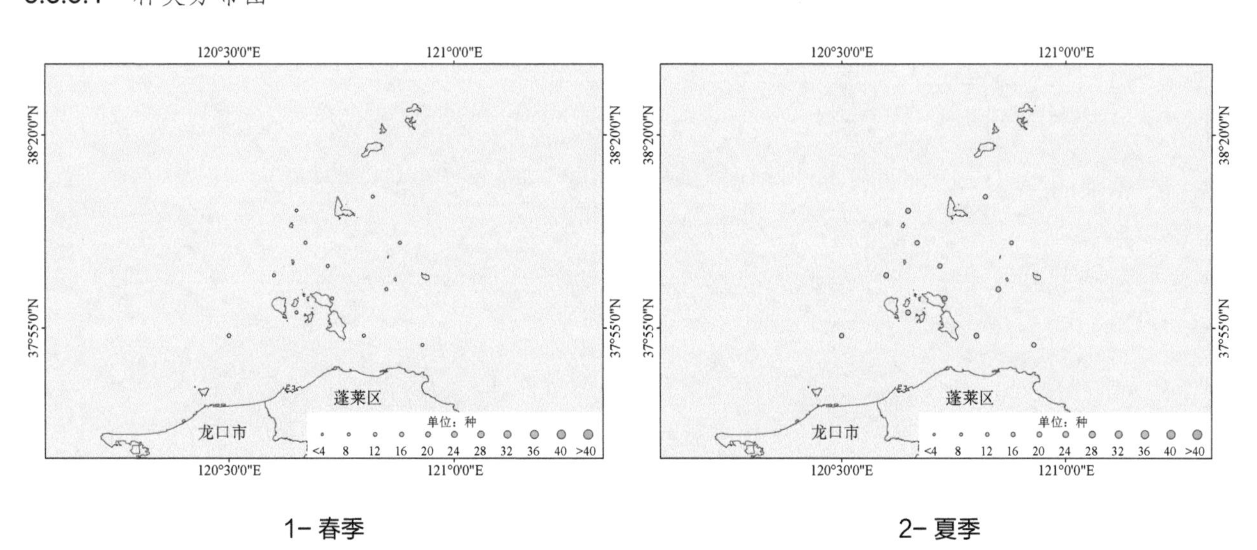

1- 春季 2- 夏季

2020 年庙岛群岛海洋生态环境监测
Marine Eco-Environment Monitoring in Miaodao Archipelago in 2020

3.3.3.2 密度分布图

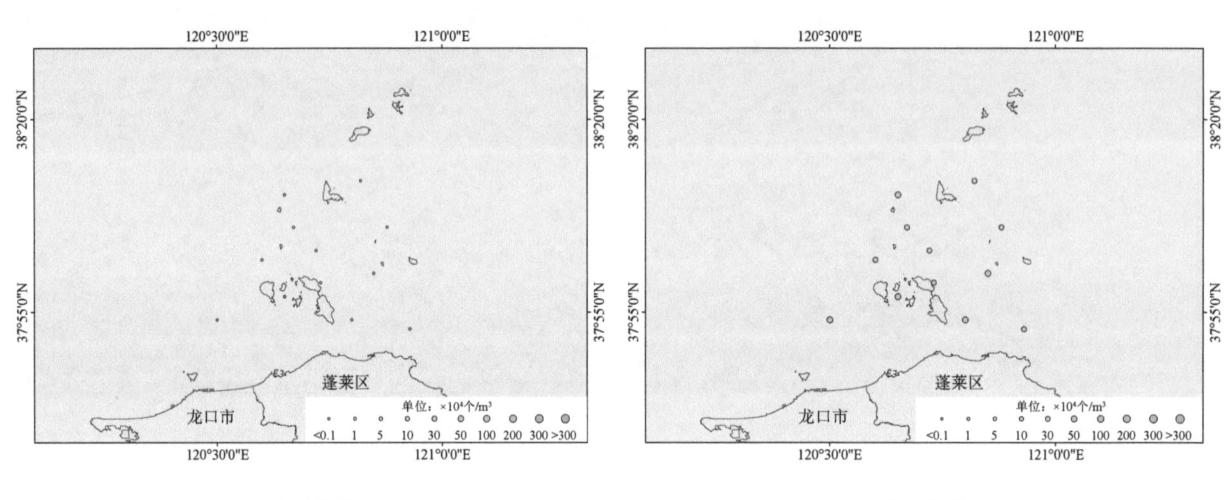

1- 春季　　2- 夏季

3.3.3.3 多样性指数分布图

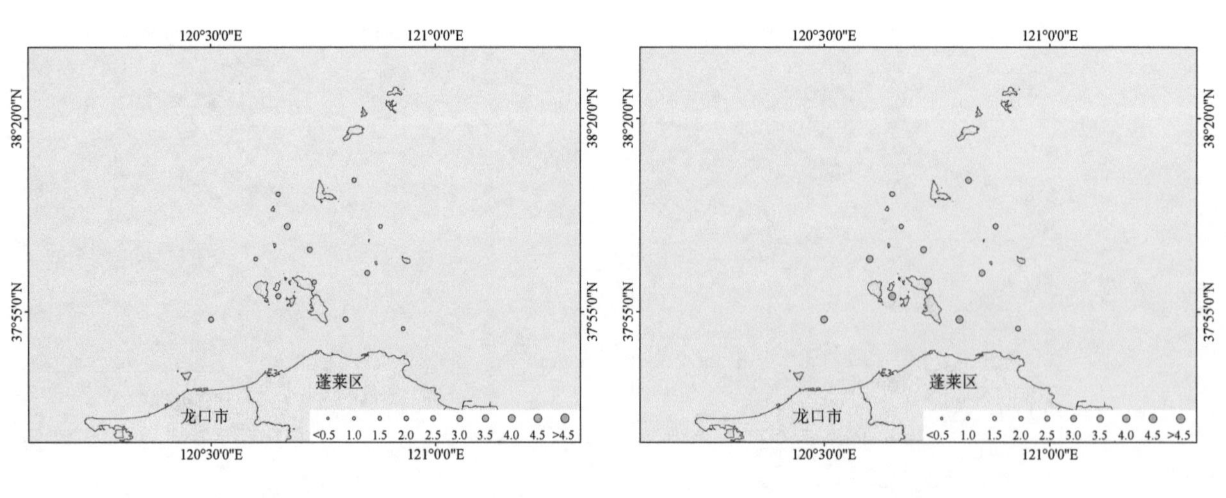

1- 春季　　2- 夏季

2020 年庙岛群岛海洋生态环境监测
Marine Eco-Environment Monitoring in Miaodao Archipelago in 2020

3.3.3.4 均匀度指数分布图

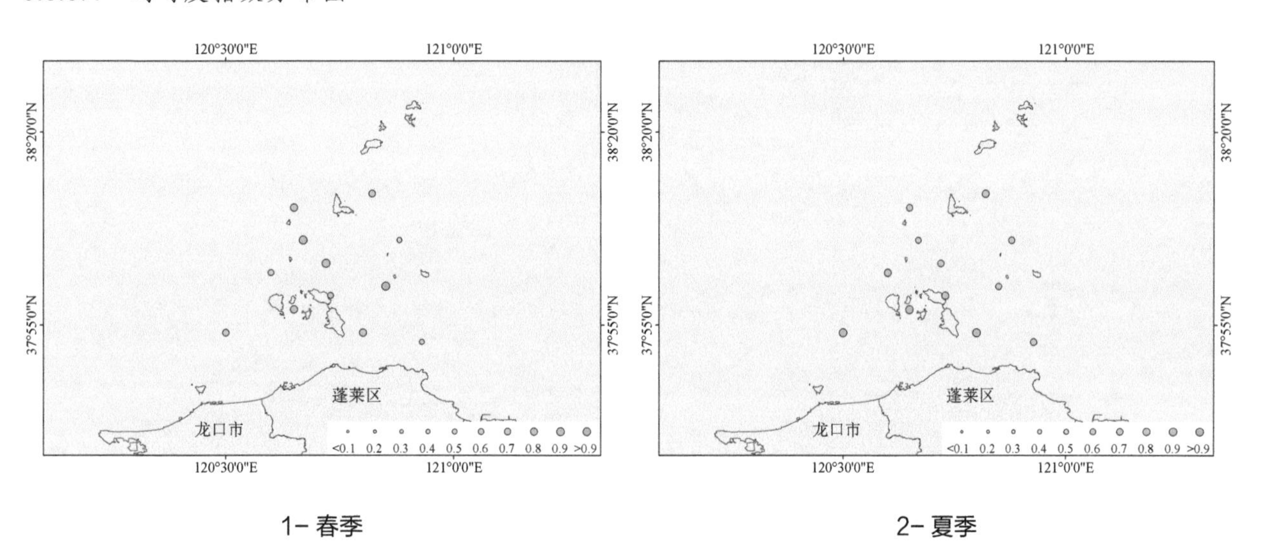

1- 春季　　2- 夏季

3.3.3.5 丰富度指数分布图

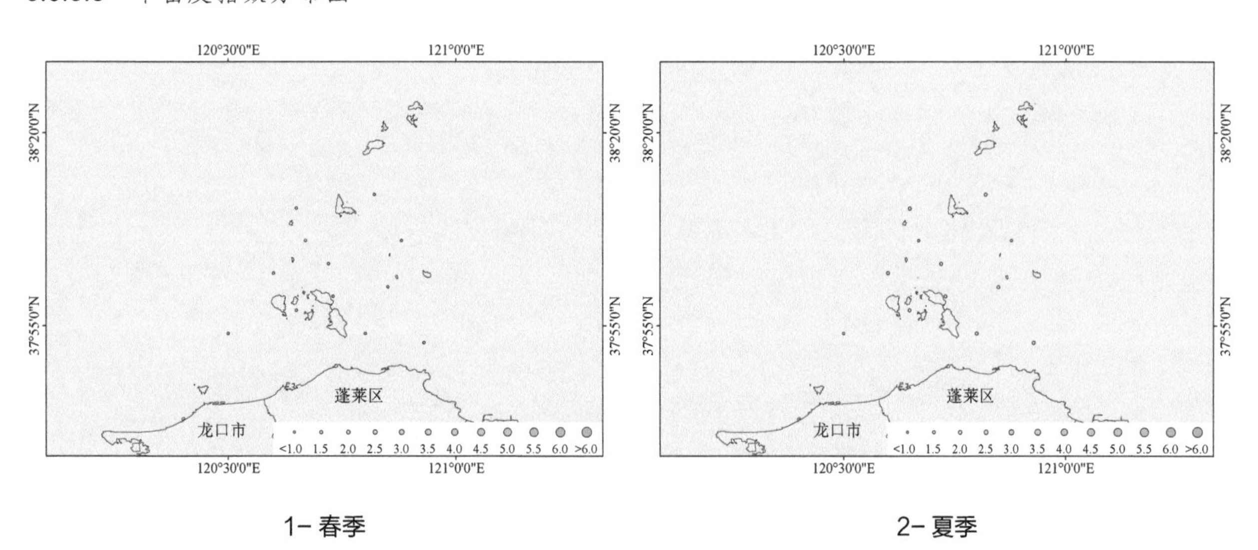

1- 春季　　2- 夏季

2020 年庙岛群岛海洋生态环境监测
Marine Eco-Environment Monitoring in Miaodao Archipelago in 2020

3.3.4 底栖生物分布图

3.3.4.1 种类分布图

夏季

3.3.4.2 密度分布图

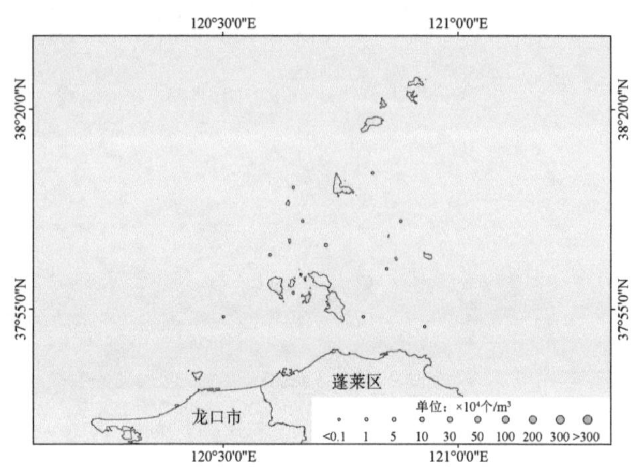

夏季

3.3.4.3 生物量分布图

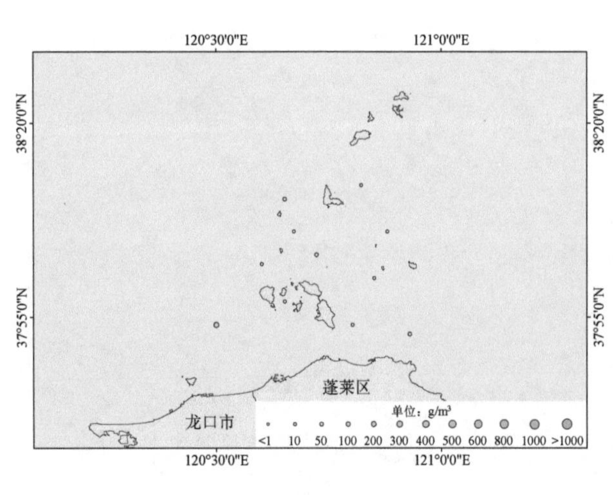

夏季

3.3.4.4 多样性指数分布图

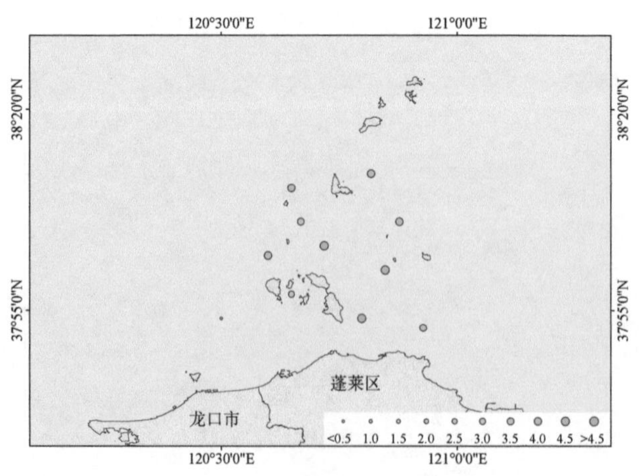

夏季

2020 年庙岛群岛海洋生态环境监测
Marine Eco-Environment Monitoring in Miaodao Archipelago in 2020

3.3.4.5 均匀度指数分布图

3.3.4.6 丰富度指数分布图

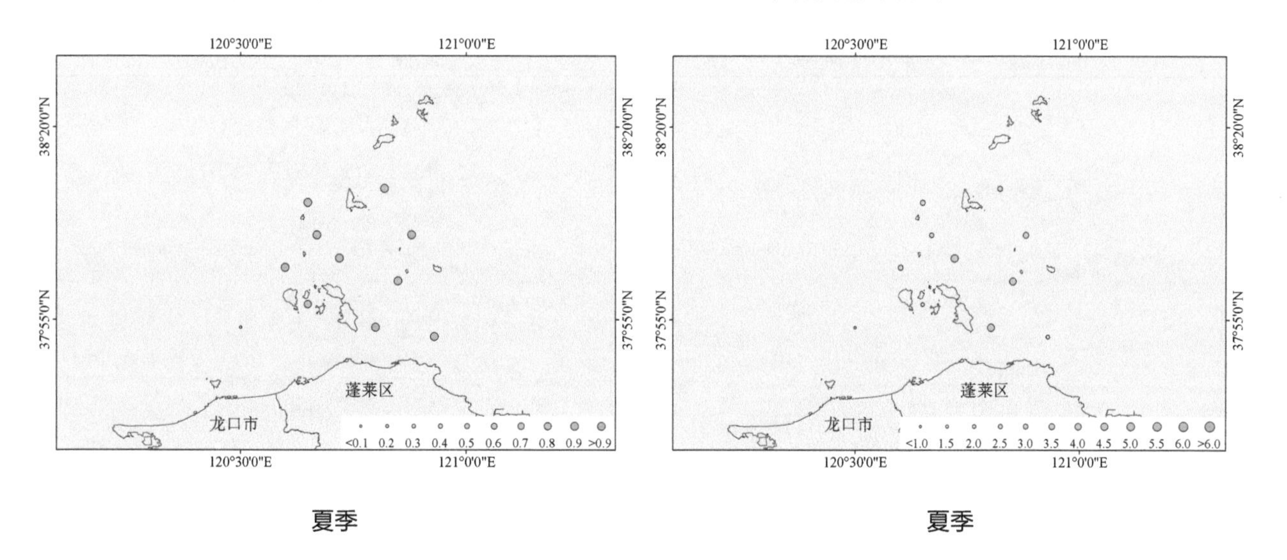

夏季

夏季

2019 年庙岛群岛海洋生态环境监测
Marine Eco-Environment Monitoring in Miaodao Archipelago in 2019

4.1 海水环境

4.1.1 pH 分布图

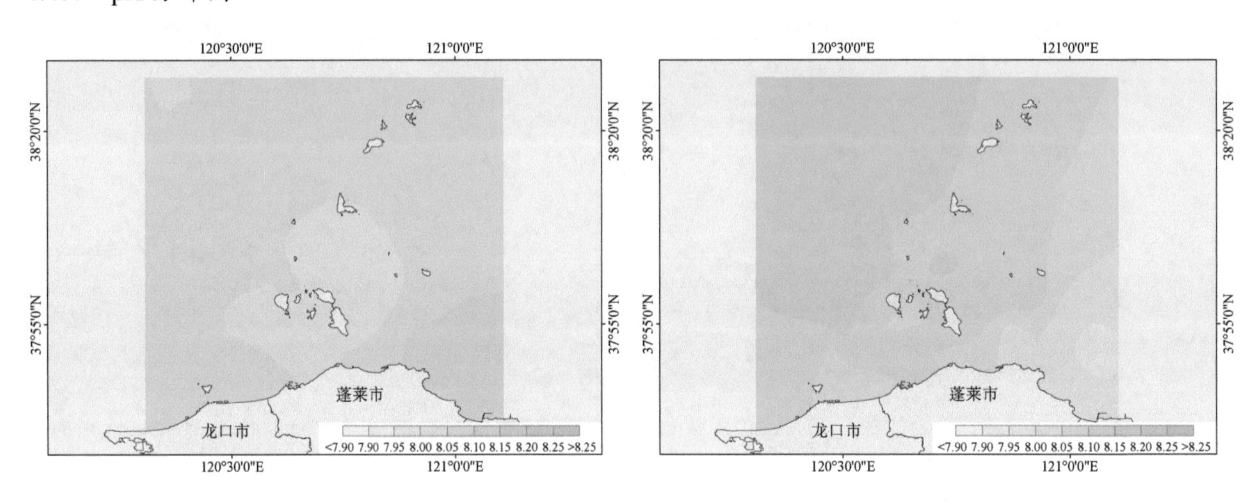

1- 春季

2- 夏季

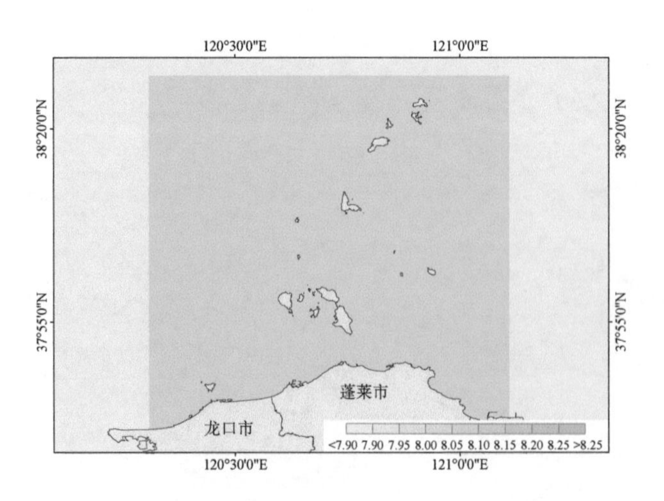

3- 秋季

4.1.2 盐度分布图

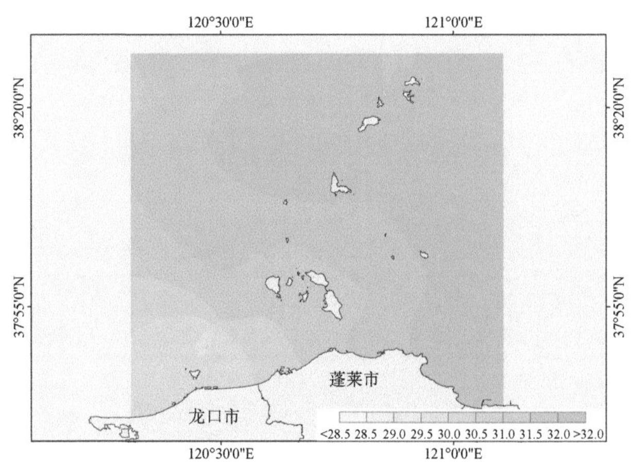

1- 春季

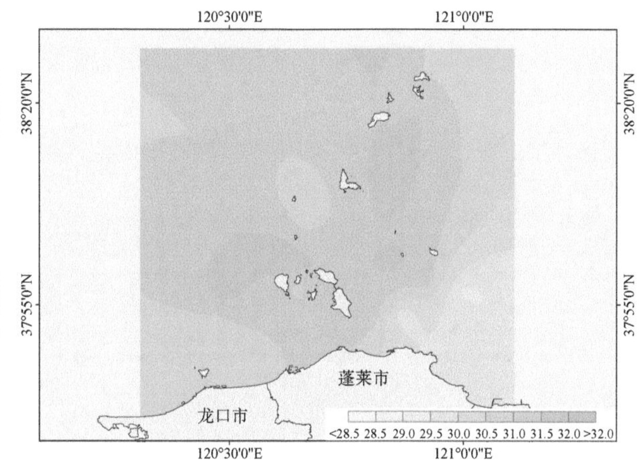

2- 夏季

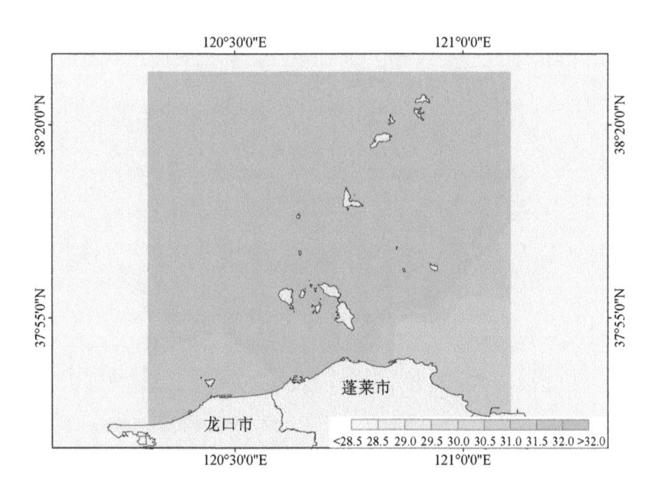

3- 秋季

2019 年庙岛群岛海洋生态环境监测
Marine Eco-Environment Monitoring in Miaodao Archipelago in 2019

4.1.3 溶解氧分布图

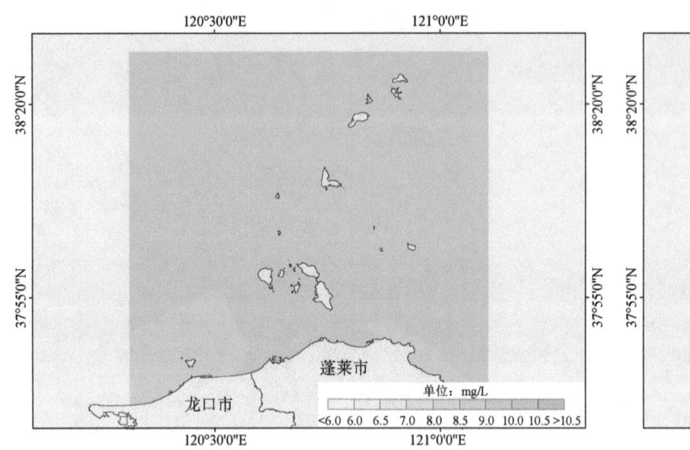

1- 春季

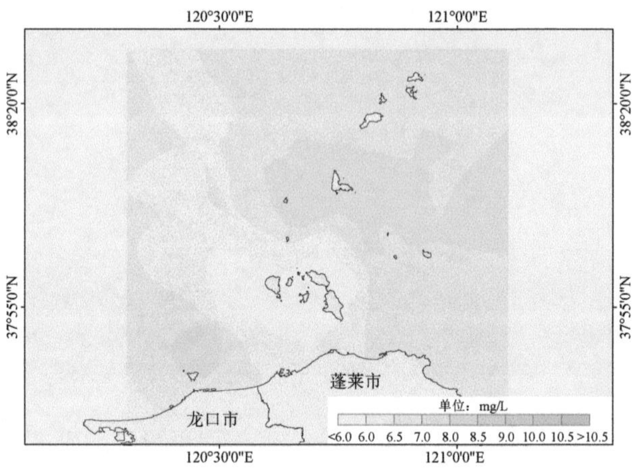

2- 夏季

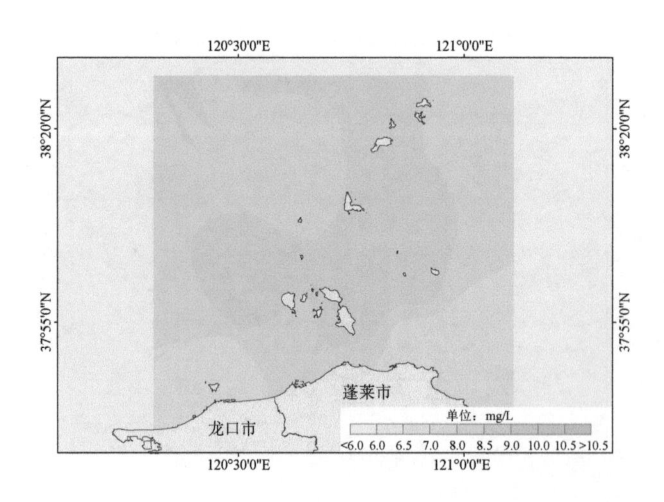

3- 秋季

2019 年庙岛群岛海洋生态环境监测
Marine Eco-Environment Monitoring in Miaodao Archipelago in 2019

4.1.4 化学需氧量分布图

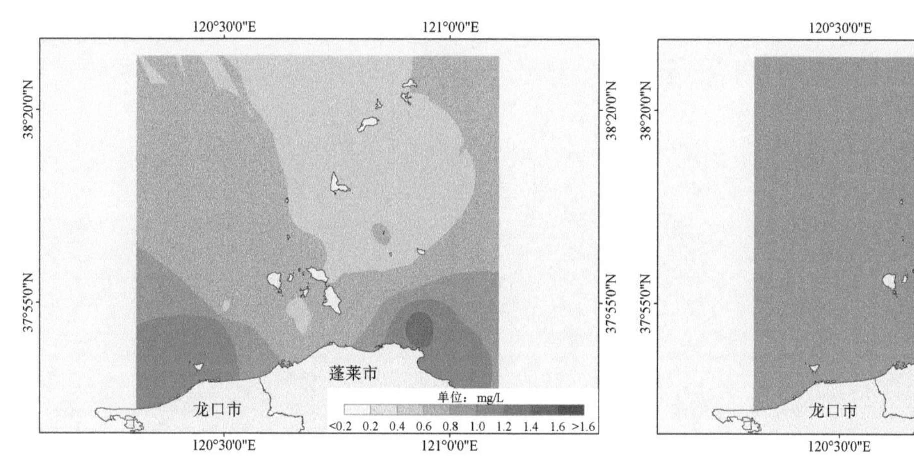

1- 春季

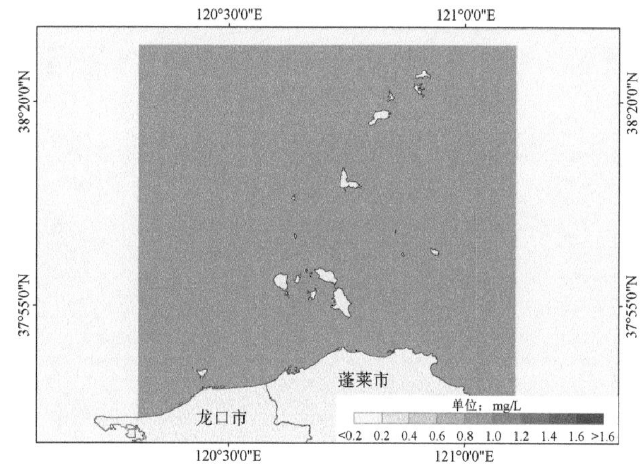

2- 夏季

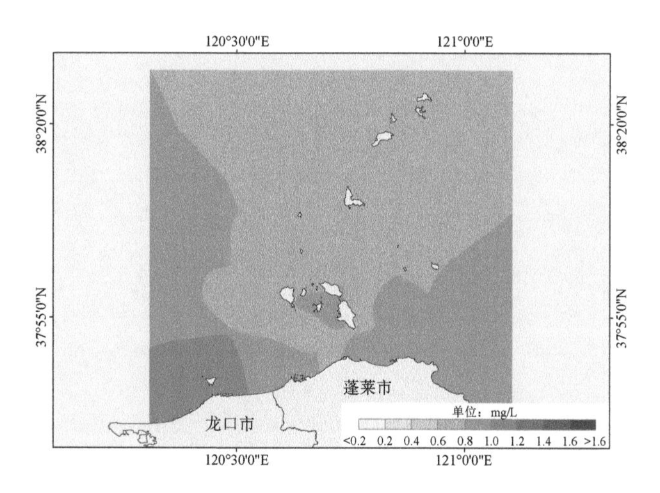

3- 秋季

2019 年庙岛群岛海洋生态环境监测
Marine Eco-Environment Monitoring in Miaodao Archipelago in 2019

4.1.5 氨氮分布图

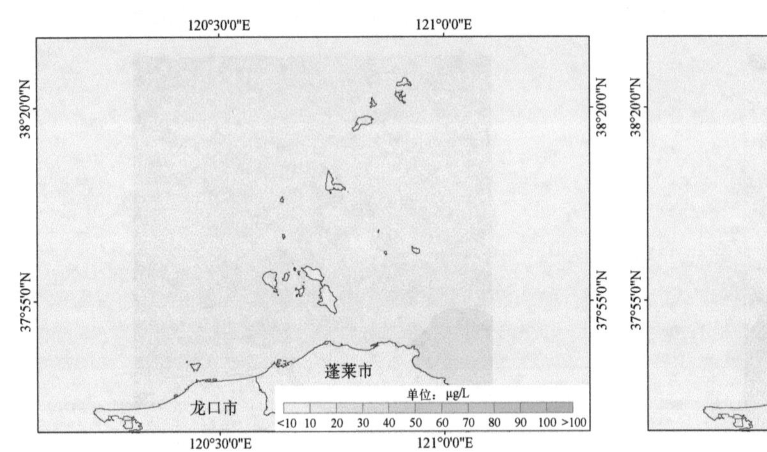

1- 春季

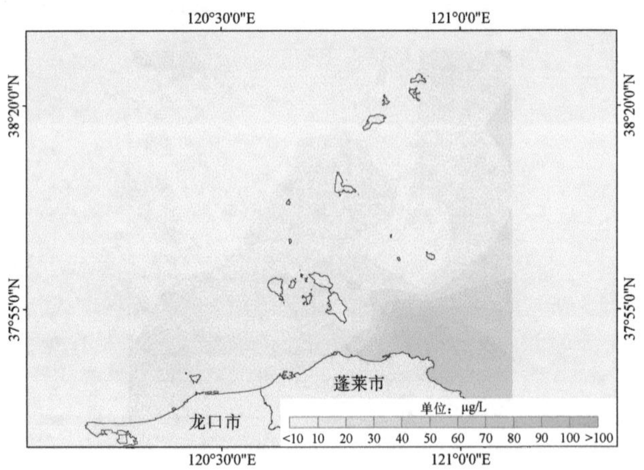

2- 夏季

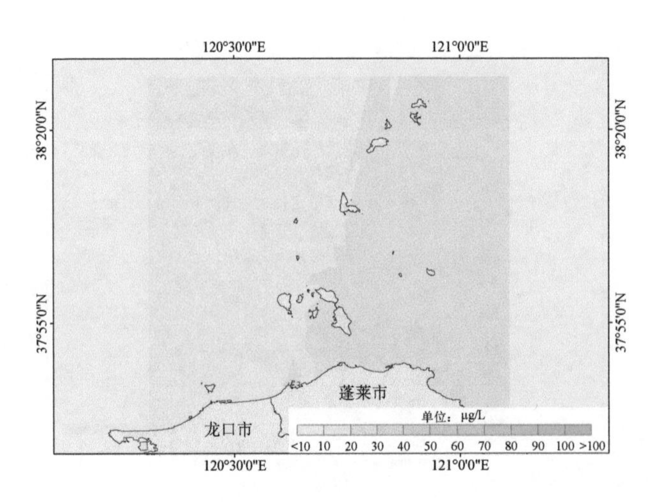

3- 秋季

4.1.6 亚硝酸盐分布图

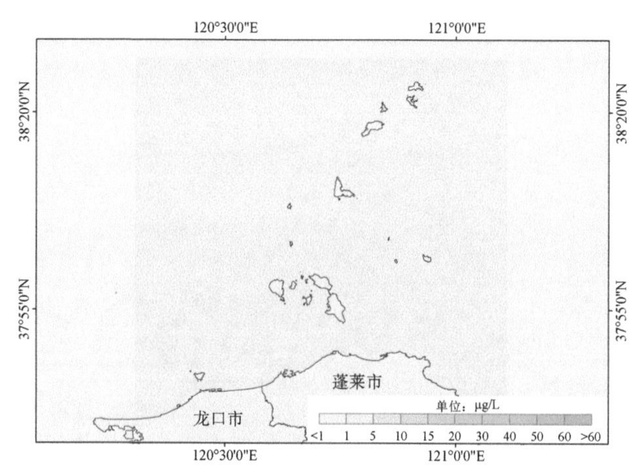

1- 春季

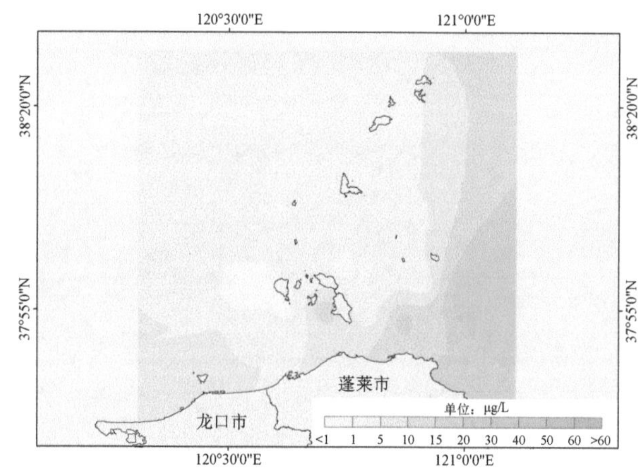

2- 夏季

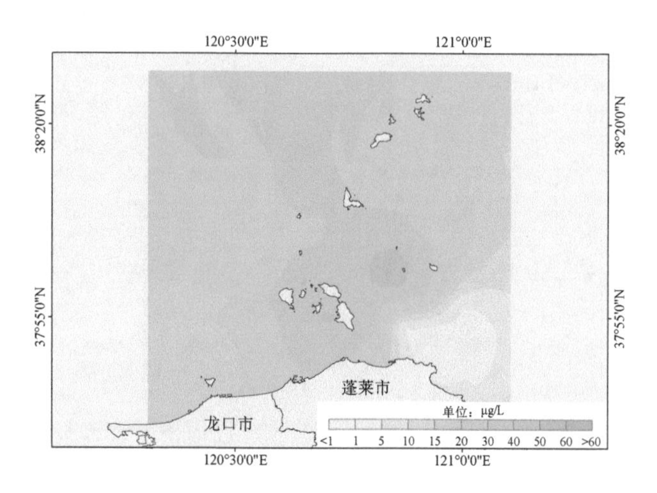

3- 秋季

2019 年庙岛群岛海洋生态环境监测
Marine Eco-Environment Monitoring in Miaodao Archipelago in 2019

4.1.7 硝酸盐分布图

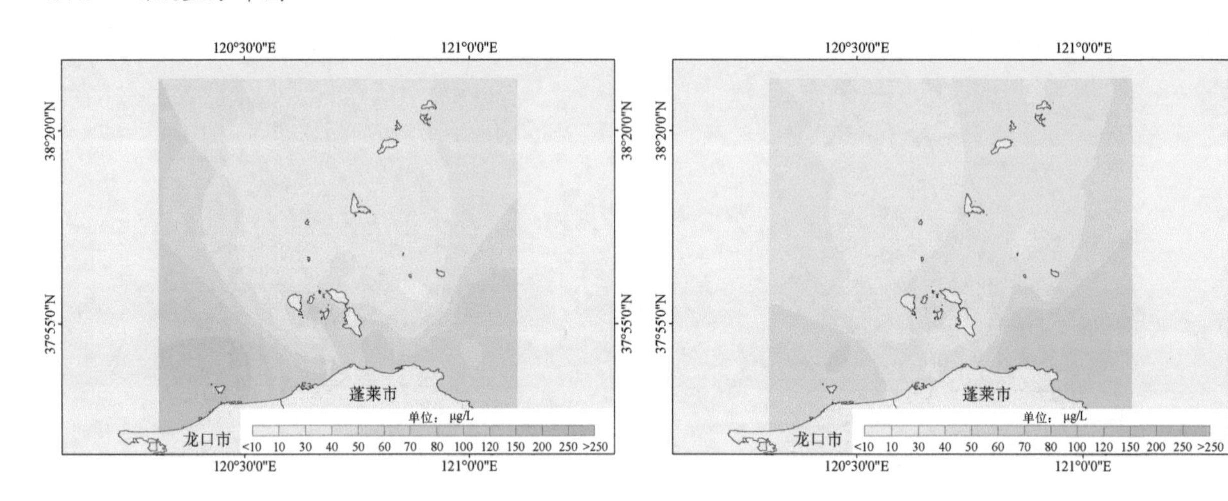

1- 春季　　2- 夏季

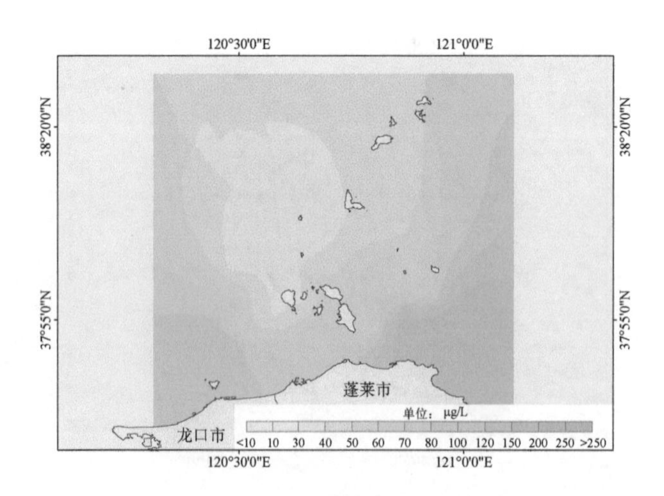

3- 秋季

4.1.8 无机氮分布图

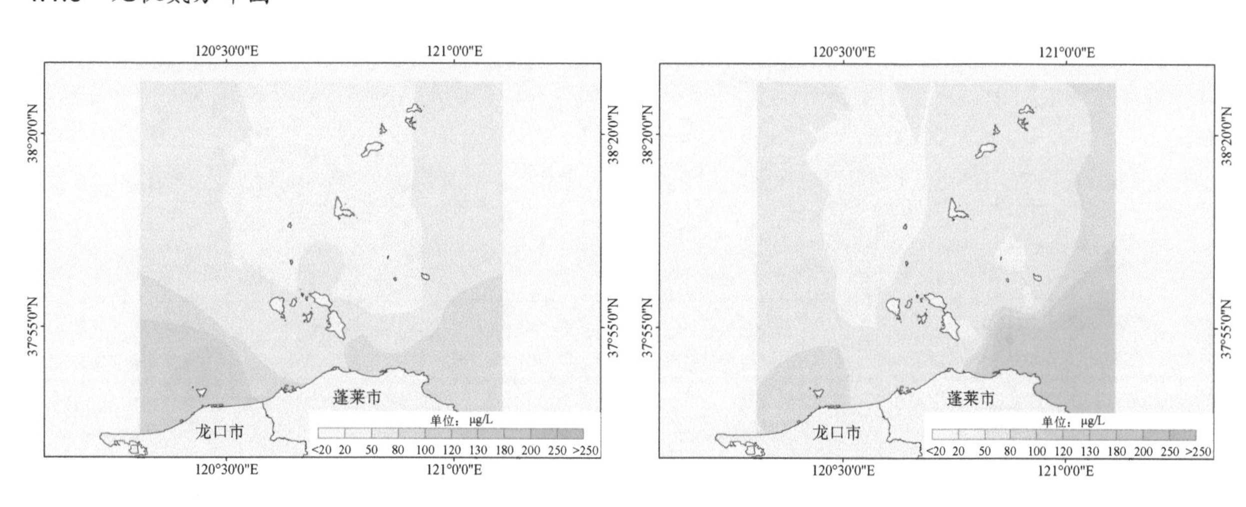

1- 春季　　2- 夏季

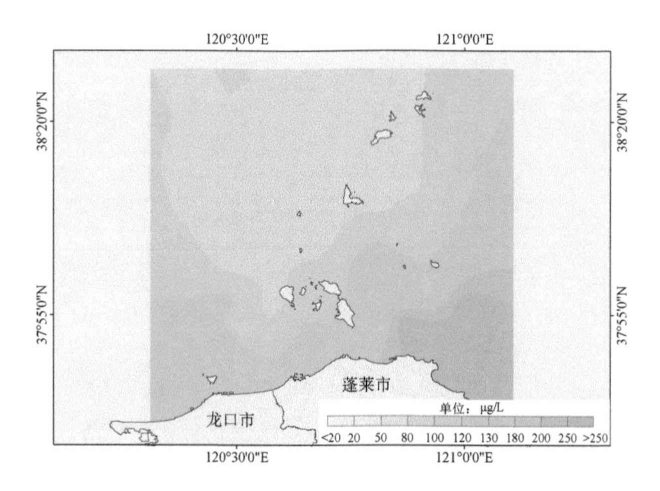

3- 秋季

2019 年庙岛群岛海洋生态环境监测
Marine Eco-Environment Monitoring in Miaodao Archipelago in 2019

4.1.9 活性磷酸盐分布图

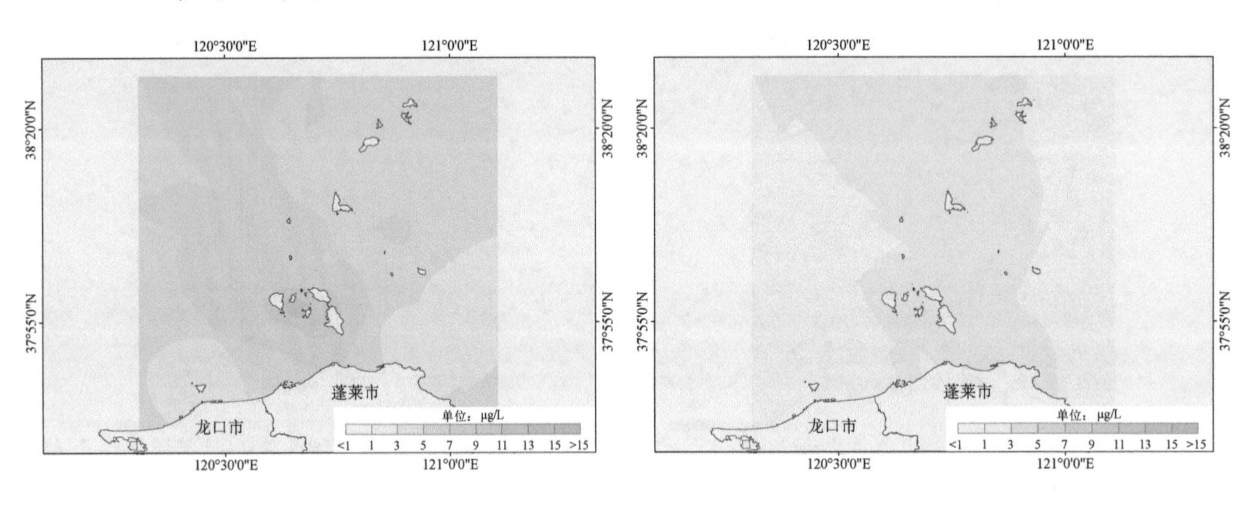

1- 春季　　2- 夏季

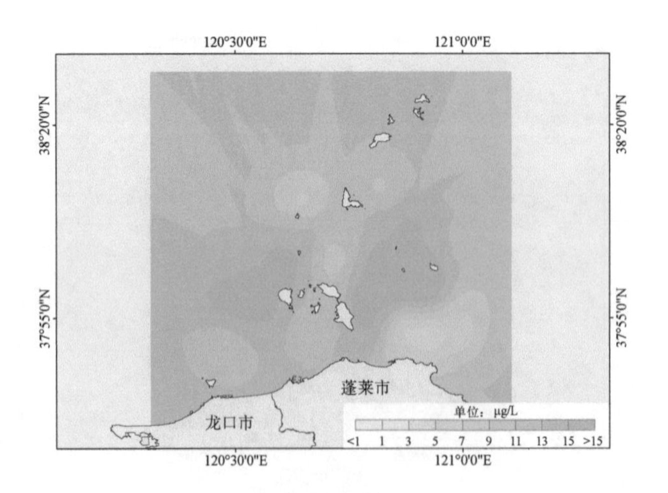

3- 秋季

2019 年庙岛群岛海洋生态环境监测
Marine Eco-Environment Monitoring in Miaodao Archipelago in 2019

4.1.10 叶绿素 a 分布图

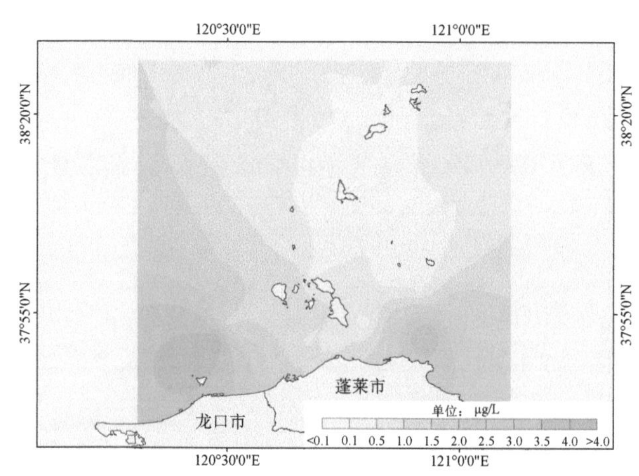

1- 春季

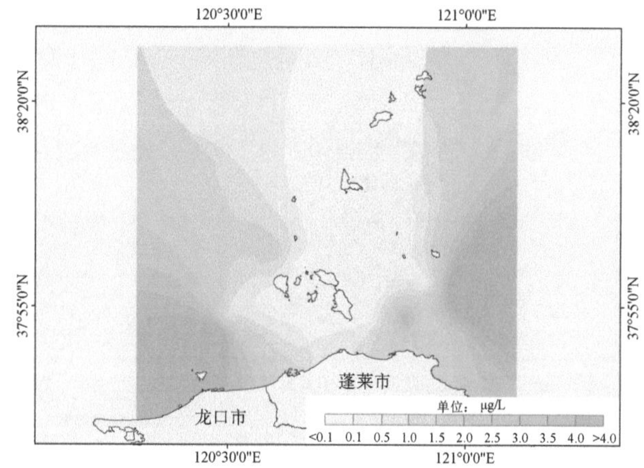

2- 夏季

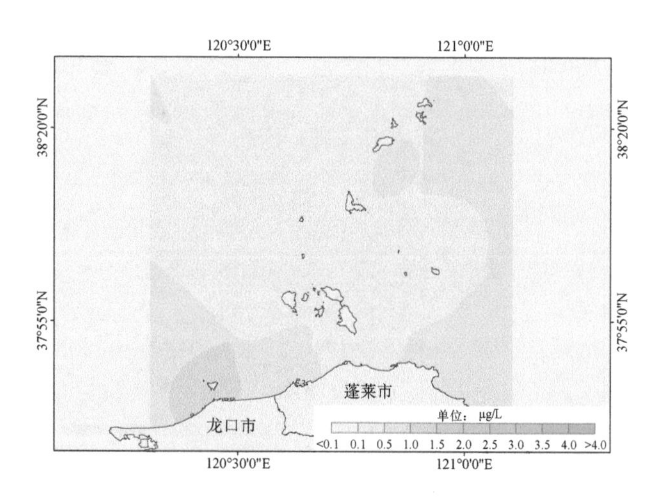

3- 秋季

2019年庙岛群岛海洋生态环境监测
Marine Eco-Environment Monitoring in Miaodao Archipelago in 2019

4.1.11 石油类分布图

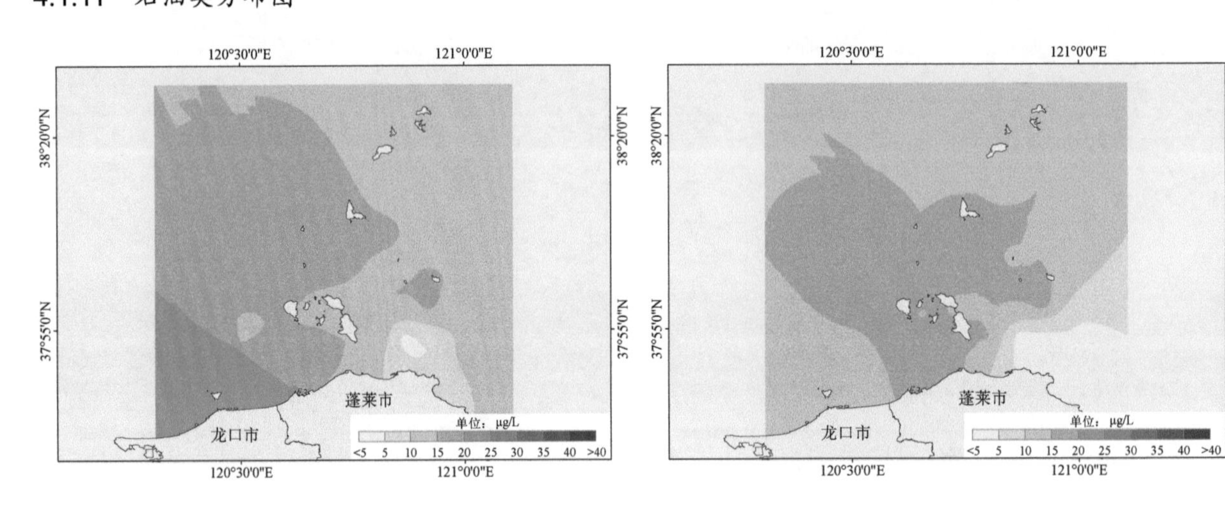

1- 春季

2- 夏季

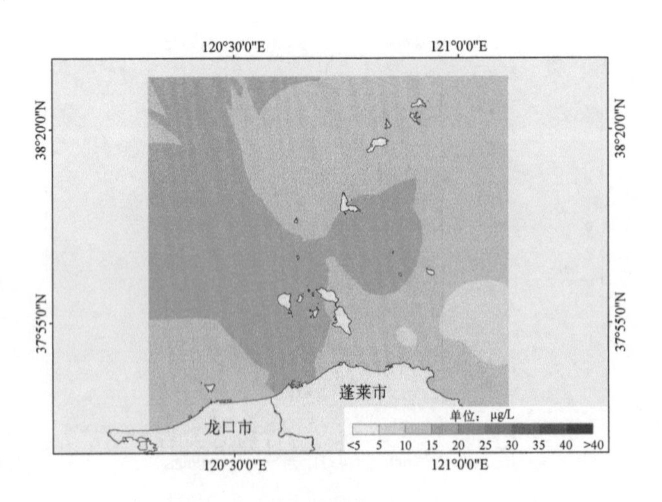

3- 秋季

2019 年庙岛群岛海洋生态环境监测
Marine Eco-Environment Monitoring in Miaodao Archipelago in 2019

4.1.12 总氮分布图

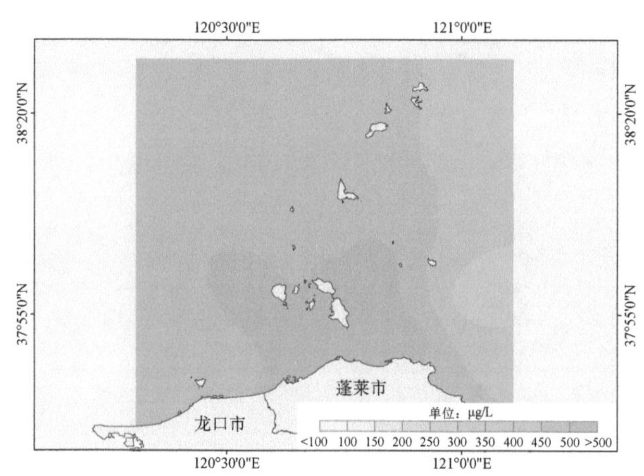

1- 春季

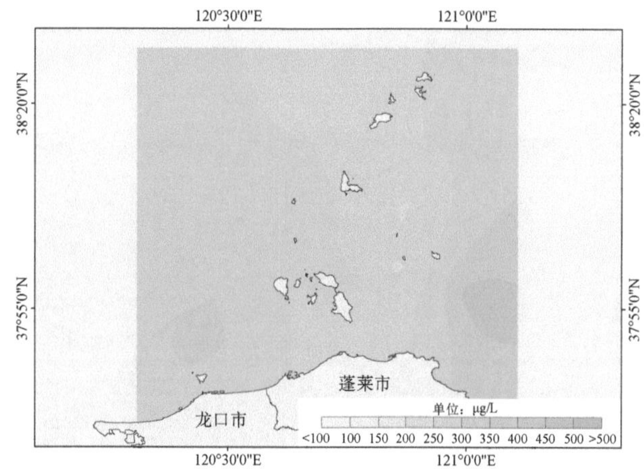

2- 夏季

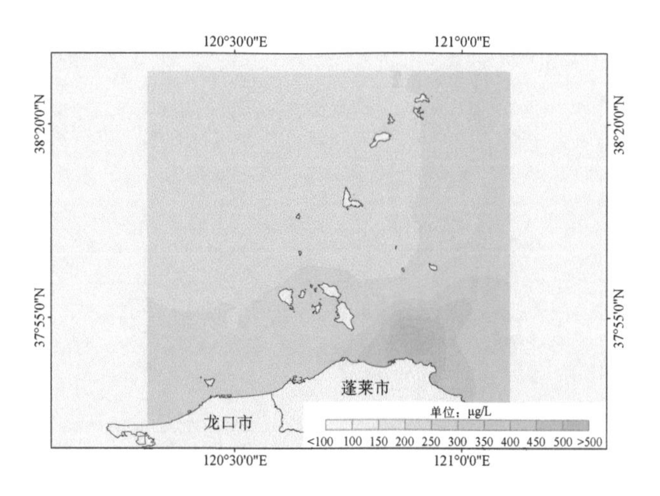

3- 秋季

2019 年庙岛群岛海洋生态环境监测
Marine Eco-Environment Monitoring in Miaodao Archipelago in 2019

4.1.13 总磷分布图

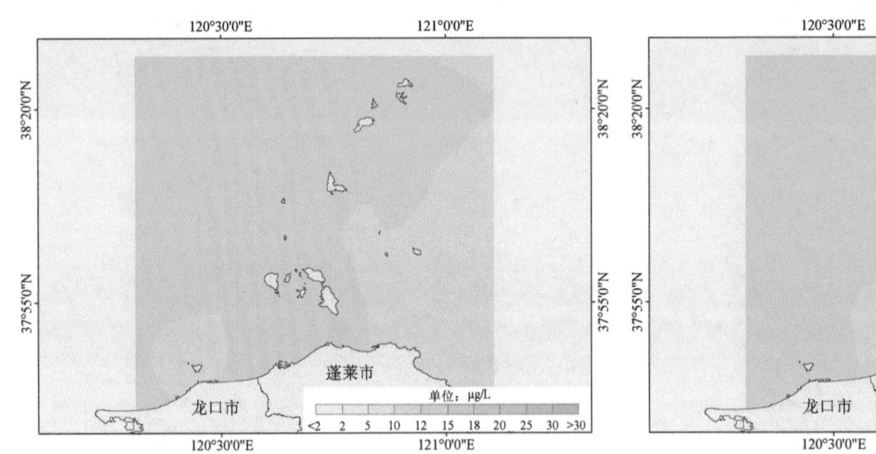

1- 春季

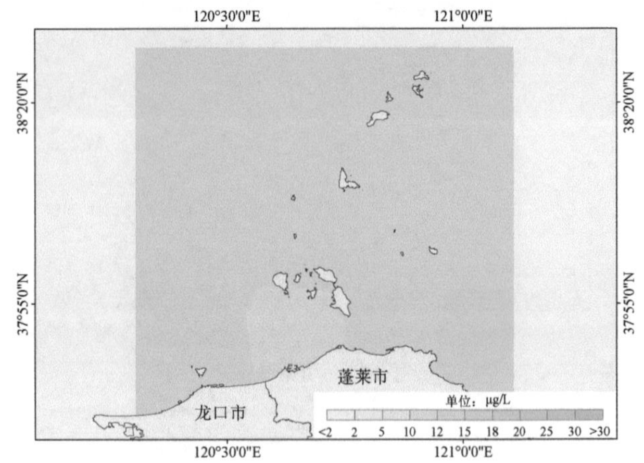

2- 夏季

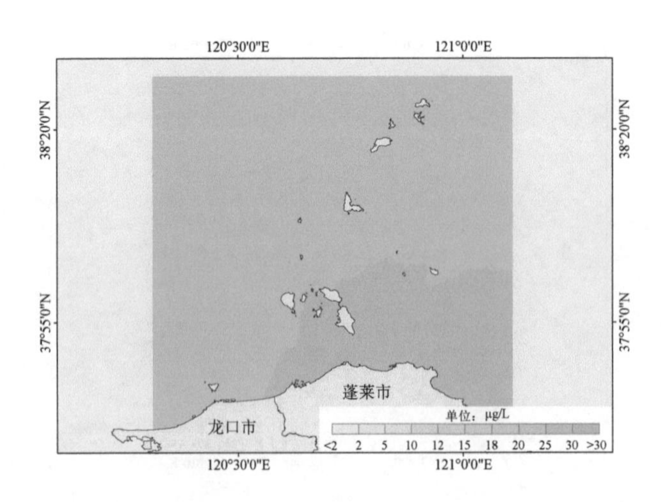

3- 秋季

2019 年庙岛群岛海洋生态环境监测
Marine Eco-Environment Monitoring in Miaodao Archipelago in 2019

4.1.14 硅酸盐分布图

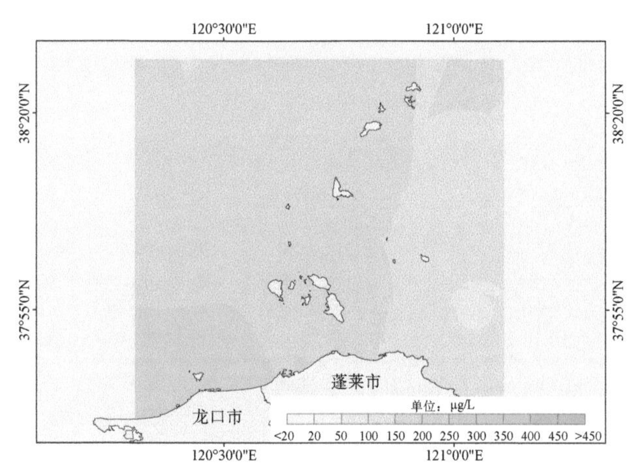

1- 春季

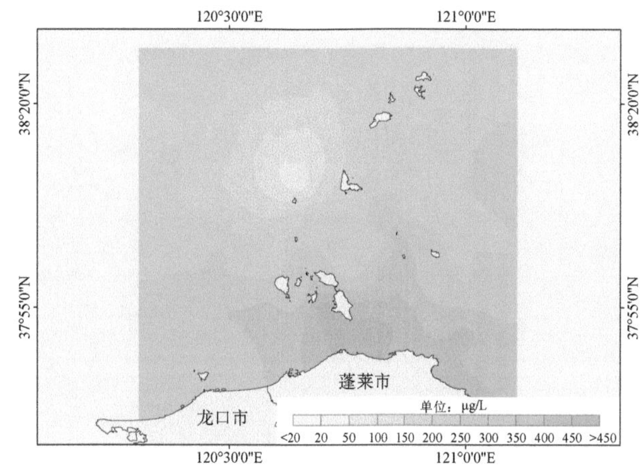

2- 夏季

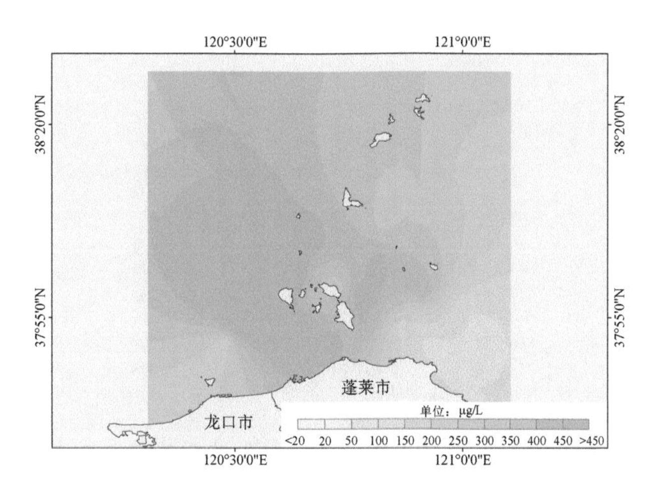

3- 秋季

2019 年庙岛群岛海洋生态环境监测
Marine Eco-Environment Monitoring in Miaodao Archipelago in 2019

4.1.15 悬浮物分布图

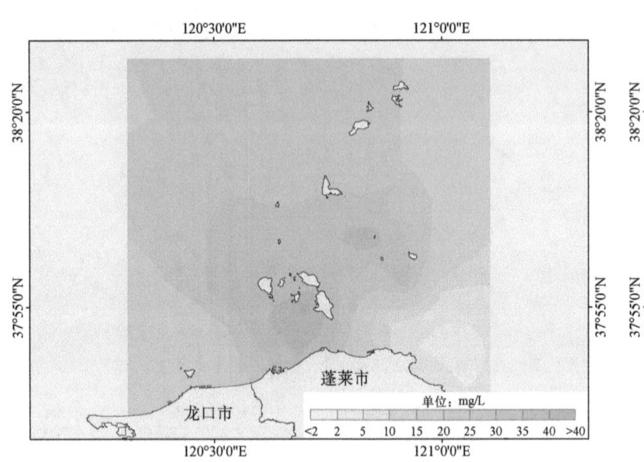

1- 春季

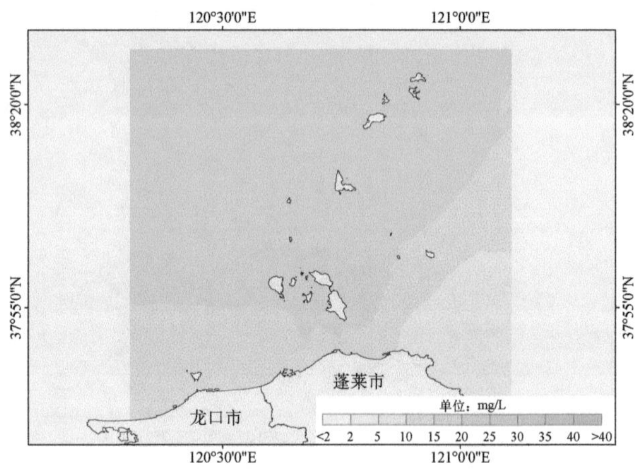

2- 夏季

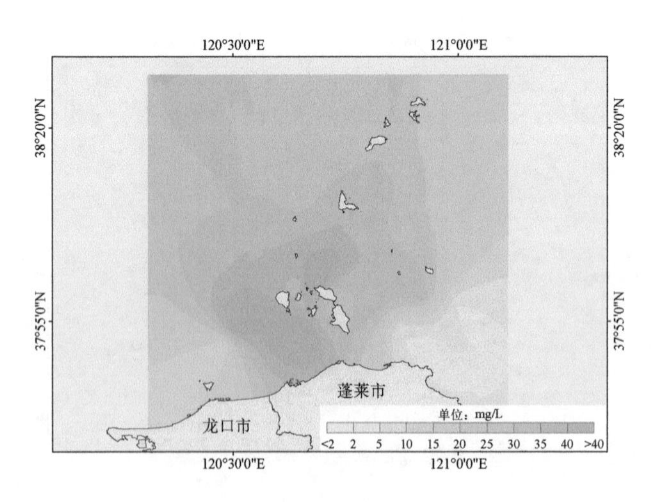

3- 秋季

2019 年庙岛群岛海洋生态环境监测
Marine Eco-Environment Monitoring in Miaodao Archipelago in 2019

4.1.16 重金属分布图

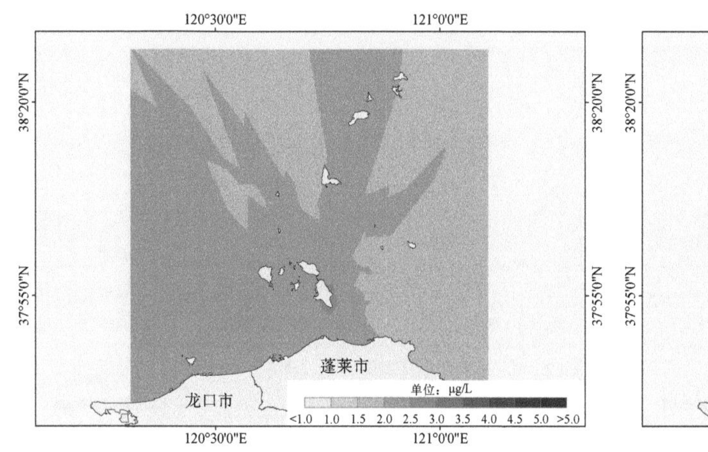

1- 铜（夏季）

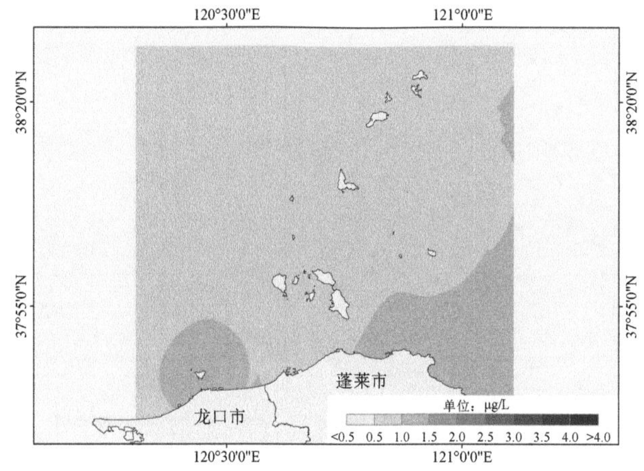

2- 铅（夏季）

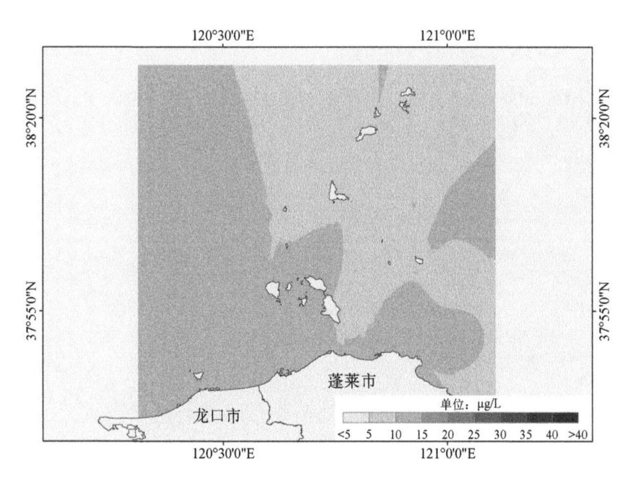

3- 锌（夏季）

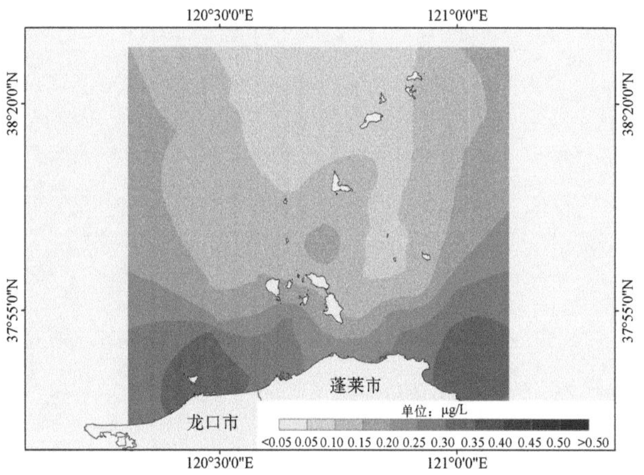

4- 镉（夏季）

2019 年庙岛群岛海洋生态环境监测
Marine Eco-Environment Monitoring in Miaodao Archipelago in 2019

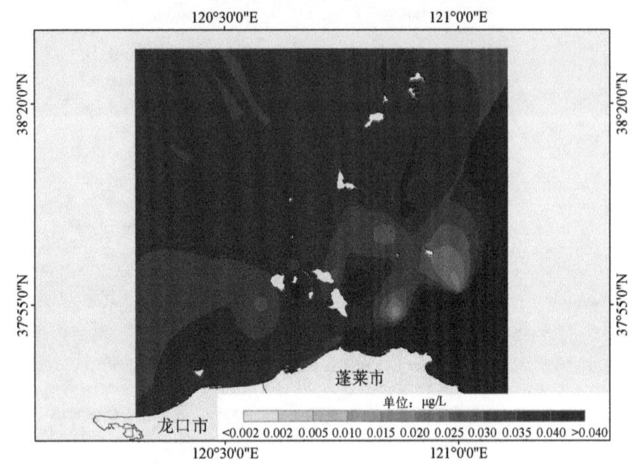

5- 汞（夏季）

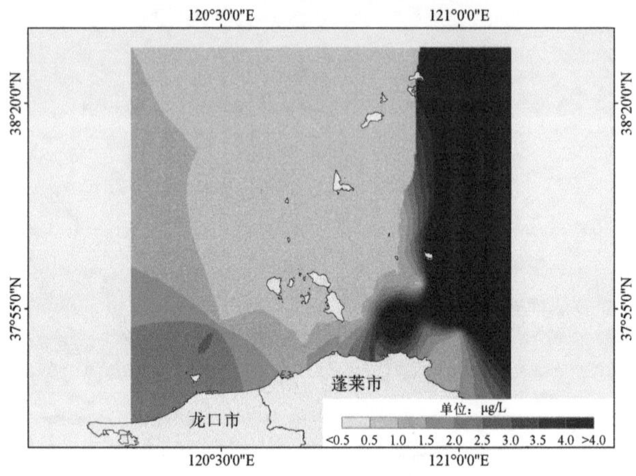

6- 砷（夏季）

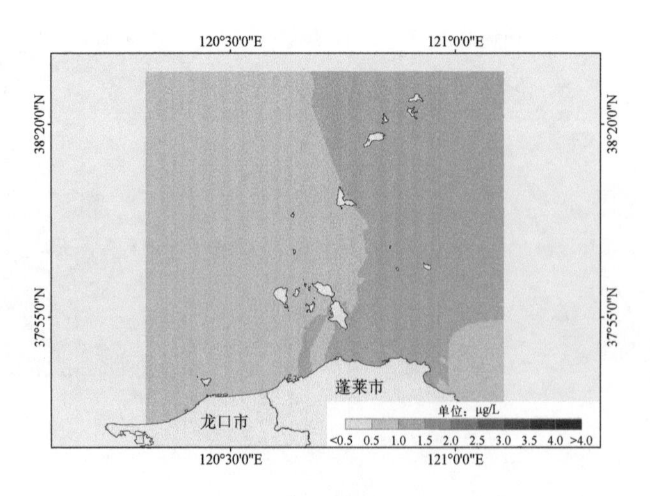

7- 铬（夏季）

2019 年庙岛群岛海洋生态环境监测
Marine Eco-Environment Monitoring in Miaodao Archipelago in 2019

4.1.17 氮磷比分布图

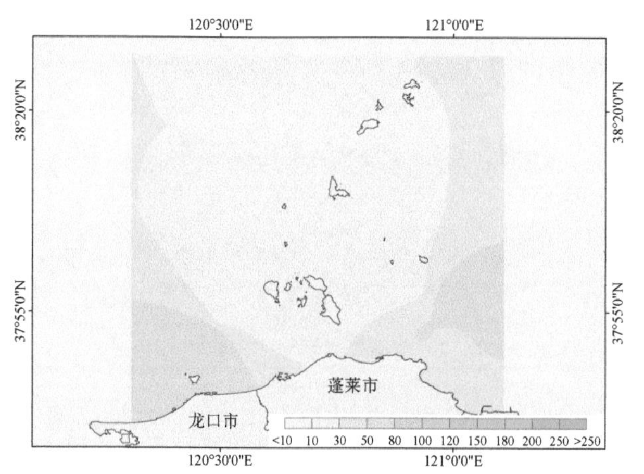

1- 春季

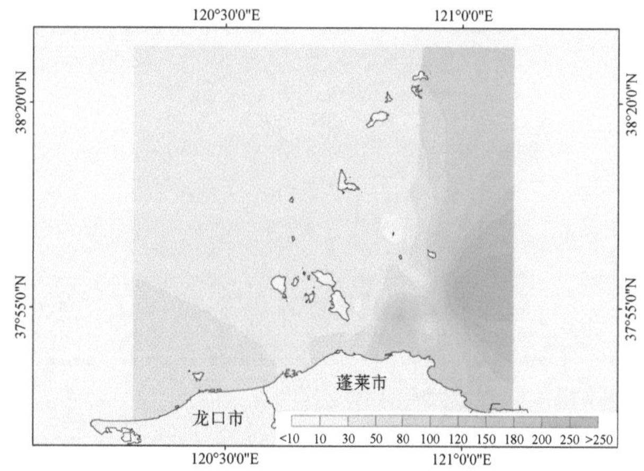

2- 夏季

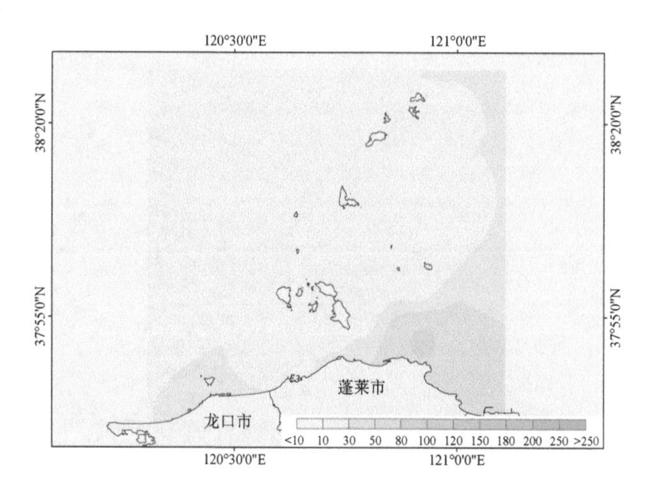

3- 秋季

2019 年庙岛群岛海洋生态环境监测
Marine Eco-Environment Monitoring in Miaodao Archipelago in 2019

4.1.18 硅磷比分布图

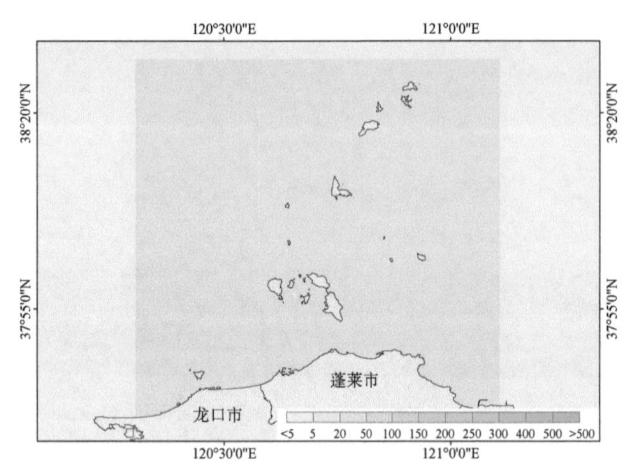

1- 春季

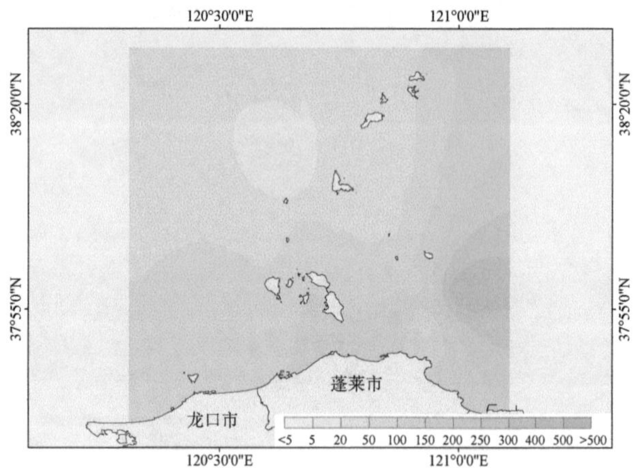

2- 夏季

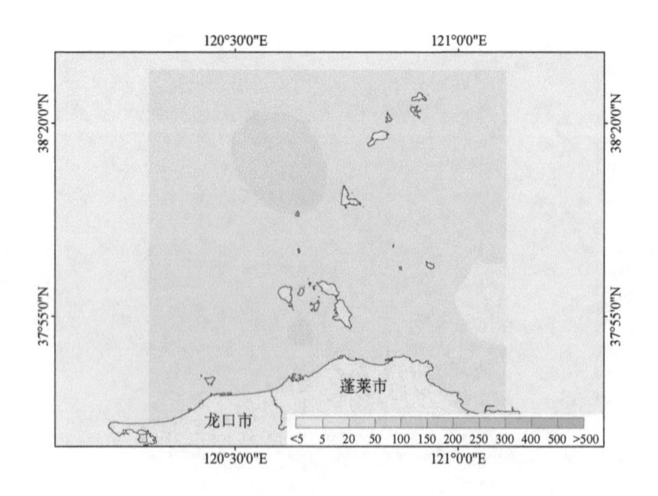

3- 秋季

2019 年庙岛群岛海洋生态环境监测

Marine Eco-Environment Monitoring in Miaodao Archipelago in 2019

4.1.19 硅氮比分布图

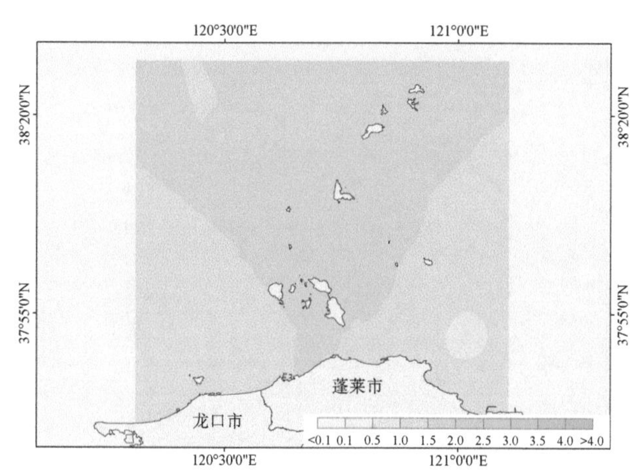

1- 春季

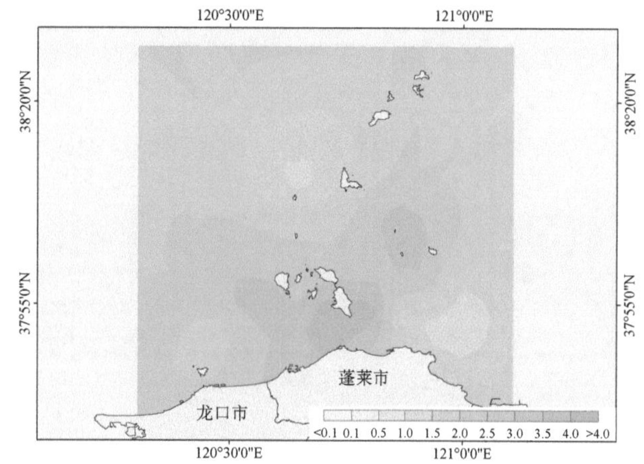

2- 夏季

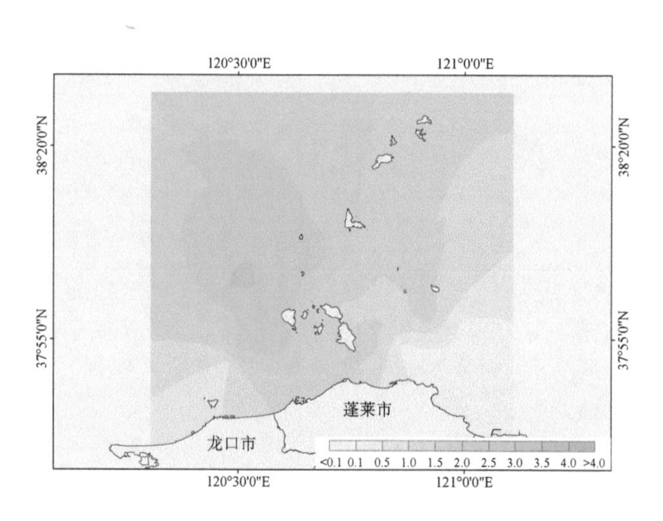

3- 秋季

2019 年庙岛群岛海洋生态环境监测
Marine Eco-Environment Monitoring in Miaodao Archipelago in 2019

4.2 沉积环境

4.2.1 重金属分布图

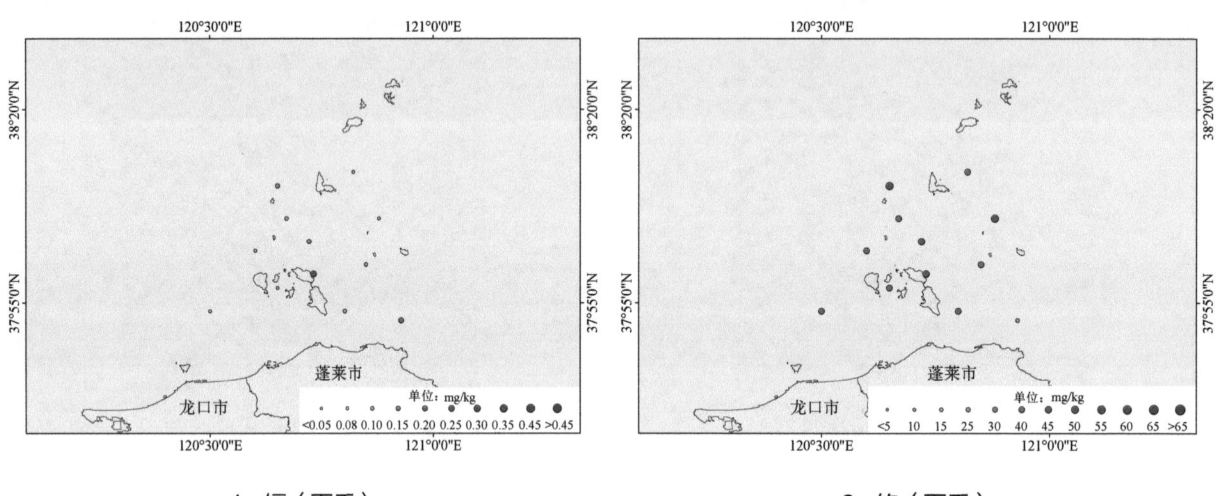

1- 镉（夏季）　　2- 铬（夏季）

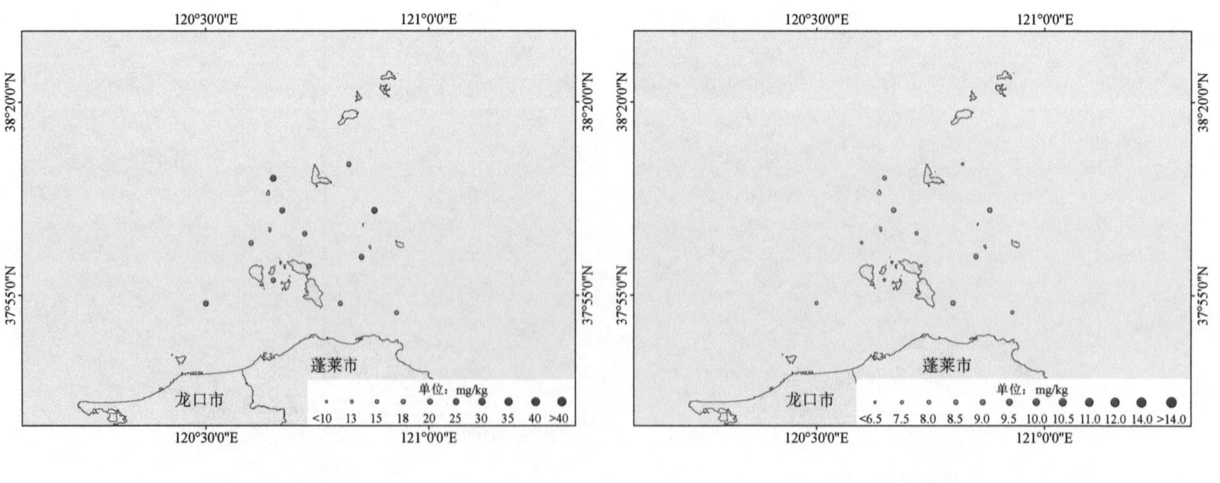

3- 铅（夏季）　　4- 砷（夏季）

2019 年庙岛群岛海洋生态环境监测

Marine Eco-Environment Monitoring in Miaodao Archipelago in 2019

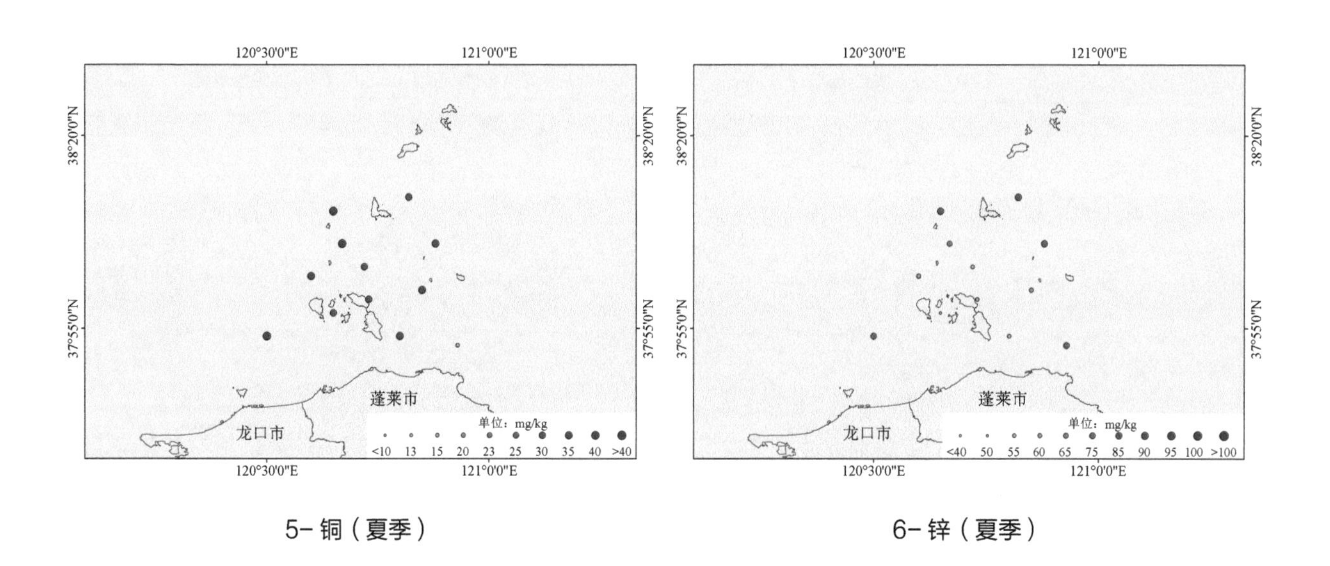

5- 铜（夏季）

6- 锌（夏季）

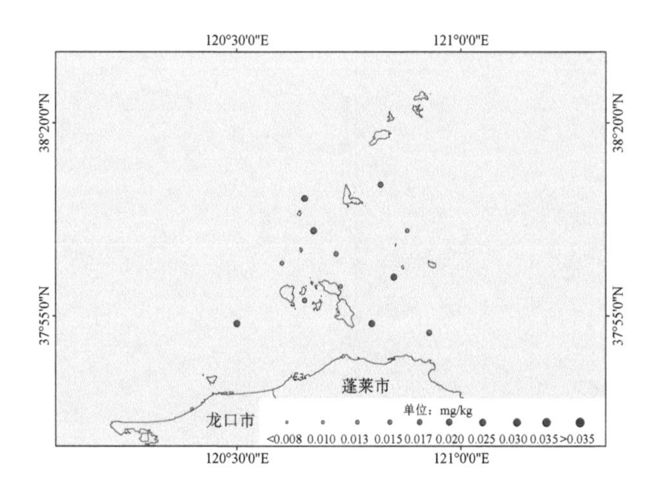

7- 汞（夏季）

2019 年庙岛群岛海洋生态环境监测
Marine Eco-Environment Monitoring in Miaodao Archipelago in 2019

4.2.2 硫化物分布图

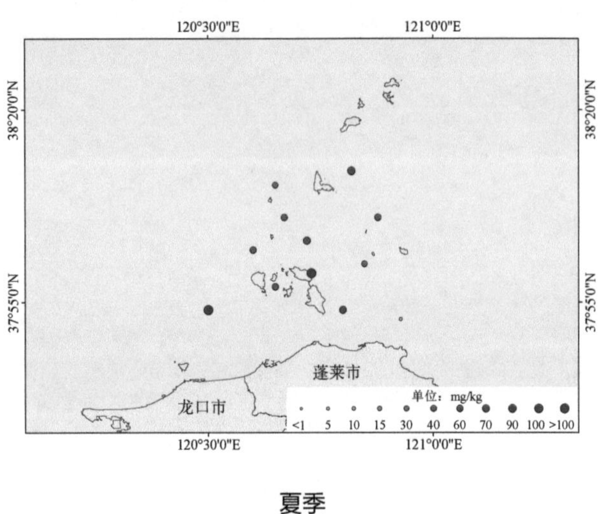

夏季

4.2.3 石油类分布图

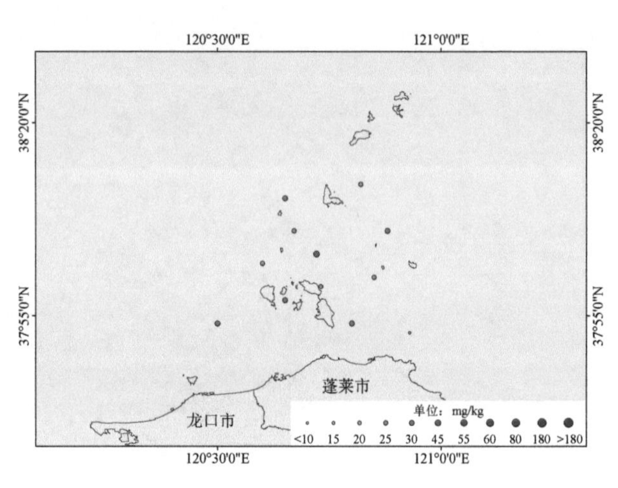

夏季

4.2.4 有机碳分布图

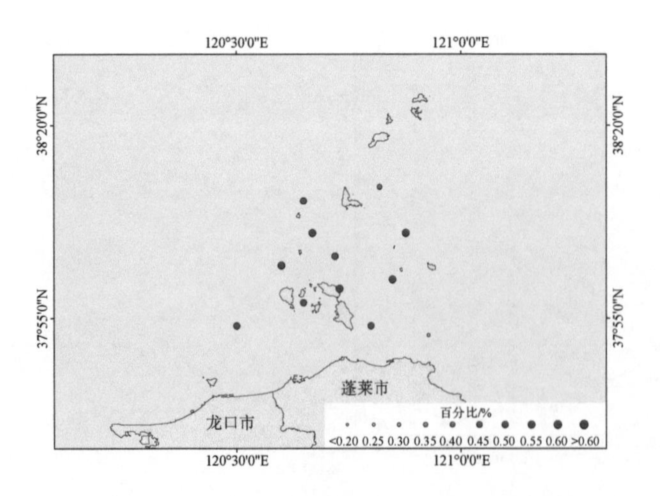

夏季

2019 年庙岛群岛海洋生态环境监测

Marine Eco-Environment Monitoring in Miaodao Archipelago in 2019

4.3 生物环境

4.3.1 大型浮游动物分布图

4.3.1.1 种类分布图

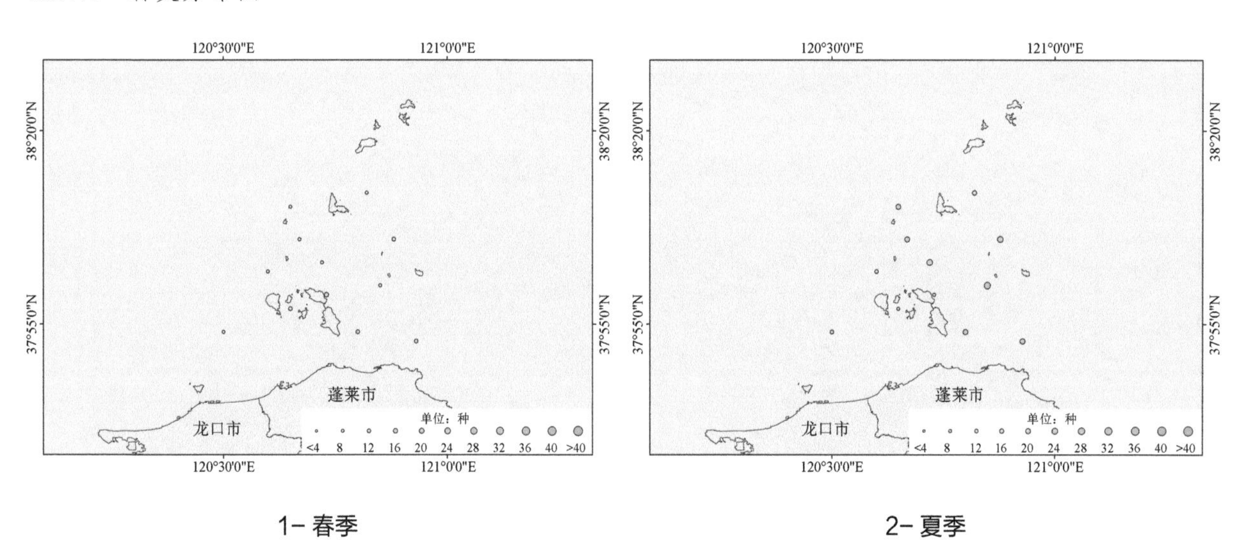

1- 春季　　　　2- 夏季

4.3.1.2 密度分布图

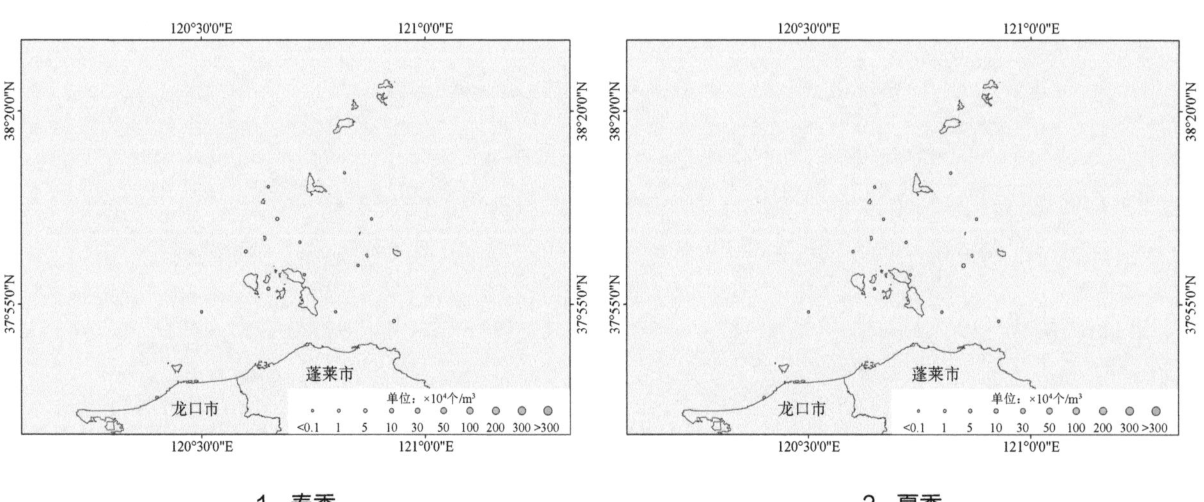

1- 春季　　　　2- 夏季

2019 年庙岛群岛海洋生态环境监测
Marine Eco-Environment Monitoring in Miaodao Archipelago in 2019

4.3.1.3 生物量分布图

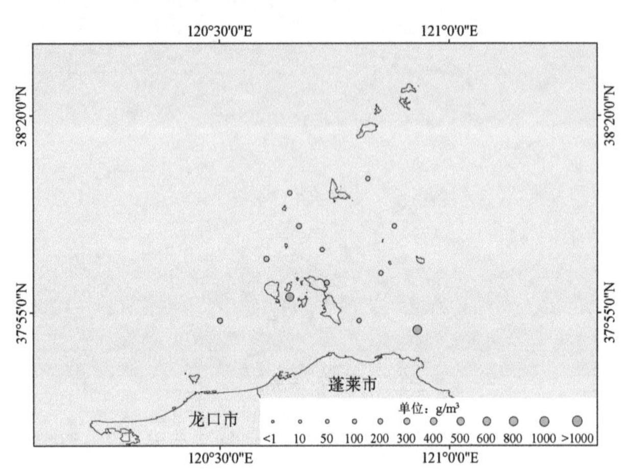

1- 春季

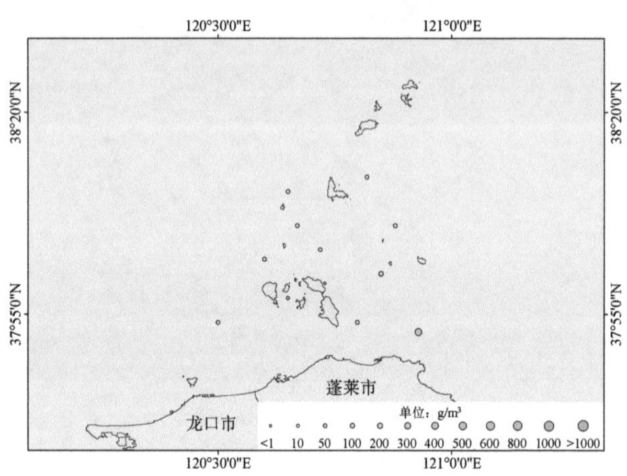

2- 夏季

4.3.1.4 多样性指数分布图

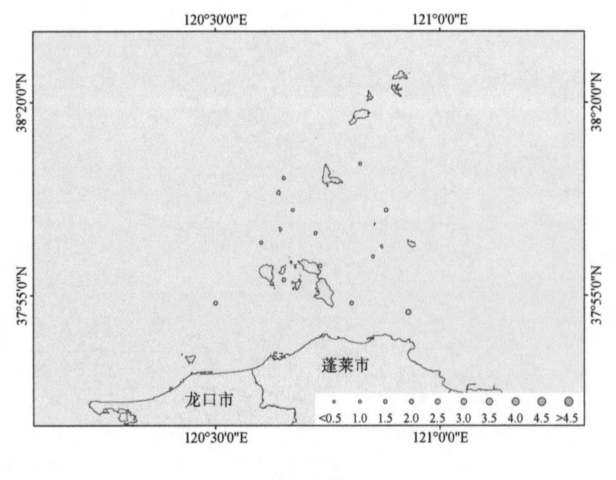

1- 春季

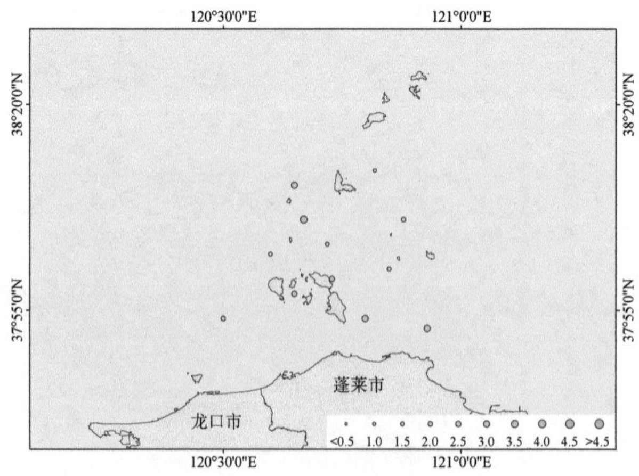

2- 夏季

2019 年庙岛群岛海洋生态环境监测
Marine Eco-Environment Monitoring in Miaodao Archipelago in 2019

4.3.1.5 均匀度指数分布图

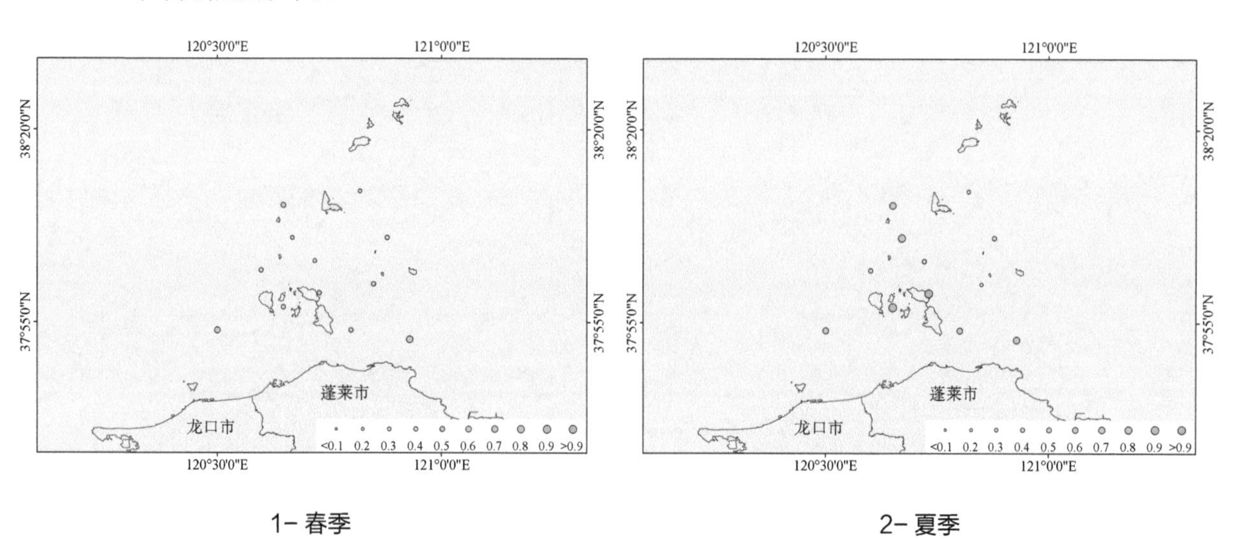

1- 春季　　2- 夏季

4.3.1.6 丰富度指数分布图

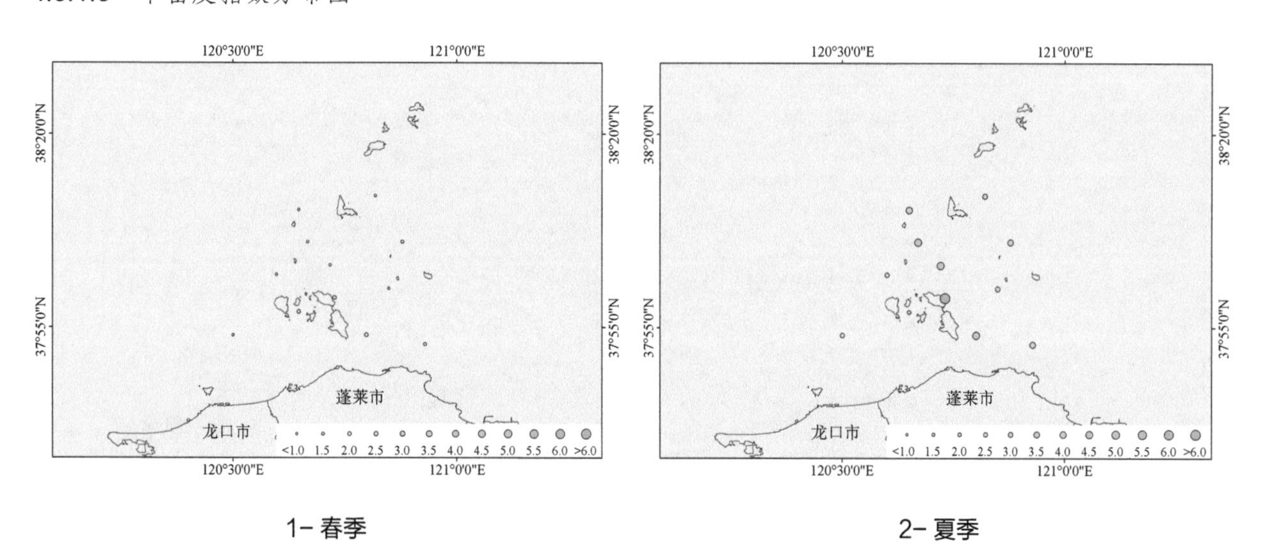

1- 春季　　2- 夏季

4.3.2 小型浮游动物分布图

4.3.2.1 种类分布图

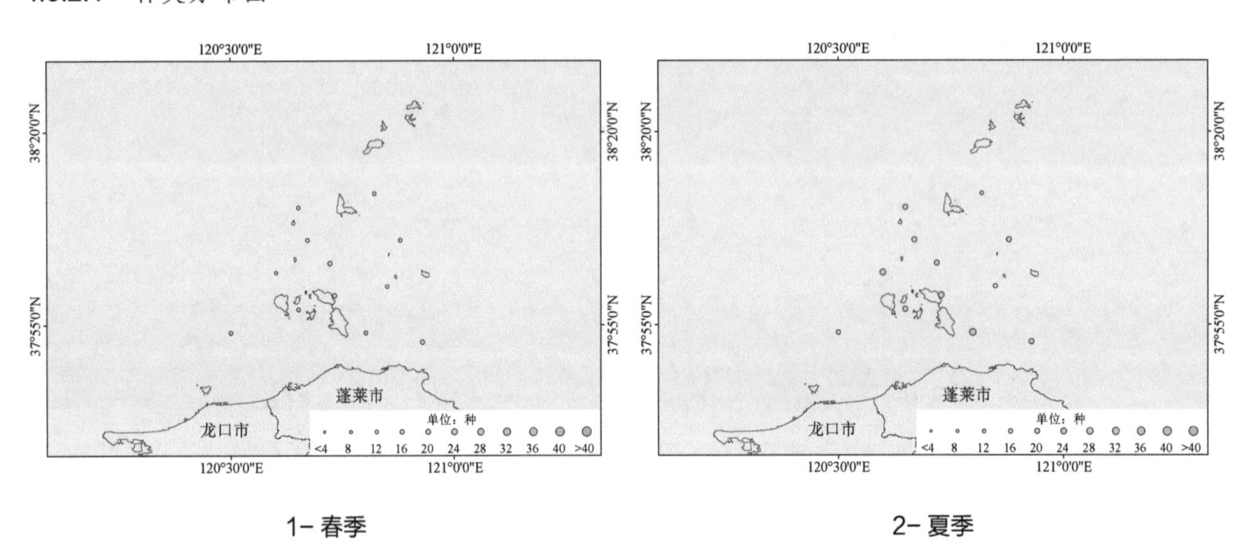

1- 春季　　　　2- 夏季

4.3.2.2 密度分布图

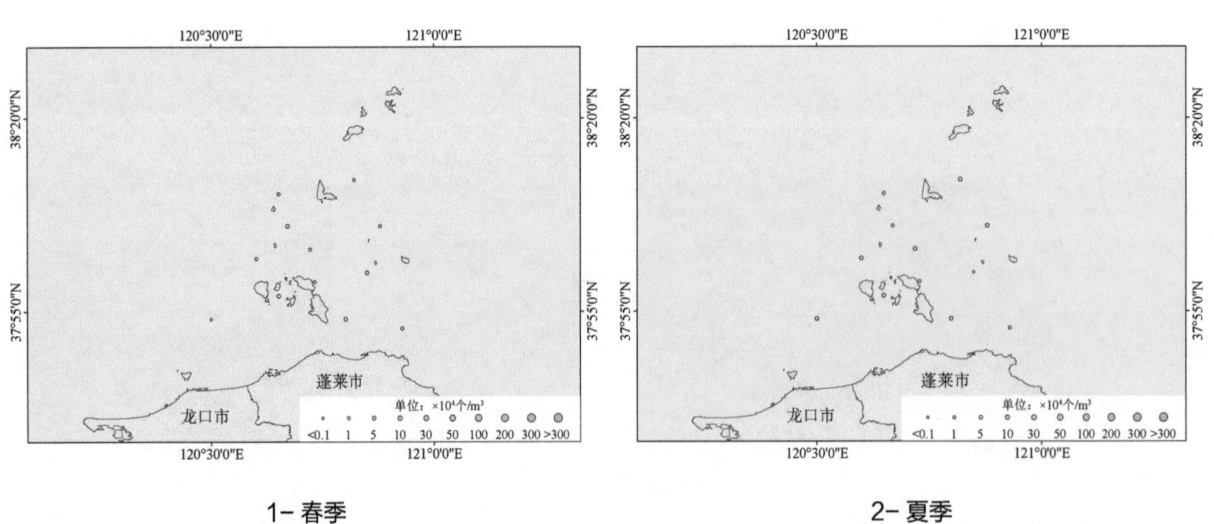

1- 春季　　　　2- 夏季

4.3.2.3 多样性指数分布图

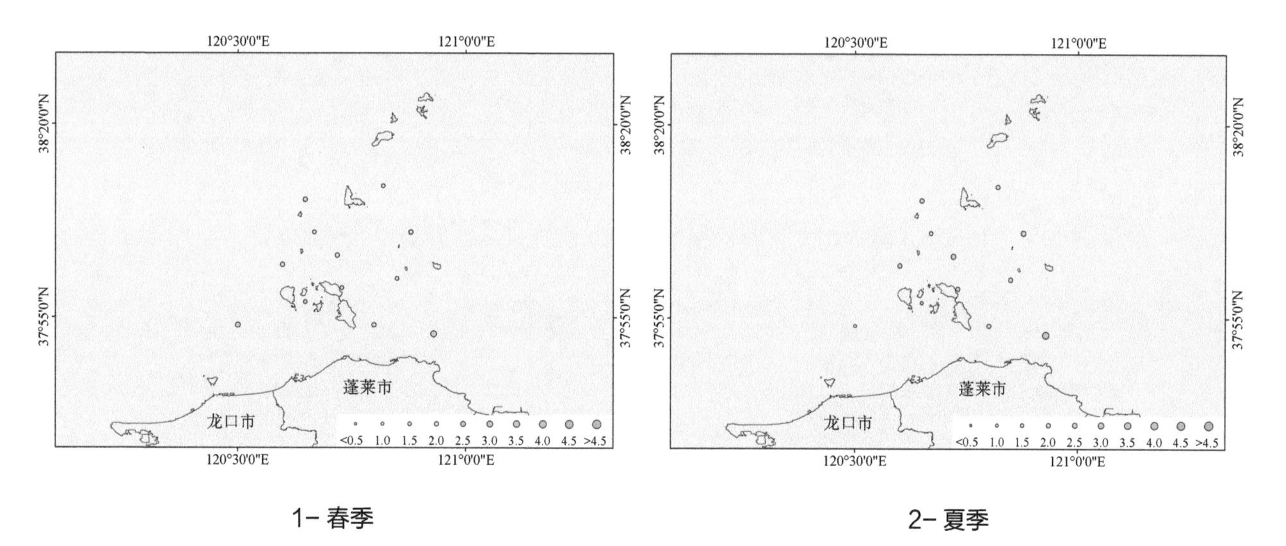

1- 春季　　2- 夏季

4.3.2.4 均匀度指数分布图

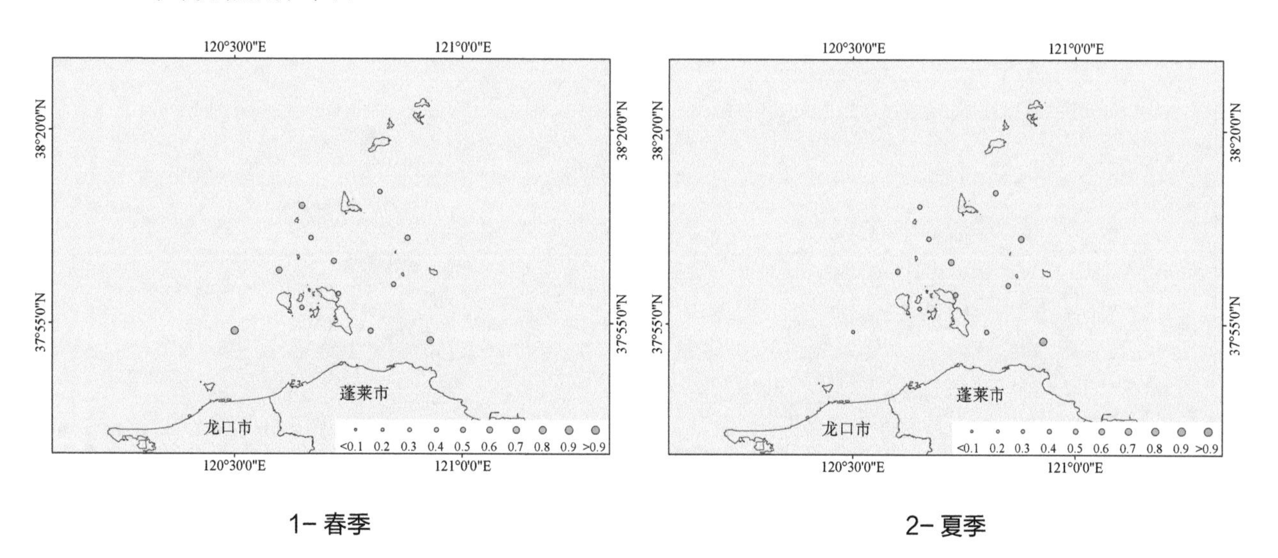

1- 春季　　2- 夏季

4.3.2.5 丰富度指数分布图

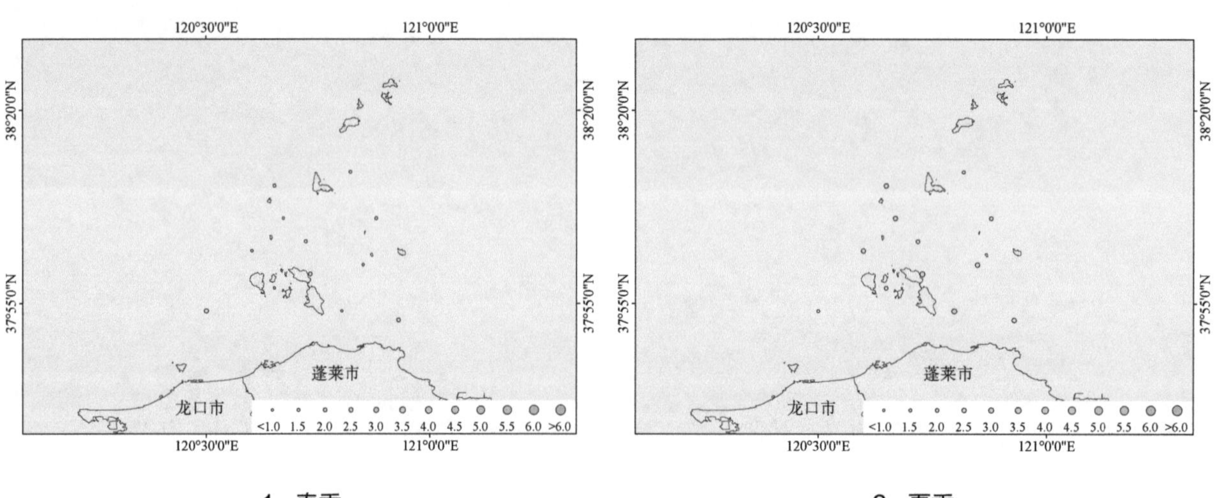

1- 春季　　2- 夏季

4.3.3 浮游植物分布图

4.3.3.1 种类分布图

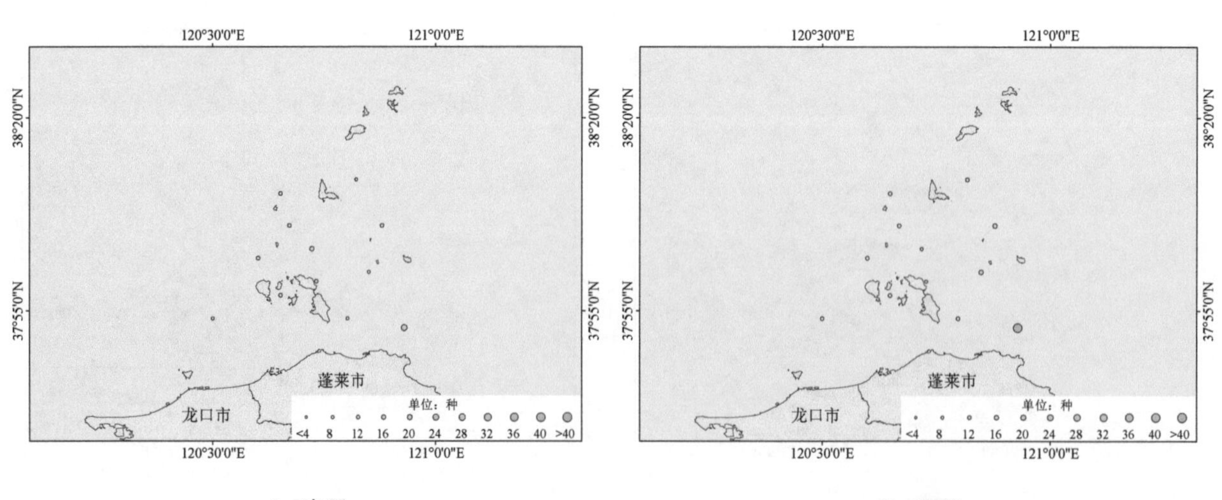

1- 春季　　2- 夏季

4.3.3.2 密度分布图

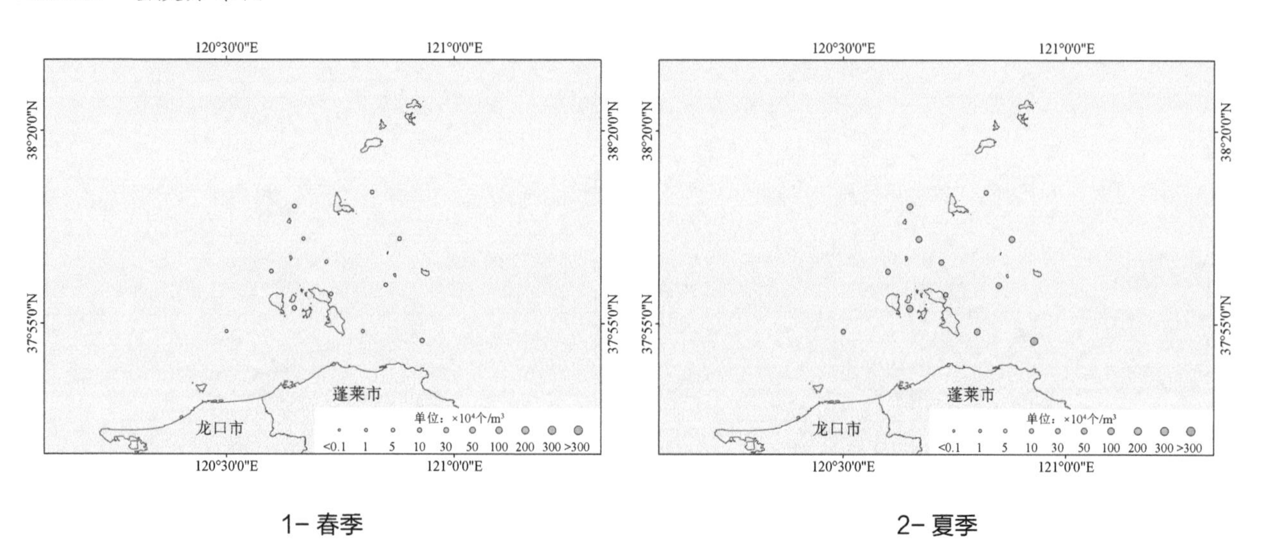

1- 春季　　2- 夏季

4.3.3.3 多样性指数分布图

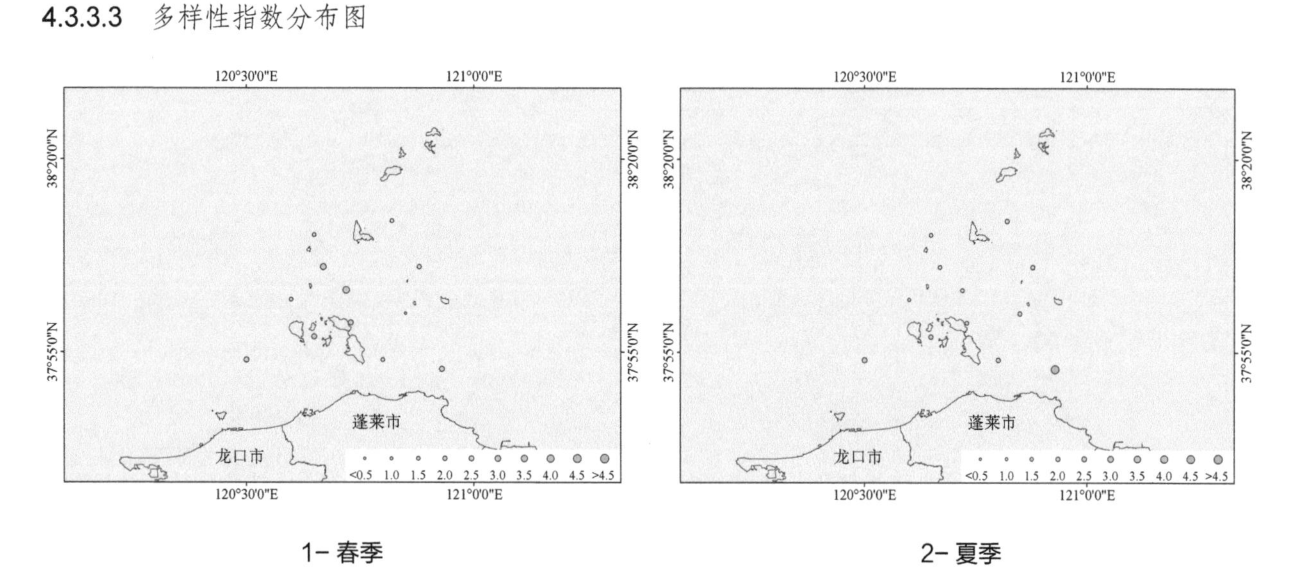

1- 春季　　2- 夏季

2019年庙岛群岛海洋生态环境监测
Marine Eco-Environment Monitoring in Miaodao Archipelago in 2019

4.3.3.4 均匀度指数分布图

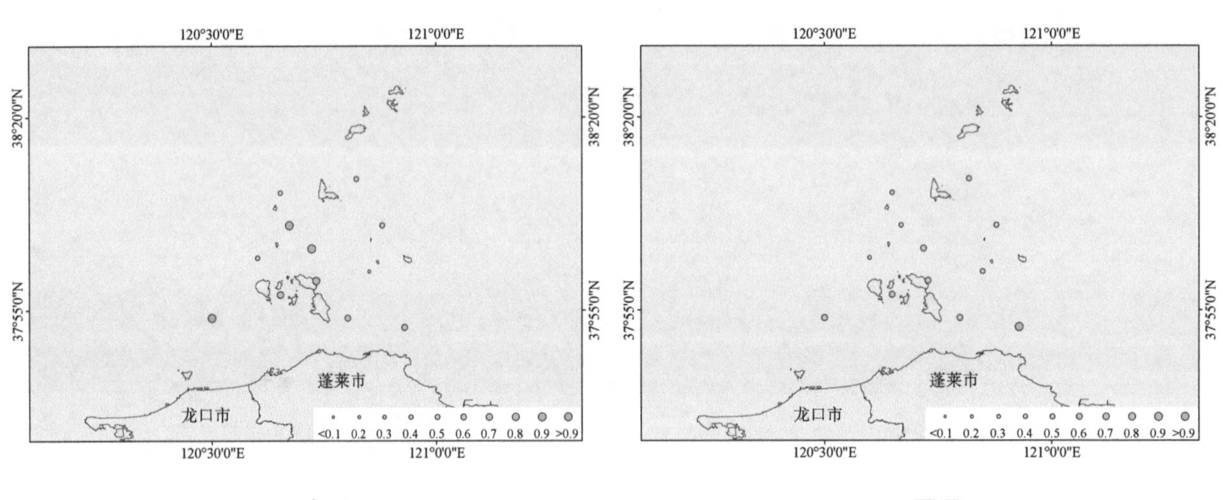

1- 春季 2- 夏季

4.3.3.5 丰富度指数分布图

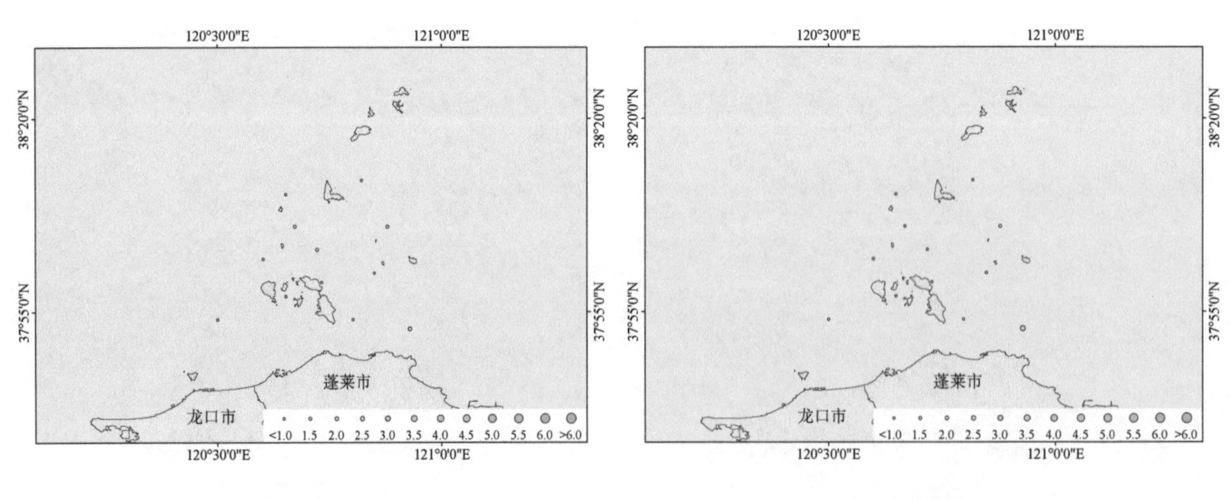

1- 春季 2- 夏季

2019 年庙岛群岛海洋生态环境监测
Marine Eco-Environment Monitoring in Miaodao Archipelago in 2019

4.3.4 底栖生物分布图

4.3.4.1 种类分布图

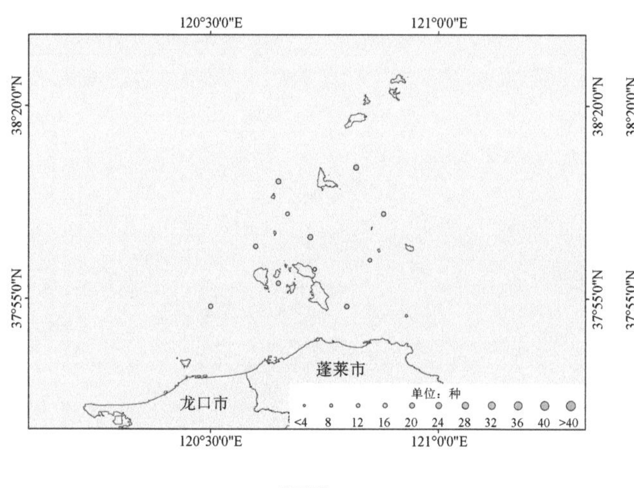

夏季

4.3.4.2 密度分布图

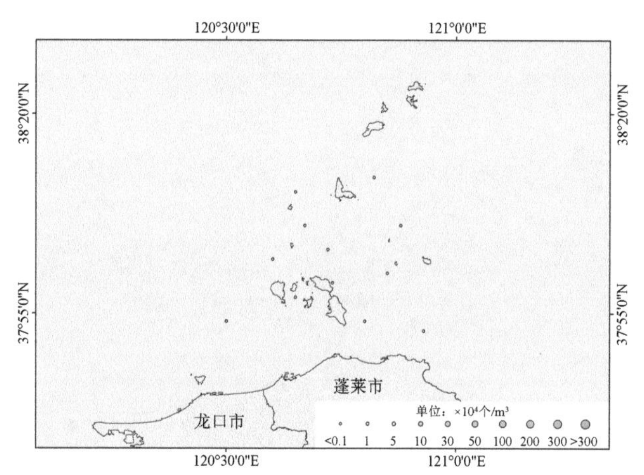

夏季

4.3.4.3 生物量分布图

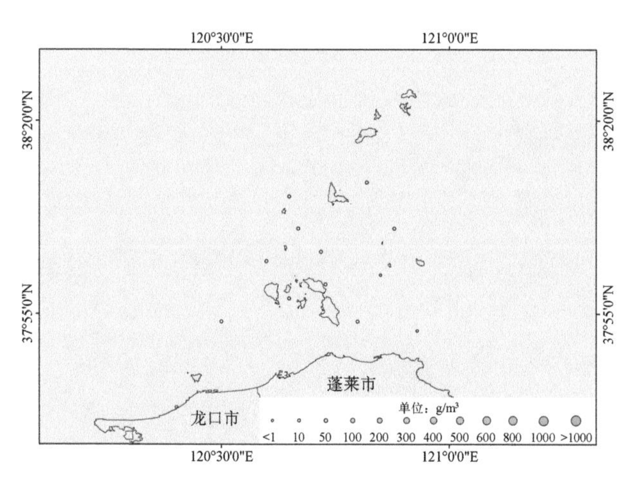

夏季

4.3.4.4 多样性指数分布图

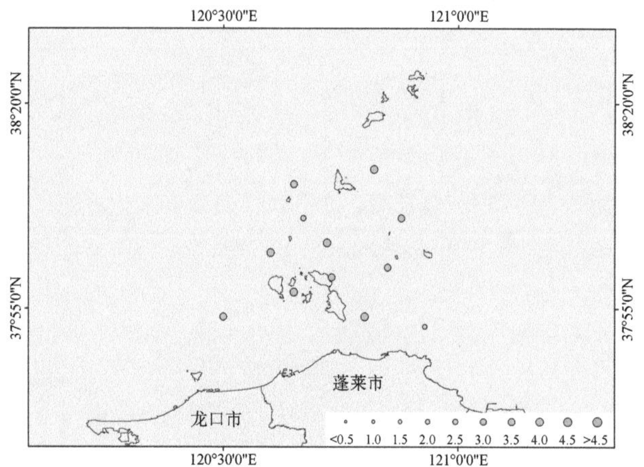

夏季

2019 年庙岛群岛海洋生态环境监测
Marine Eco-Environment Monitoring in Miaodao Archipelago in 2019

4.3.4.5 均匀度指数分布图

4.3.4.6 丰富度指数分布图

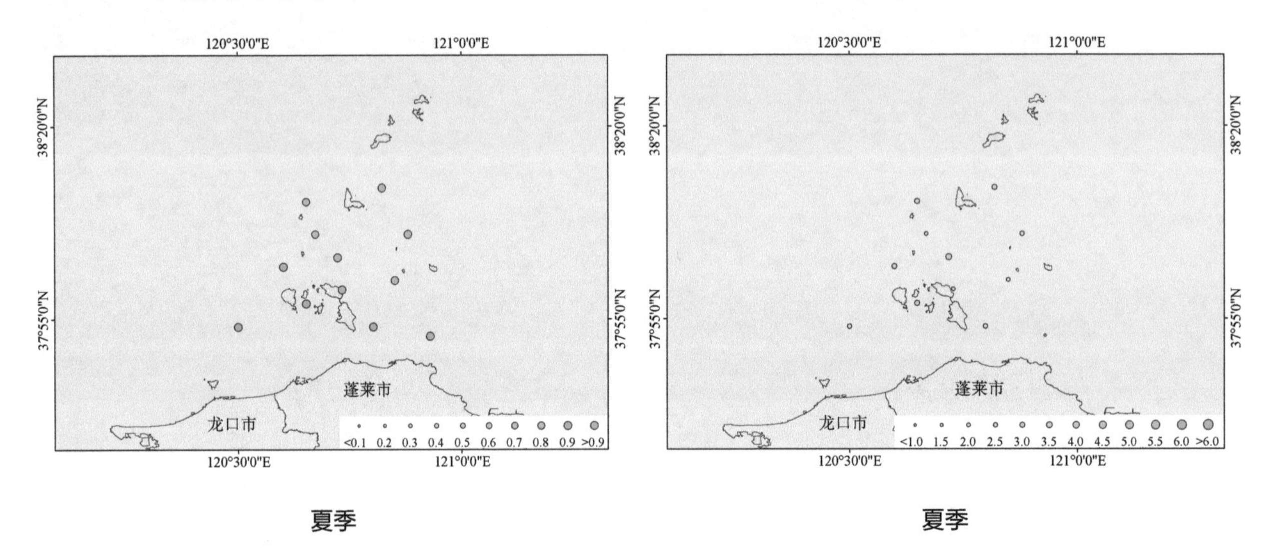

夏季

夏季

2018 年庙岛群岛海洋生态环境监测
Marine Eco-Environment Monitoring in Miaodao Archipelago in 2018

5.1 海水环境

5.1.1 pH 分布图

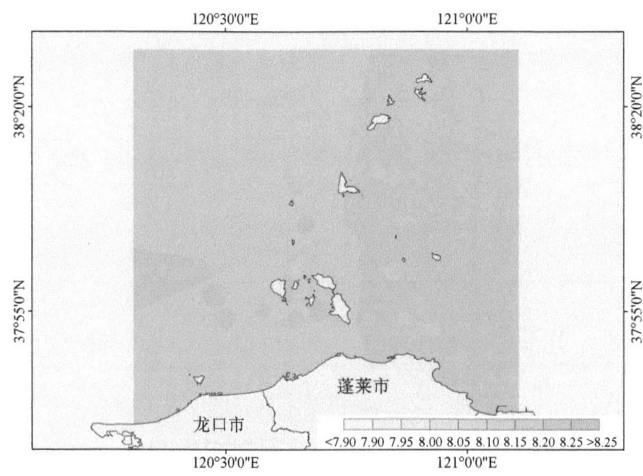

1- 春季

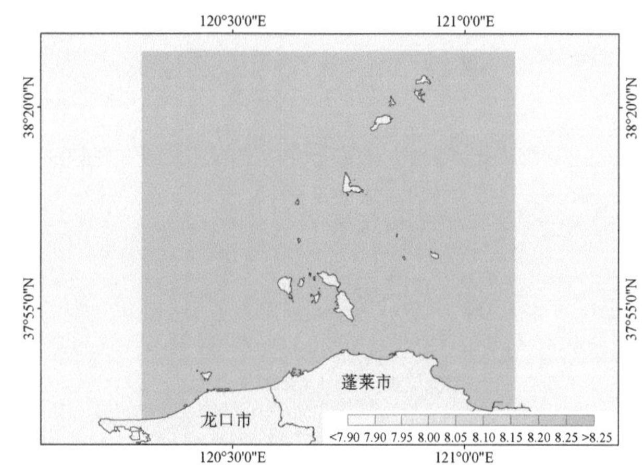

2- 夏季

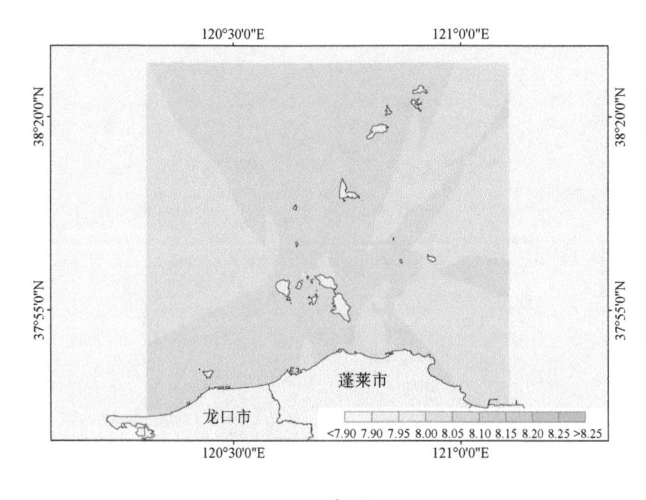

3- 秋季

120°30'0"E
121°0'0"E
38°20'0"N
37°55'0"N
蓬莱市
龙口市
<7.90 7.90 7.95 8.00 8.05 8.10 8.15 8.20 8.25 >8.25

4- 冬季

2018 年庙岛群岛海洋生态环境监测

Marine Eco-Environment Monitoring in Miaodao Archipelago in 2018

5.1.2 盐度分布图

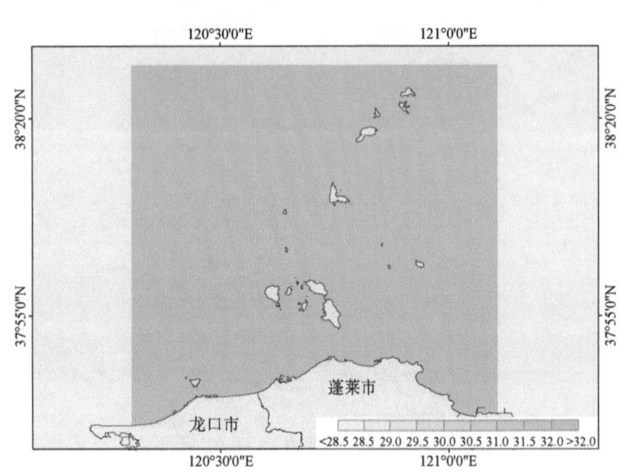

1- 春季

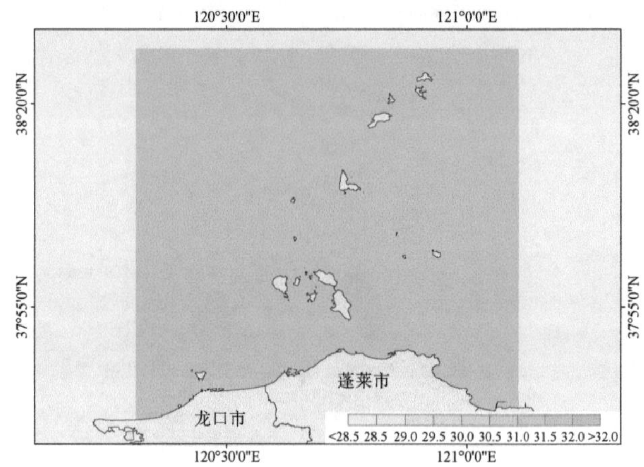

2- 夏季

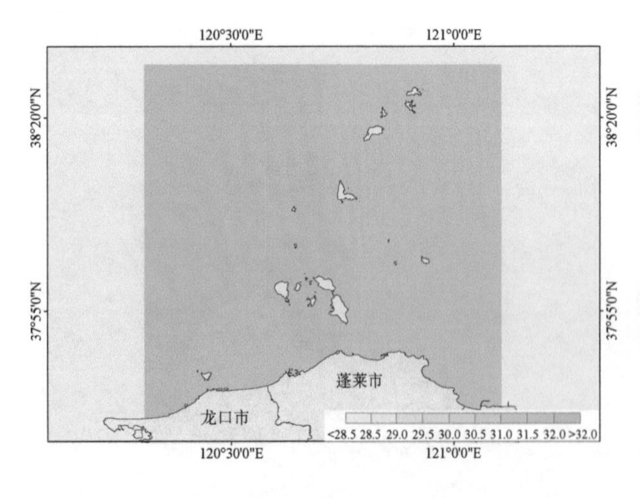

3- 秋季

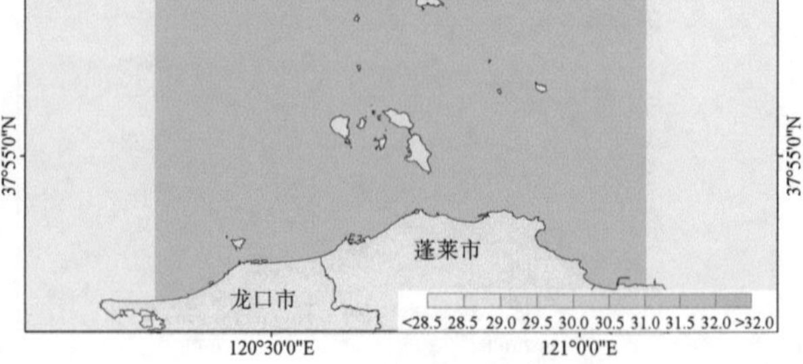

4- 冬季

2018 年庙岛群岛海洋生态环境监测
Marine Eco-Environment Monitoring in Miaodao Archipelago in 2018

5.1.3 溶解氧分布图

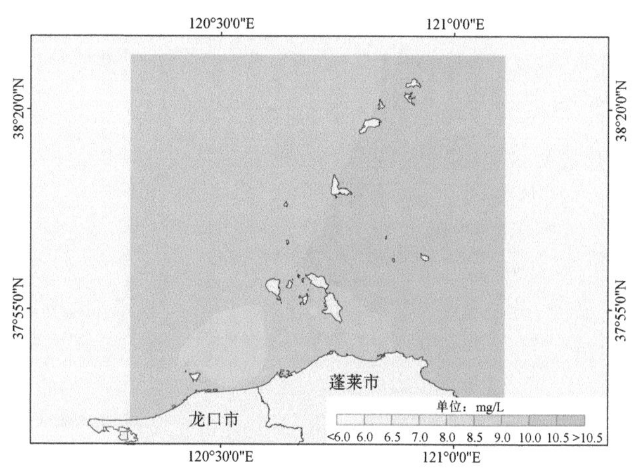

1- 春季

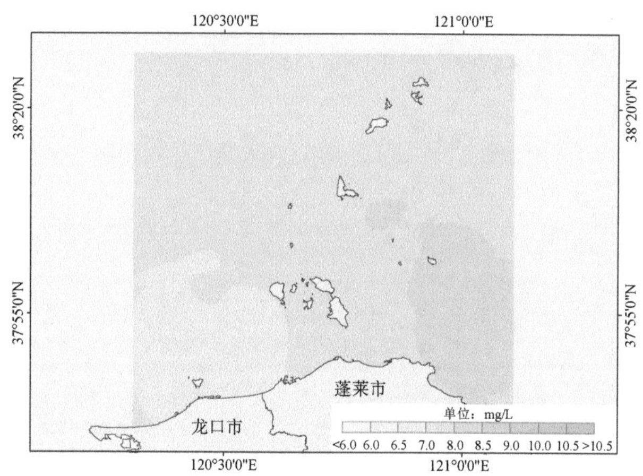

2- 夏季

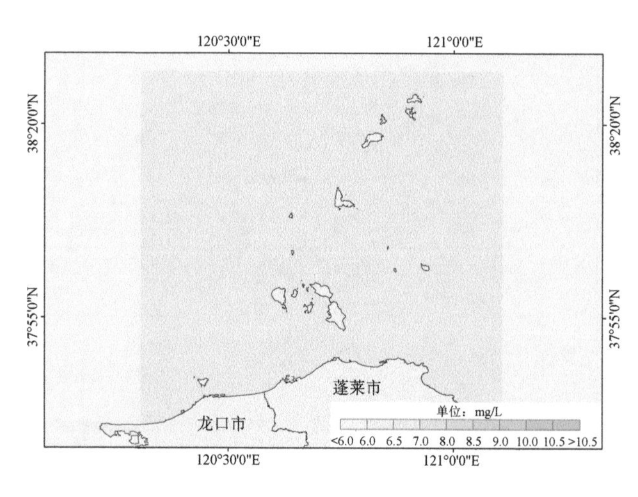

3- 秋季

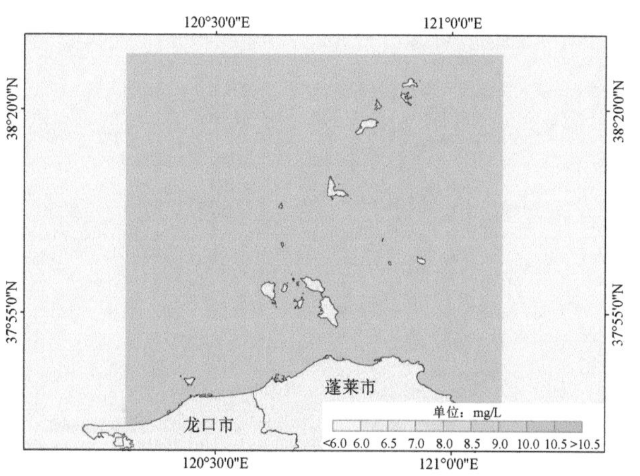

4- 冬季

2018 年庙岛群岛海洋生态环境监测
Marine Eco-Environment Monitoring in Miaodao Archipelago in 2018

5.1.4 化学需氧量分布图

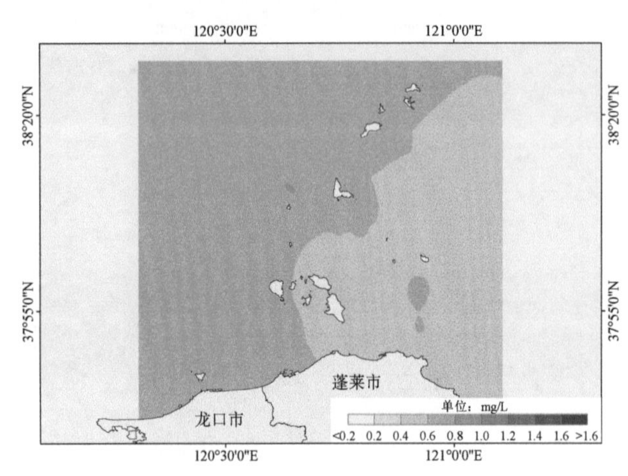

1- 春季

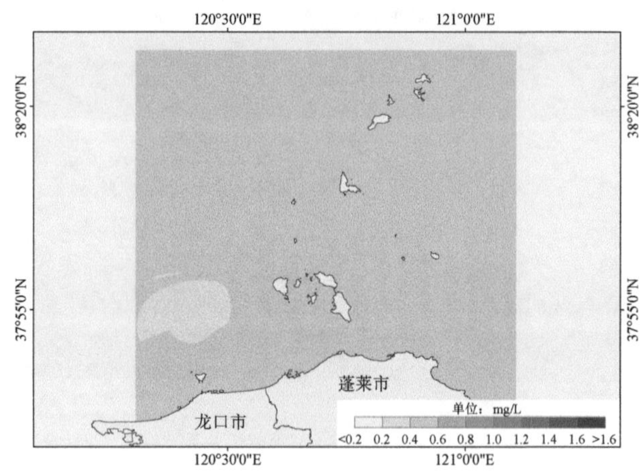

2- 夏季

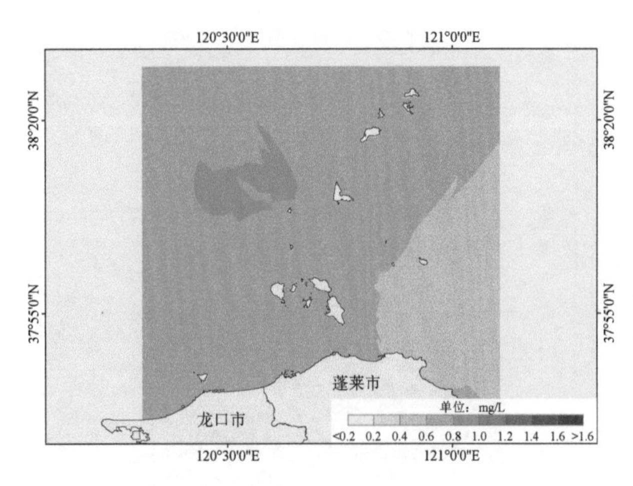

3- 秋季

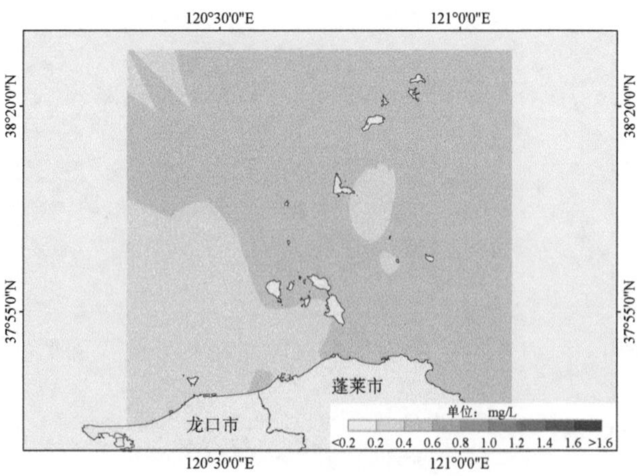

4- 冬季

2018 年庙岛群岛海洋生态环境监测
Marine Eco-Environment Monitoring in Miaodao Archipelago in 2018

5.1.5 氨氮分布图

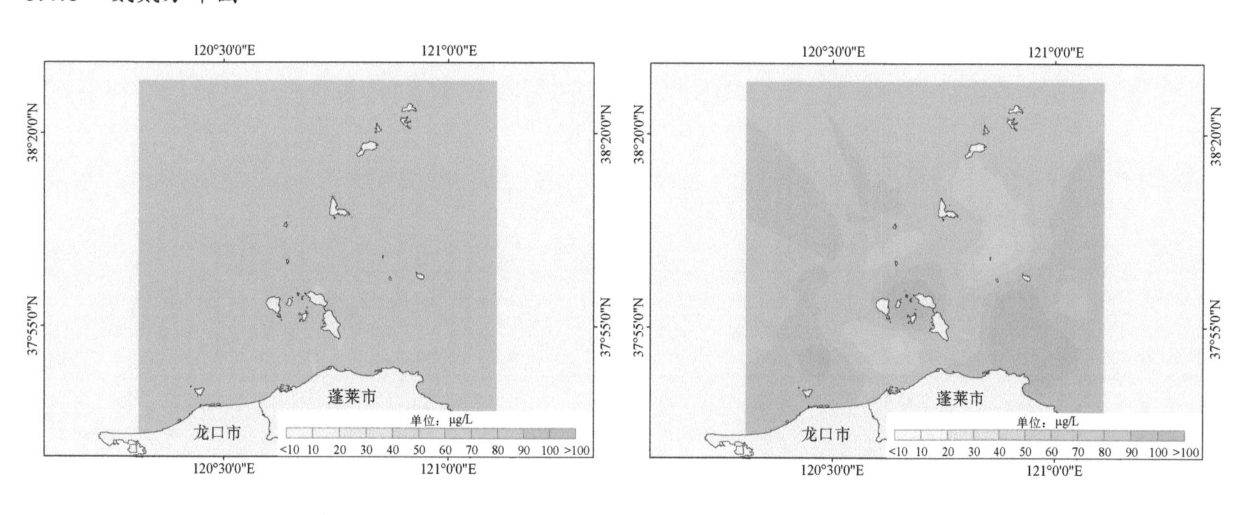

1- 春季　　2- 夏季

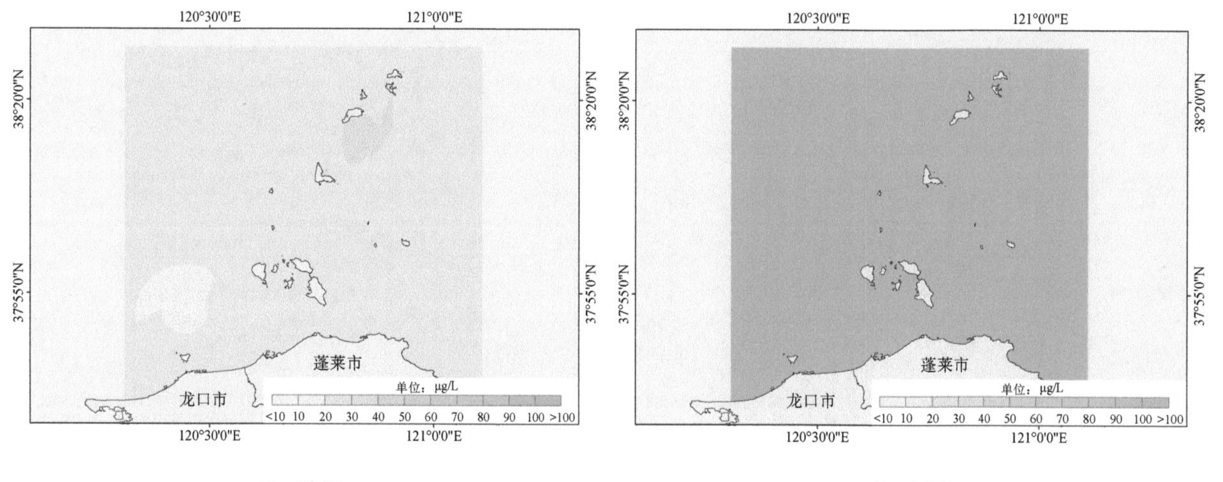

3- 秋季　　4- 冬季

2018 年庙岛群岛海洋生态环境监测
Marine Eco-Environment Monitoring in Miaodao Archipelago in 2018

5.1.6 亚硝酸盐分布图

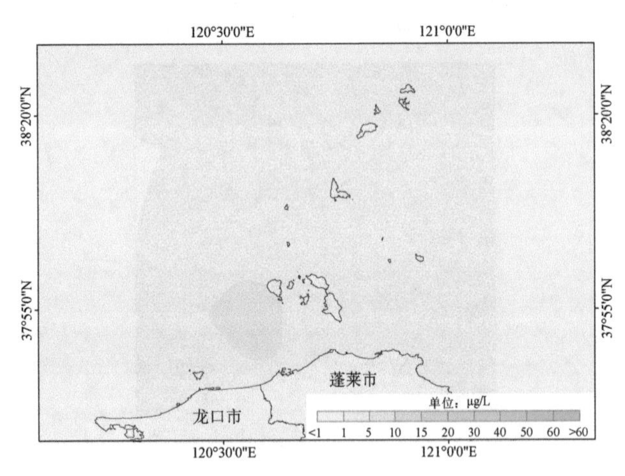

1- 春季

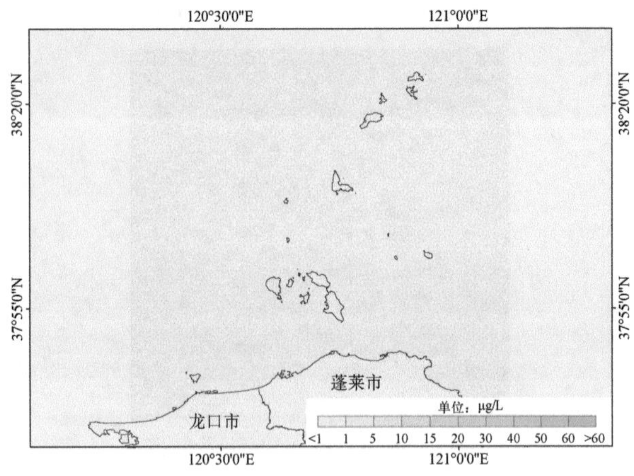

2- 夏季

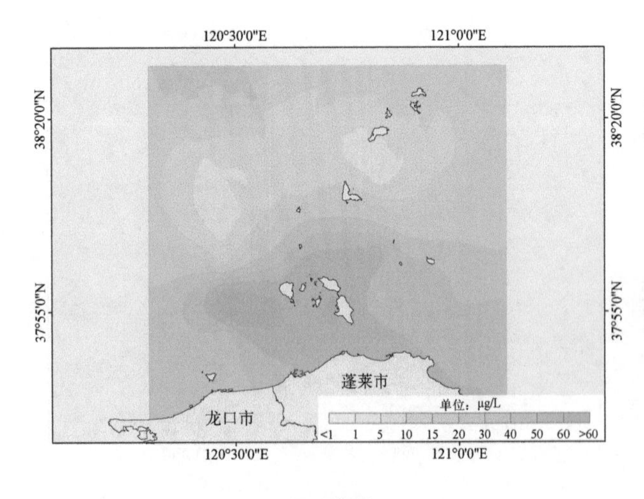

3- 秋季

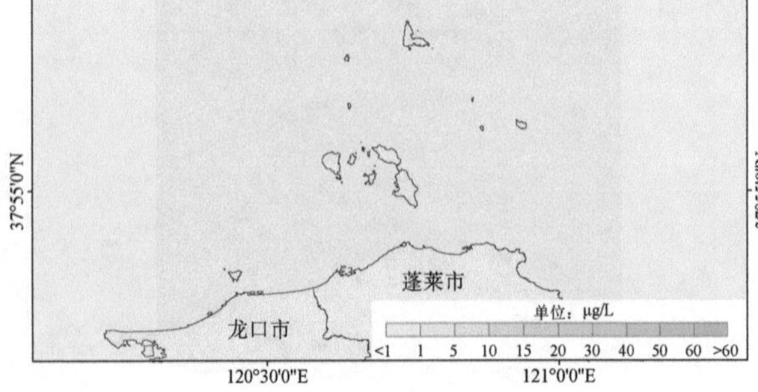

4- 冬季

2018 年庙岛群岛海洋生态环境监测
Marine Eco-Environment Monitoring in Miaodao Archipelago in 2018

5.1.7 硝酸盐分布图

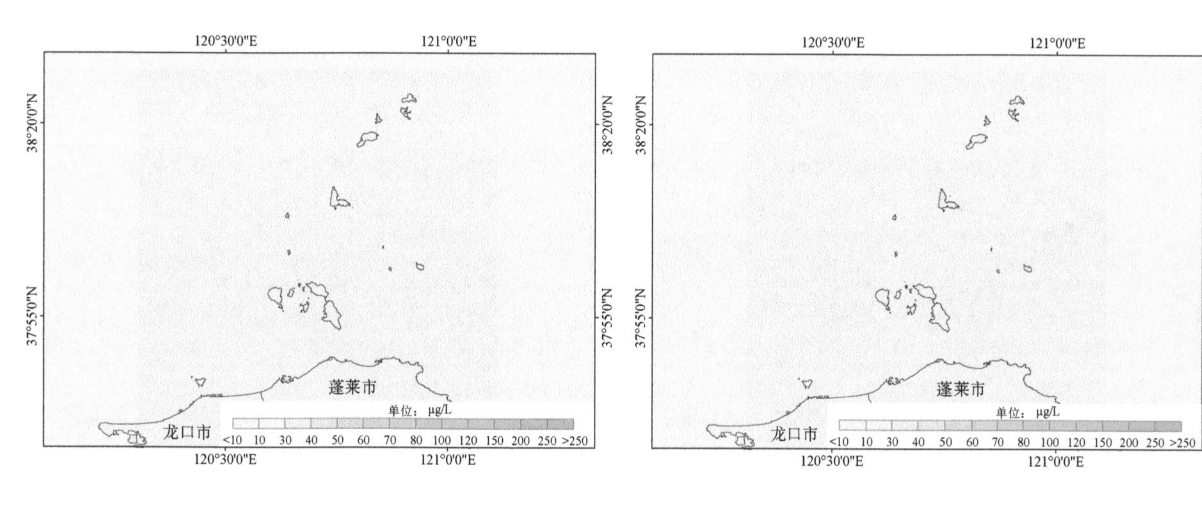

1- 春季　　2- 夏季

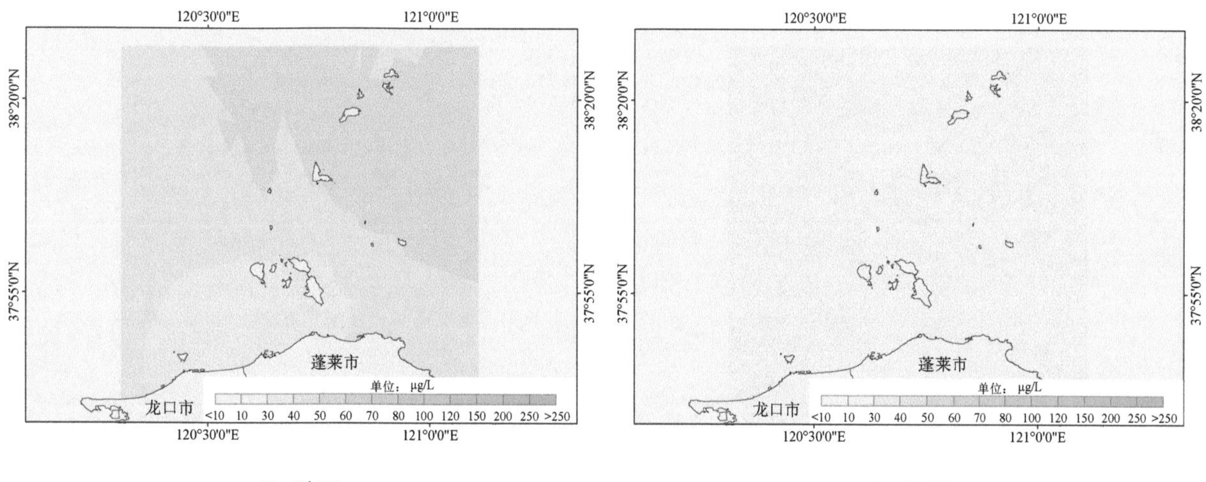

3- 秋季　　4- 冬季

2018 年庙岛群岛海洋生态环境监测
Marine Eco-Environment Monitoring in Miaodao Archipelago in 2018

5.1.8 无机氮分布图

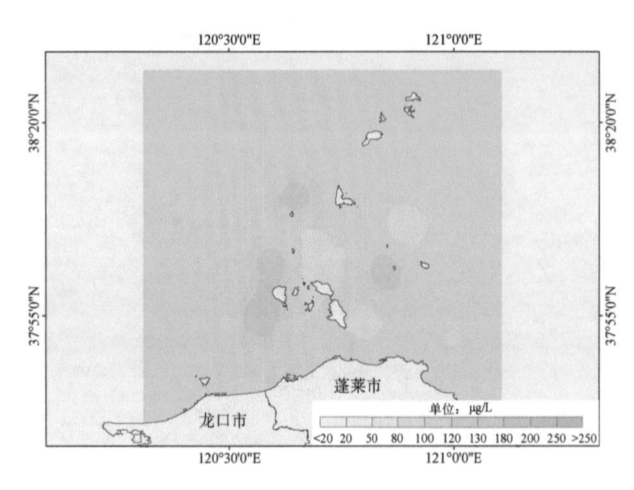

1- 春季

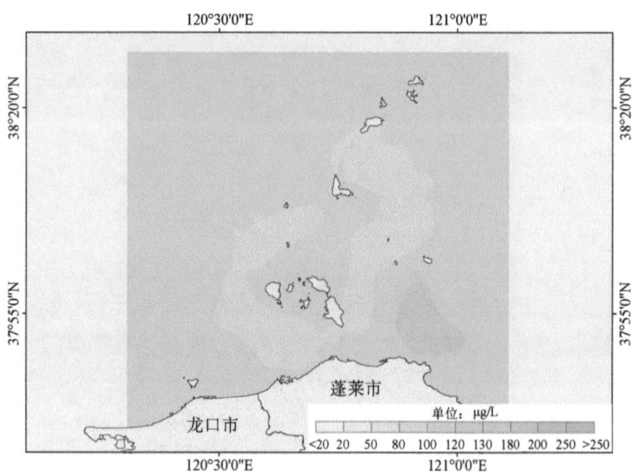

2- 夏季

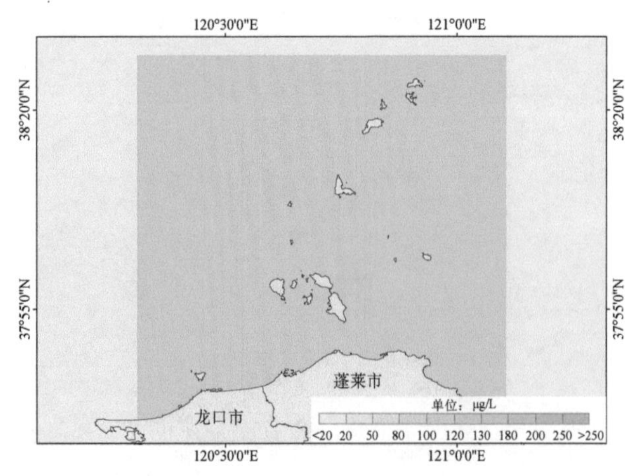

3- 秋季

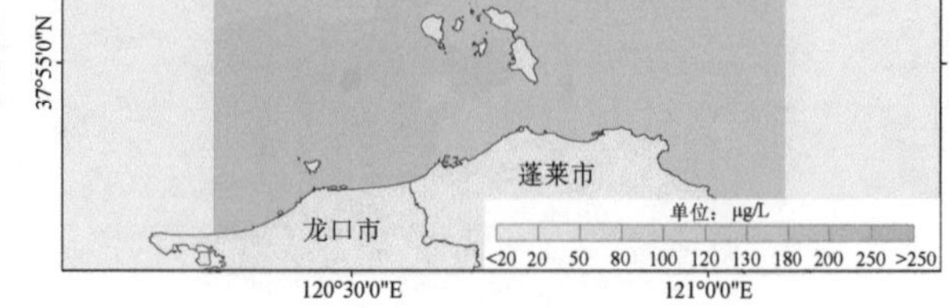

4- 冬季

2018 年庙岛群岛海洋生态环境监测
Marine Eco-Environment Monitoring in Miaodao Archipelago in 2018

5.1.9 活性磷酸盐分布图

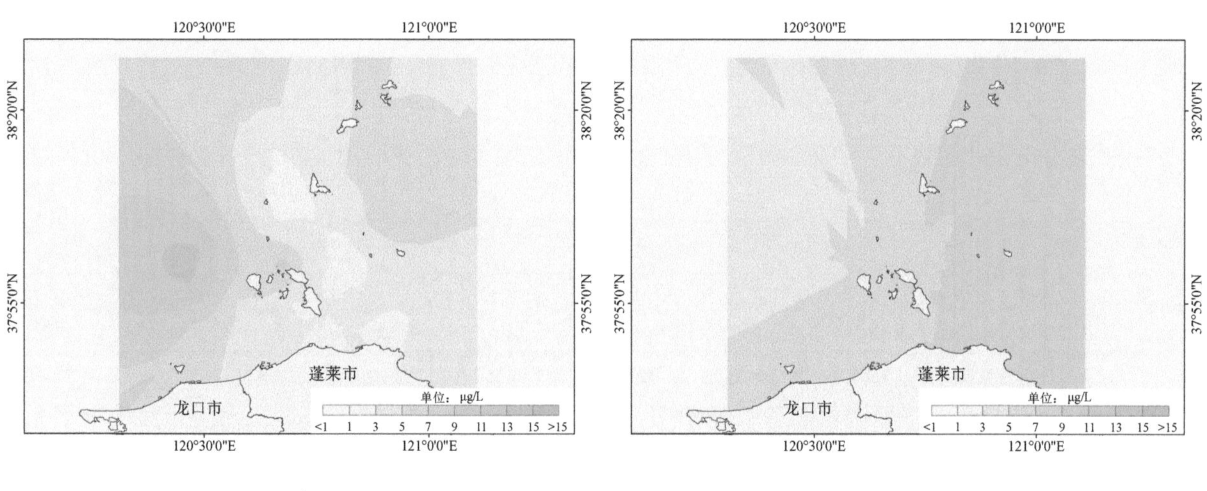

1- 春季

2- 夏季

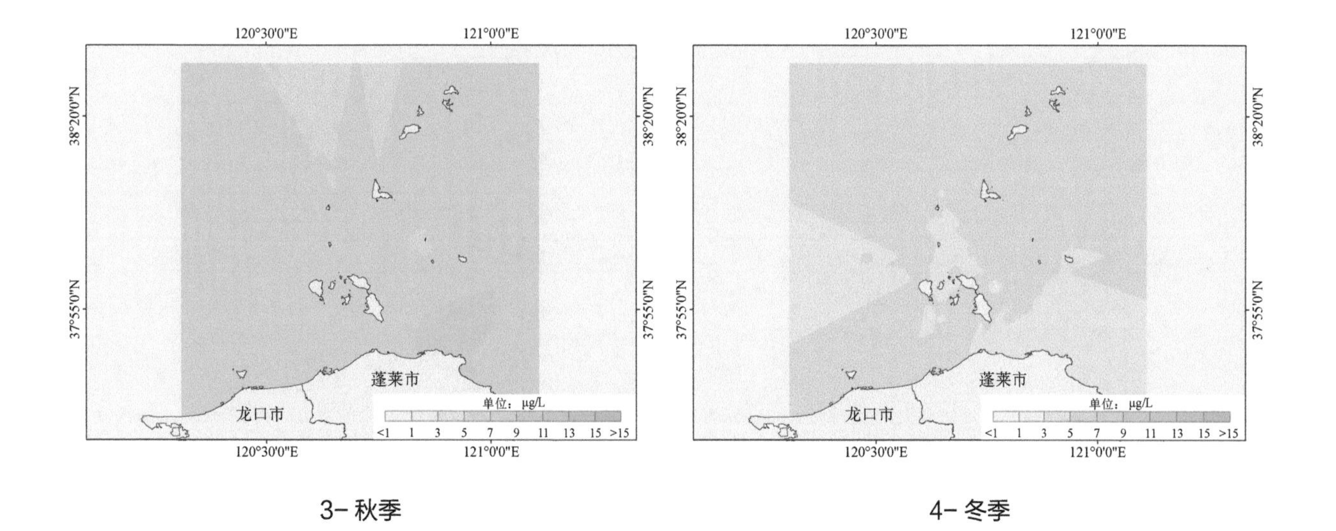

3- 秋季

4- 冬季

2018 年庙岛群岛海洋生态环境监测
Marine Eco-Environment Monitoring in Miaodao Archipelago in 2018

5.1.10 叶绿素 a 分布图

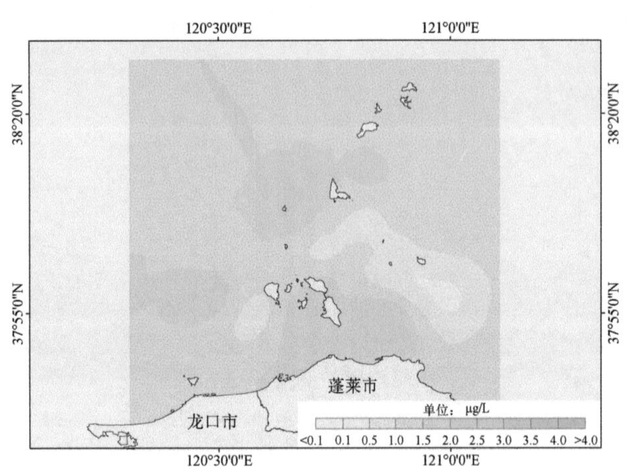

1- 春季

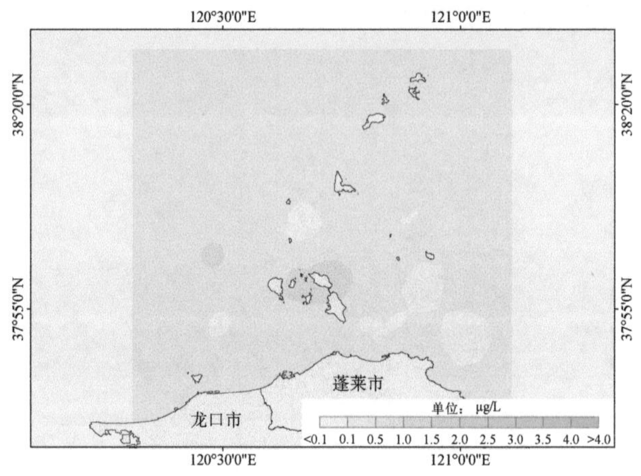

2- 夏季

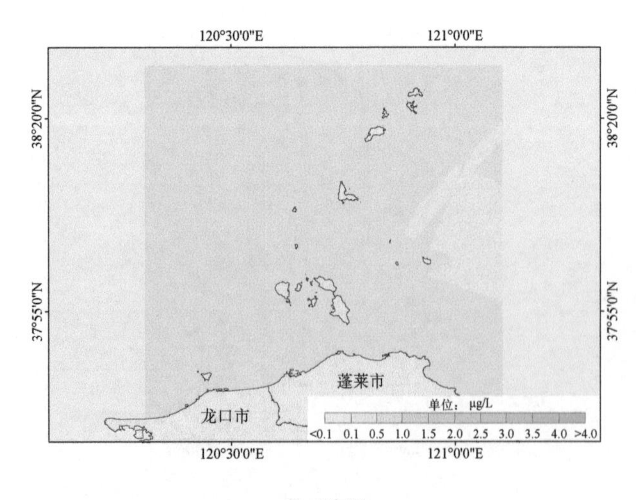

3- 秋季

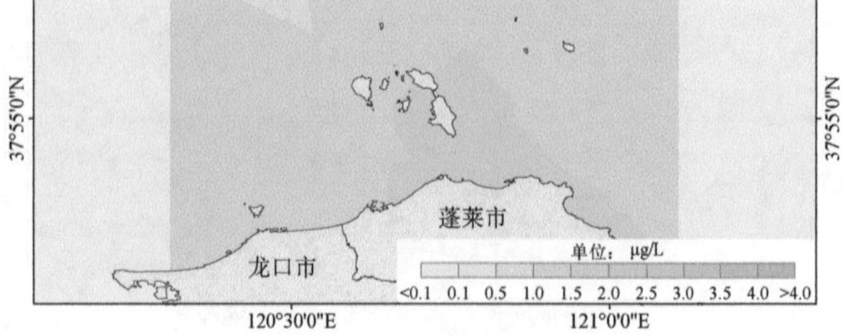

4- 冬季

2018 年庙岛群岛海洋生态环境监测
Marine Eco-Environment Monitoring in Miaodao Archipelago in 2018

5.1.11 石油类分布图

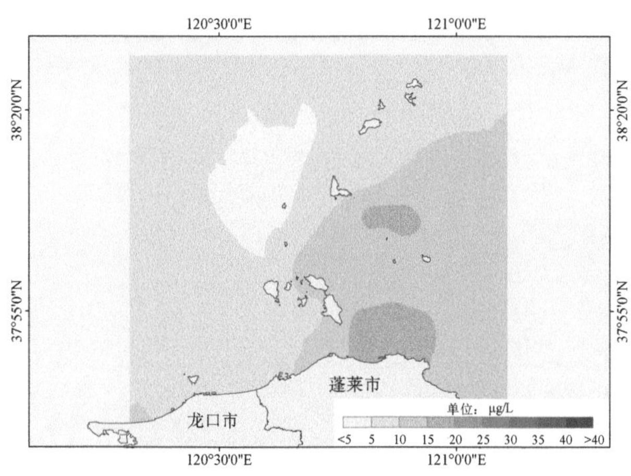

1- 春季

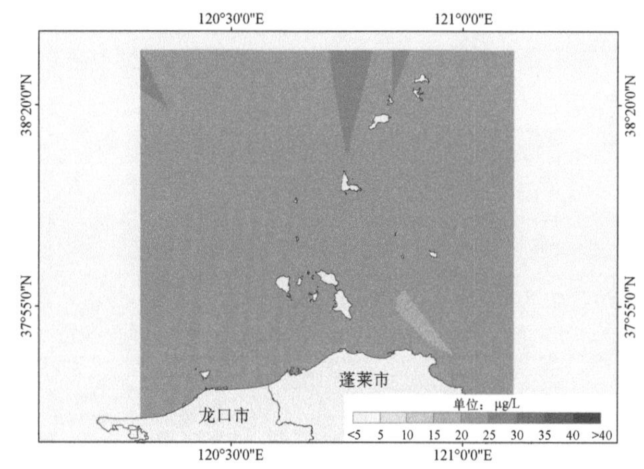

2- 夏季

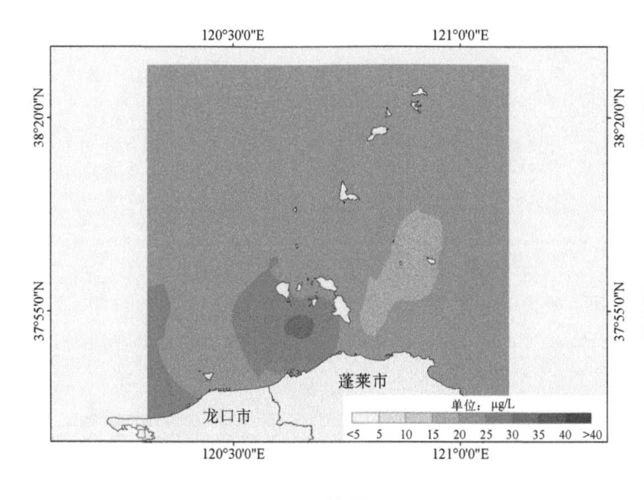

3- 秋季

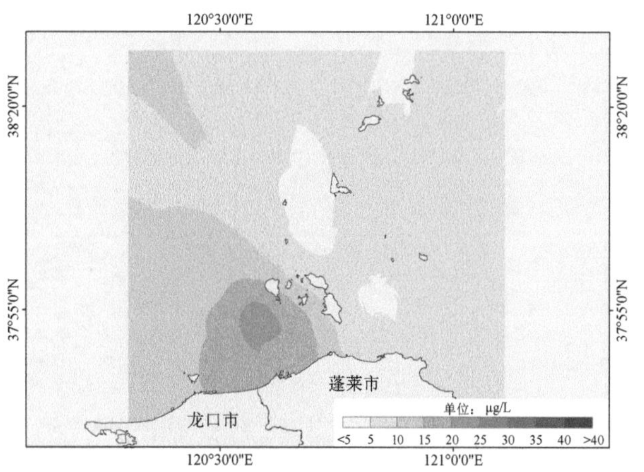

4- 冬季

2018 年庙岛群岛海洋生态环境监测
Marine Eco-Environment Monitoring in Miaodao Archipelago in 2018

5.1.12 总氮分布图

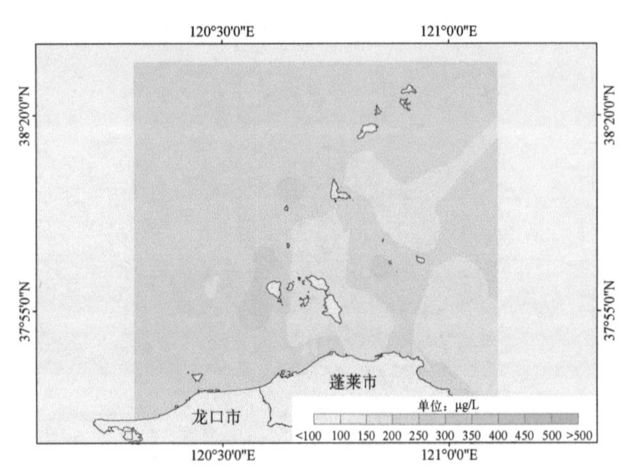

1- 春季

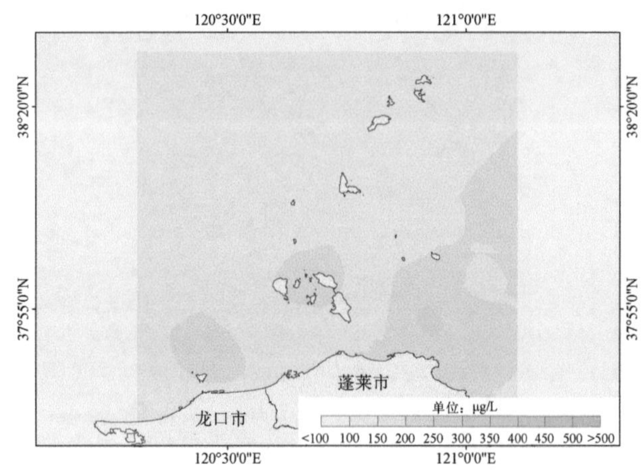

2- 夏季

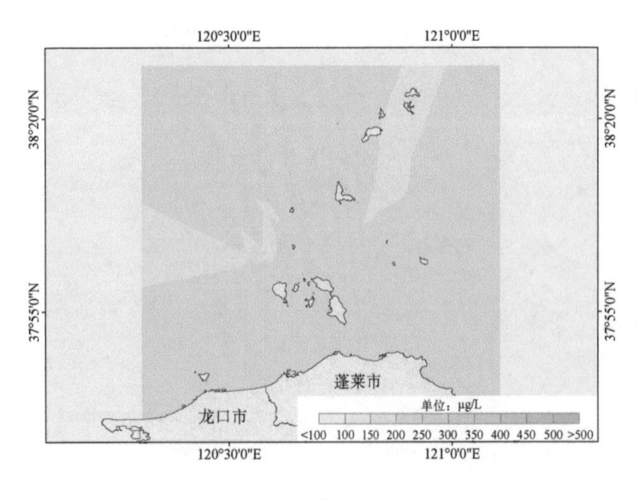

3- 秋季

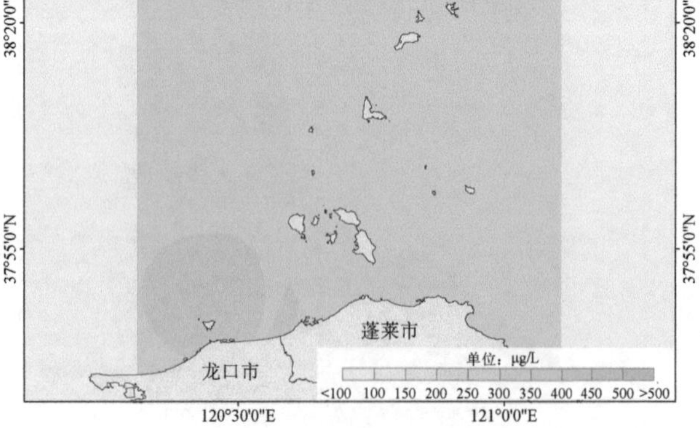

4- 冬季

2018 年庙岛群岛海洋生态环境监测

Marine Eco-Environment Monitoring in Miaodao Archipelago in 2018

5.1.13 总磷分布图

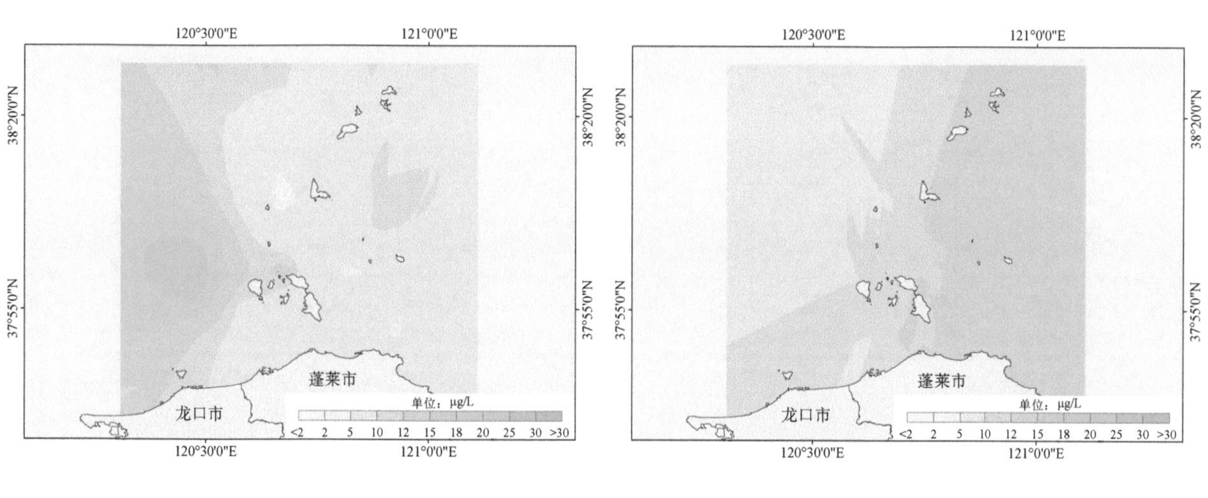

1- 春季　　2- 夏季

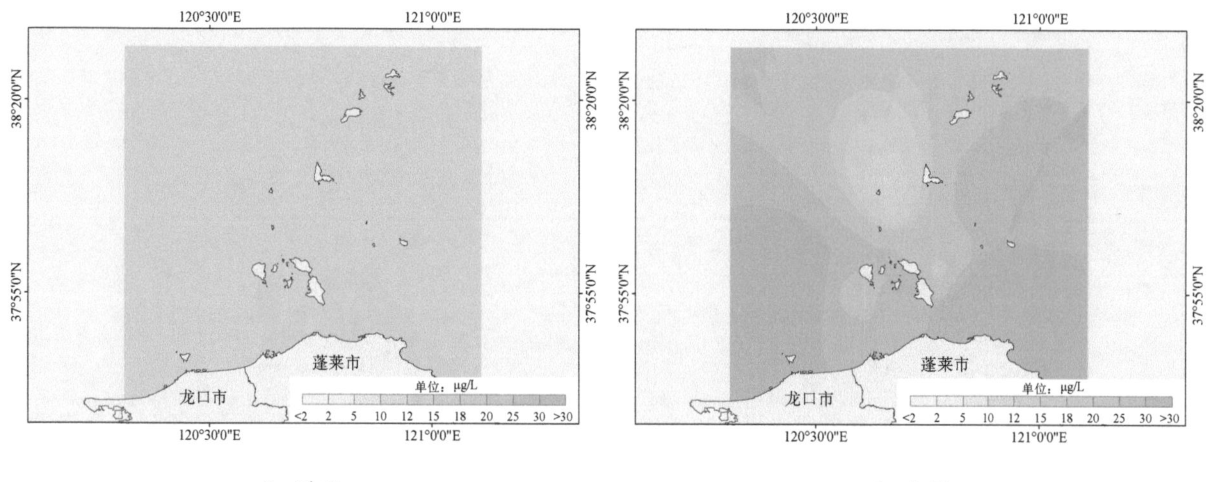

3- 秋季　　4- 冬季

2018 年庙岛群岛海洋生态环境监测
Marine Eco-Environment Monitoring in Miaodao Archipelago in 2018

5.1.14 硅酸盐分布图

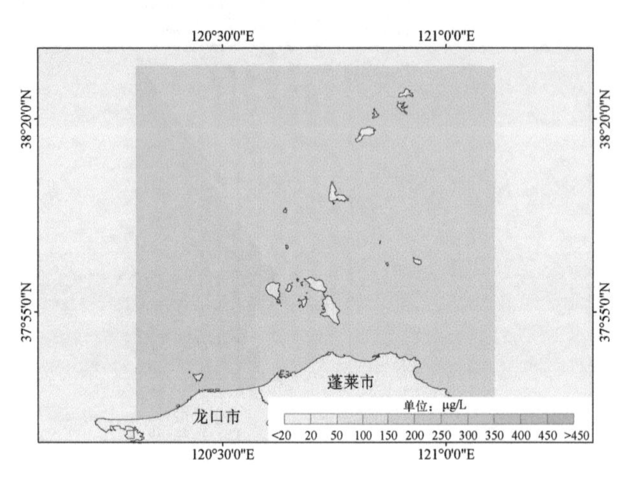

1- 春季

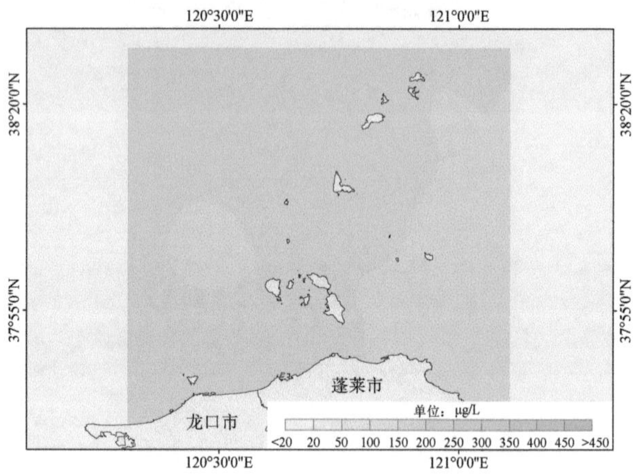

2- 夏季

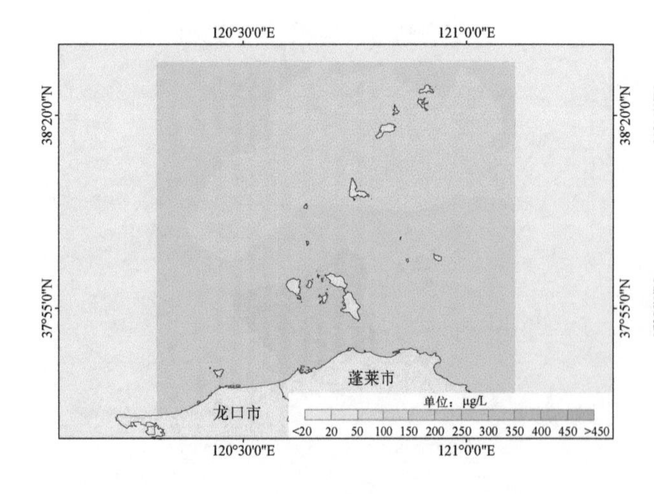

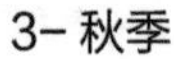

3- 秋季

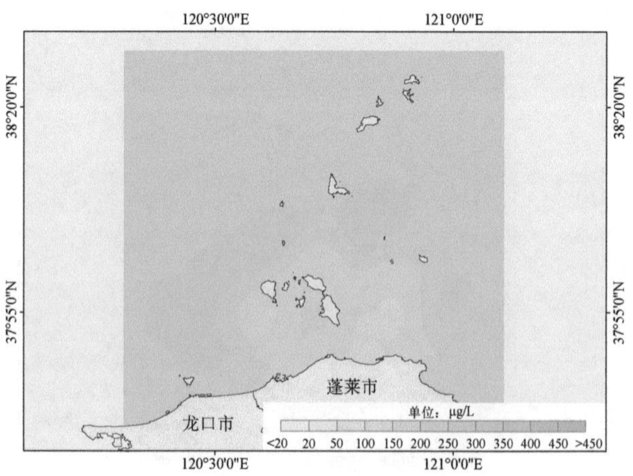

4- 冬季

2018 年庙岛群岛海洋生态环境监测
Marine Eco-Environment Monitoring in Miaodao Archipelago in 2018

5.1.15 悬浮物分布图

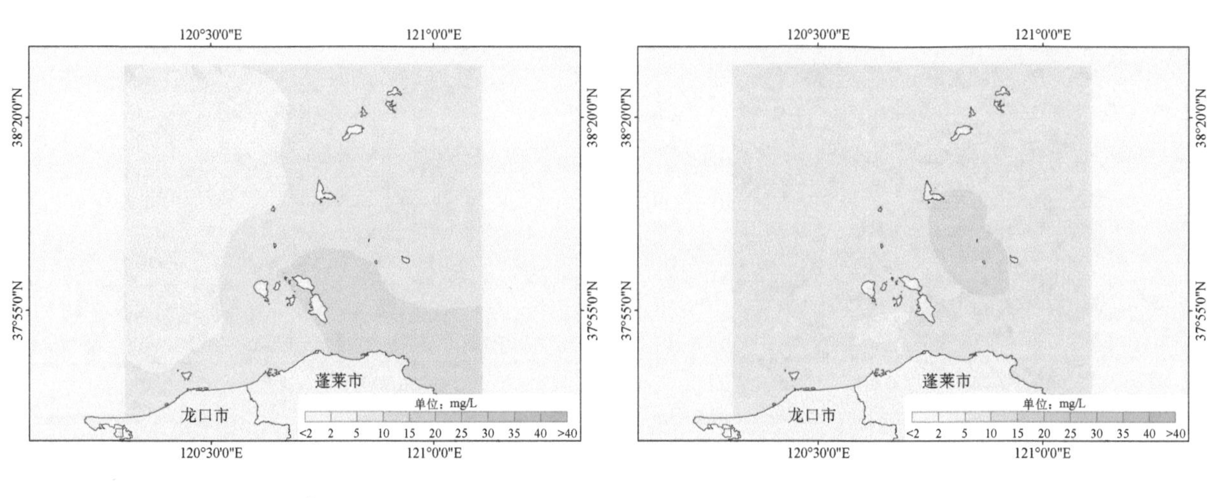

1- 春季　　2- 夏季

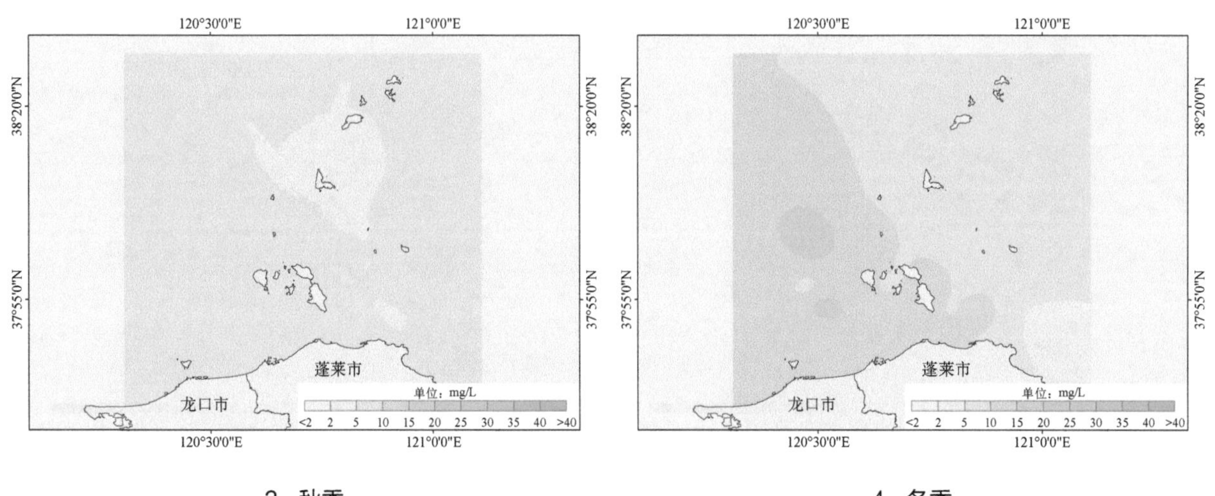

3- 秋季　　4- 冬季

2018 年庙岛群岛海洋生态环境监测
Marine Eco-Environment Monitoring in Miaodao Archipelago in 2018

5.1.16 重金属分布图

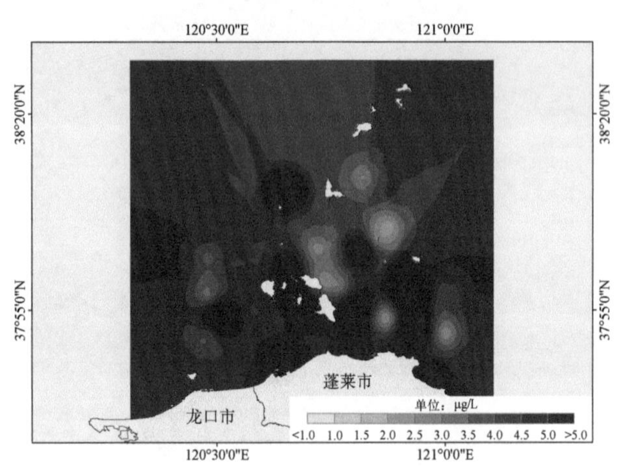

1- 铜（夏季）

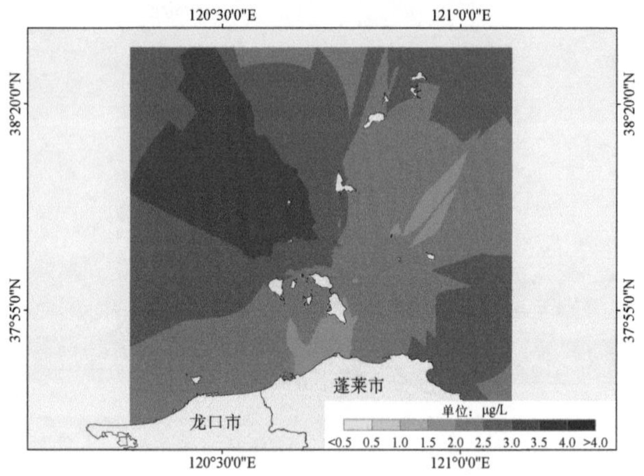

2- 铅（夏季）

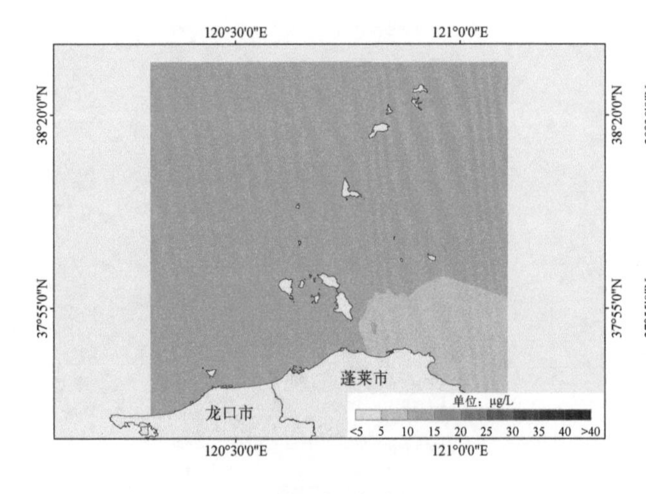

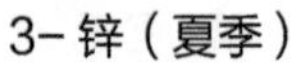

3- 锌（夏季）

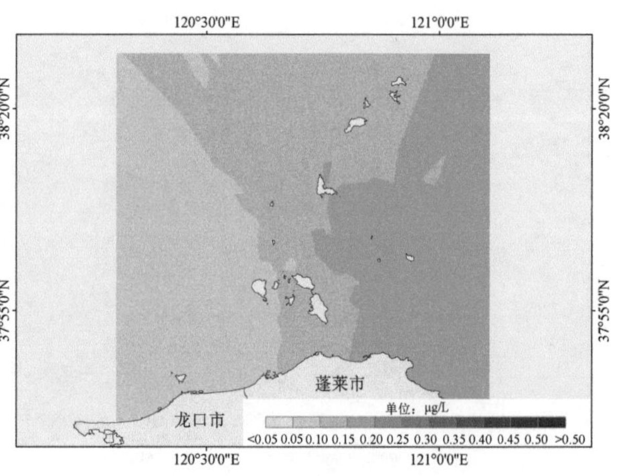

4- 镉（夏季）

2018 年庙岛群岛海洋生态环境监测
Marine Eco-Environment Monitoring in Miaodao Archipelago in 2018

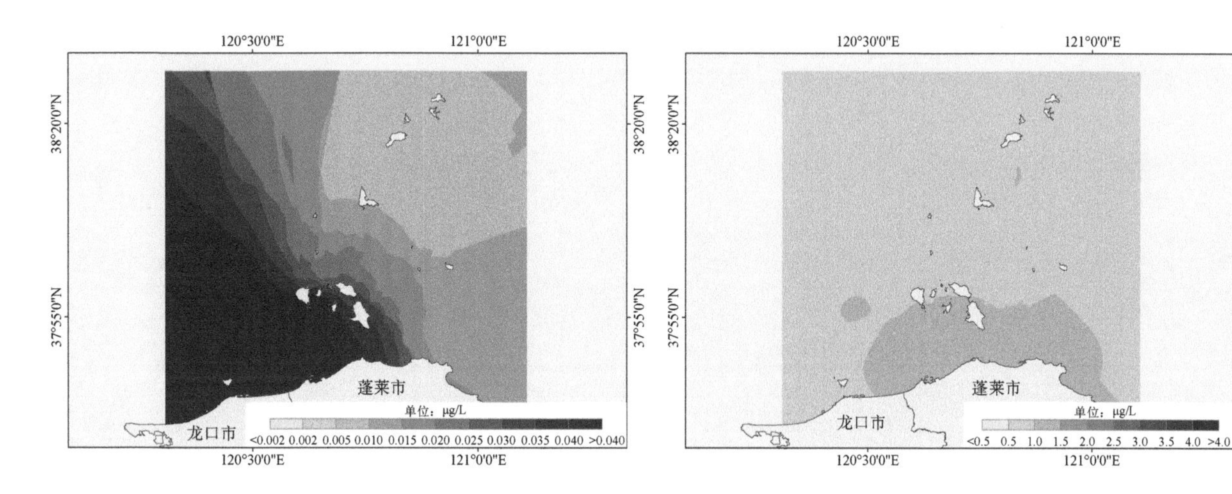

5- 汞（夏季）

6- 砷（夏季）

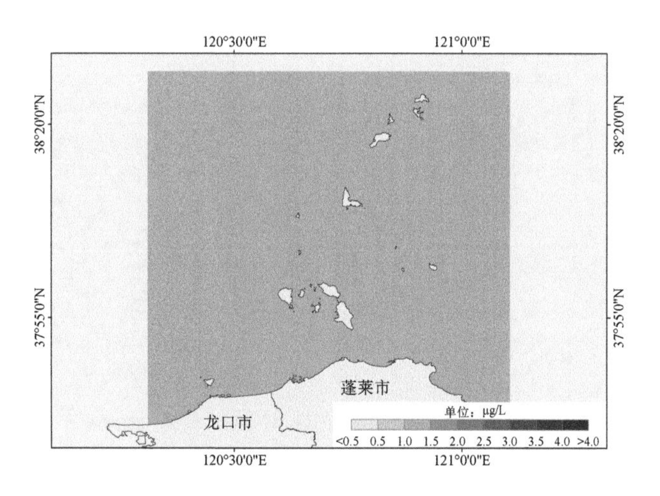

7- 铬（夏季）

2018 年庙岛群岛海洋生态环境监测
Marine Eco-Environment Monitoring in Miaodao Archipelago in 2018

5.1.17 氮磷比分布图

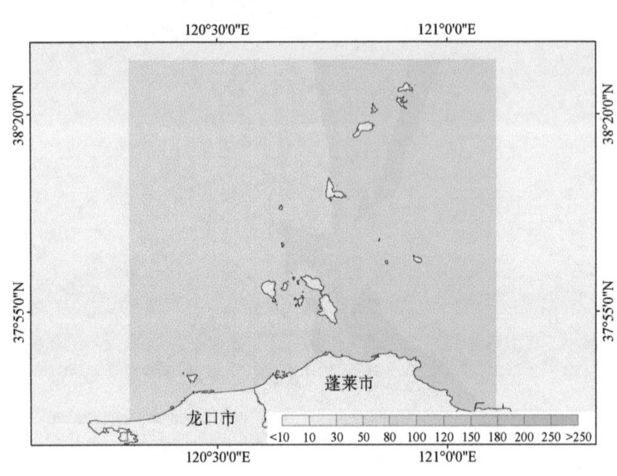

1- 春季

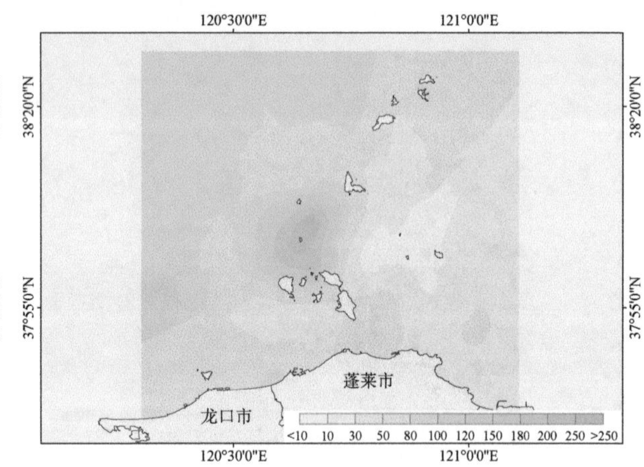

2- 夏季

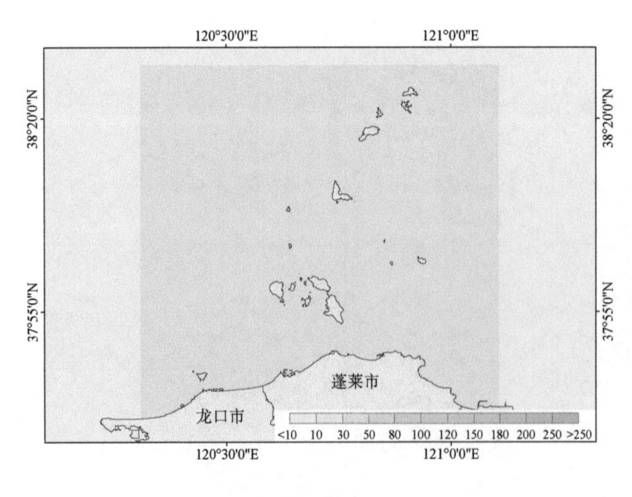

3- 秋季

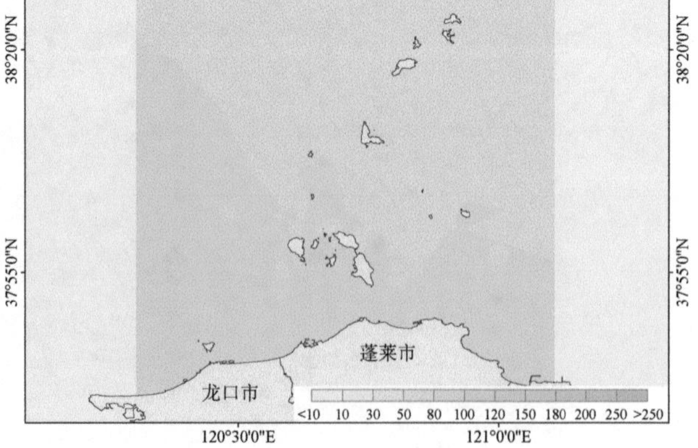

4- 冬季

2018 年庙岛群岛海洋生态环境监测
Marine Eco-Environment Monitoring in Miaodao Archipelago in 2018

5.1.18 硅磷比分布图

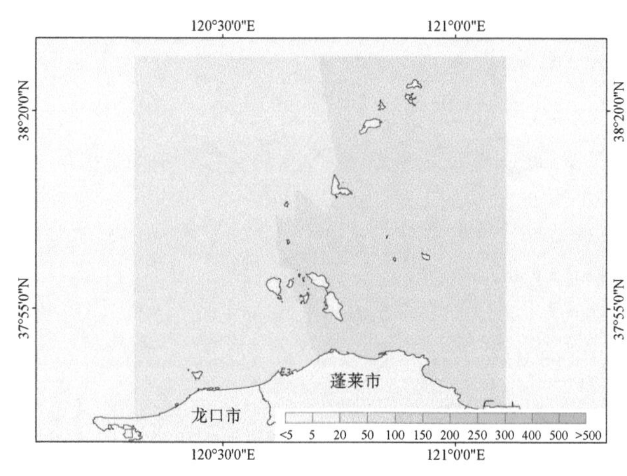

1- 春季

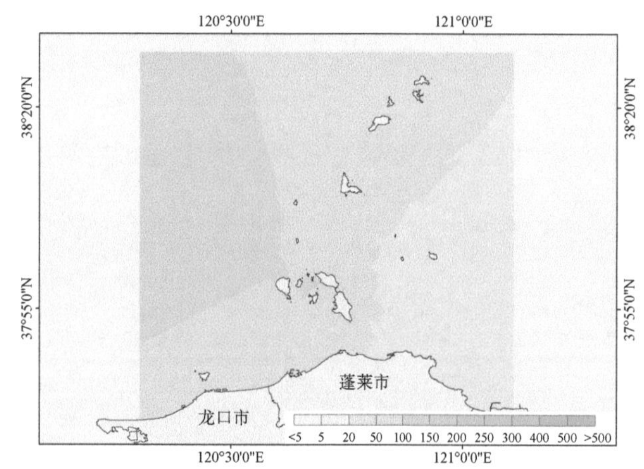

2- 夏季

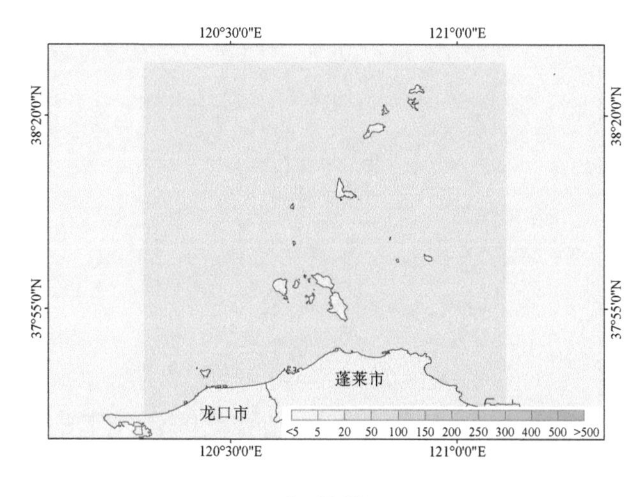

3- 秋季

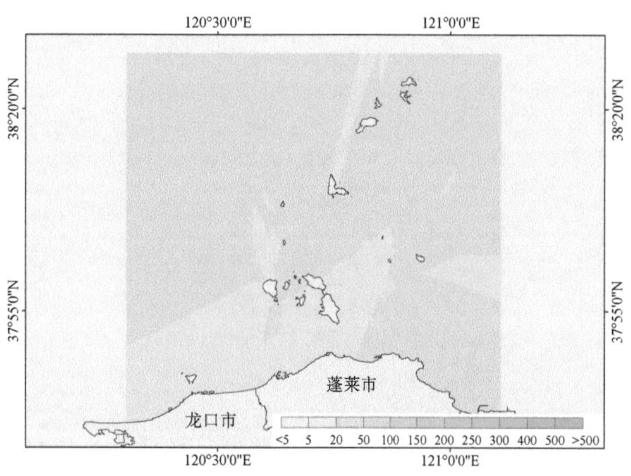

4- 冬季

2018 年庙岛群岛海洋生态环境监测

Marine Eco-Environment Monitoring in Miaodao Archipelago in 2018

5.1.19 硅氮比分布图

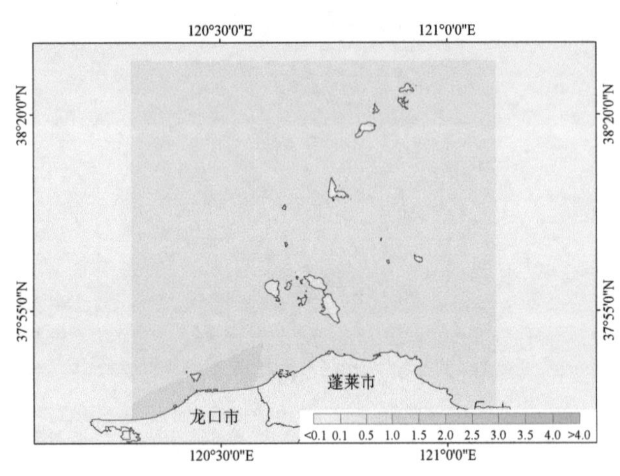

1- 春季

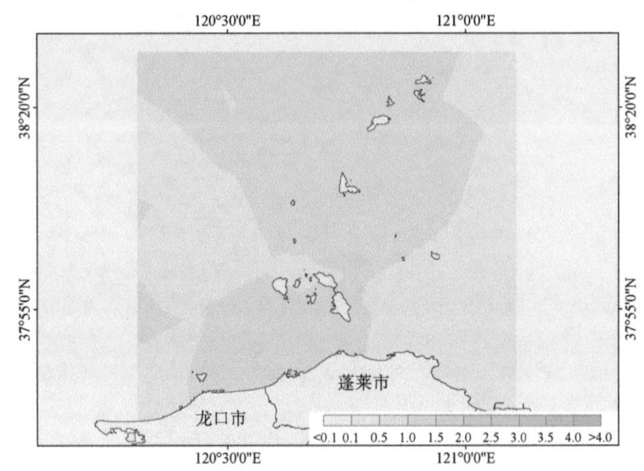

2- 夏季

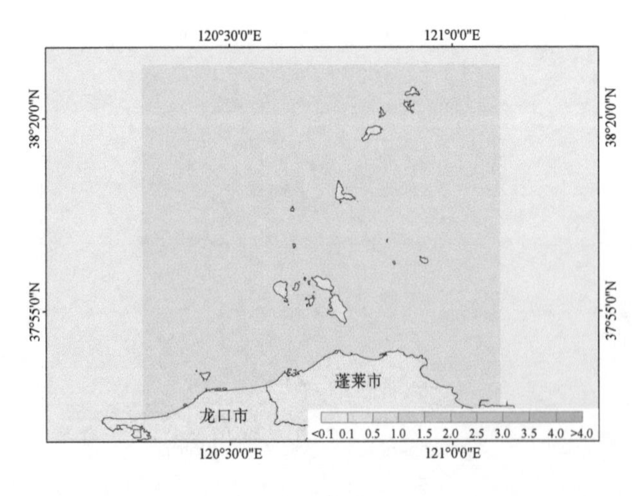

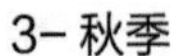

3- 秋季

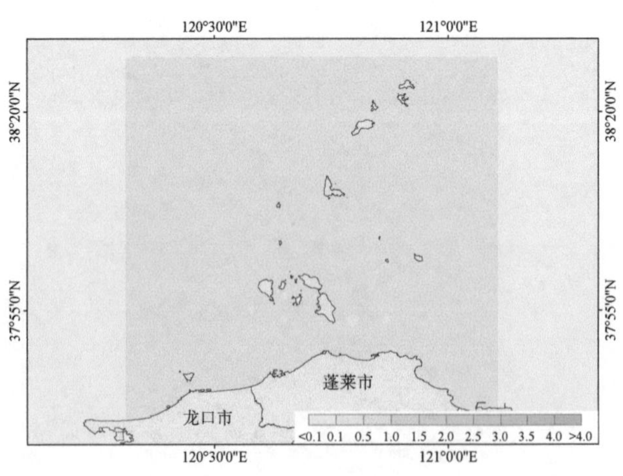

4- 冬季

2018 年庙岛群岛海洋生态环境监测
Marine Eco-Environment Monitoring in Miaodao Archipelago in 2018

5.2 沉积环境

5.2.1 重金属分布图

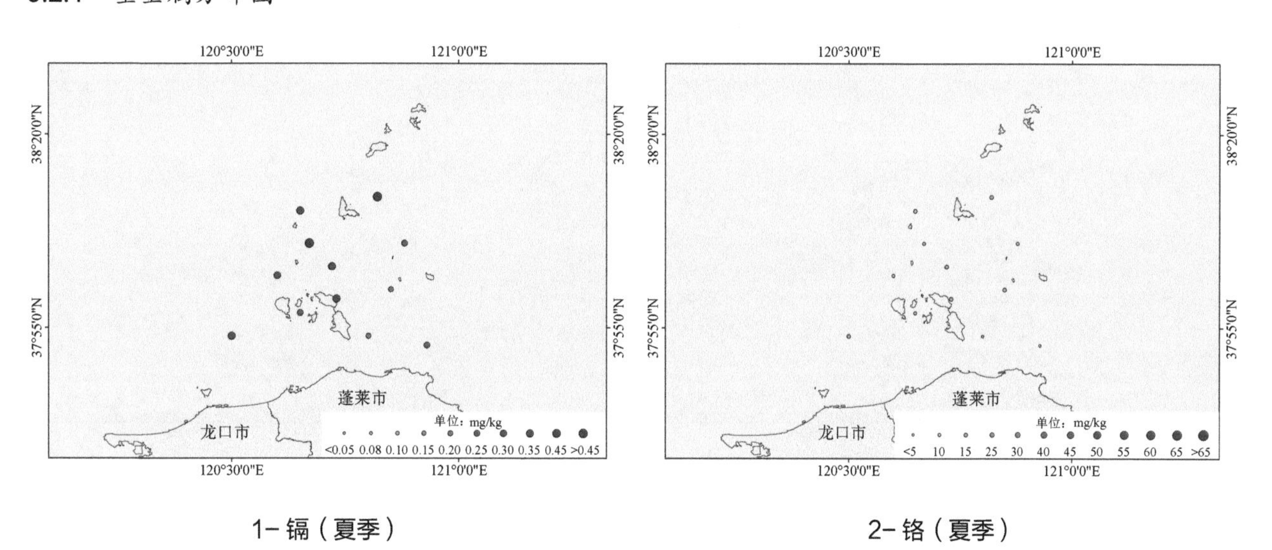

1- 镉（夏季）

2- 铬（夏季）

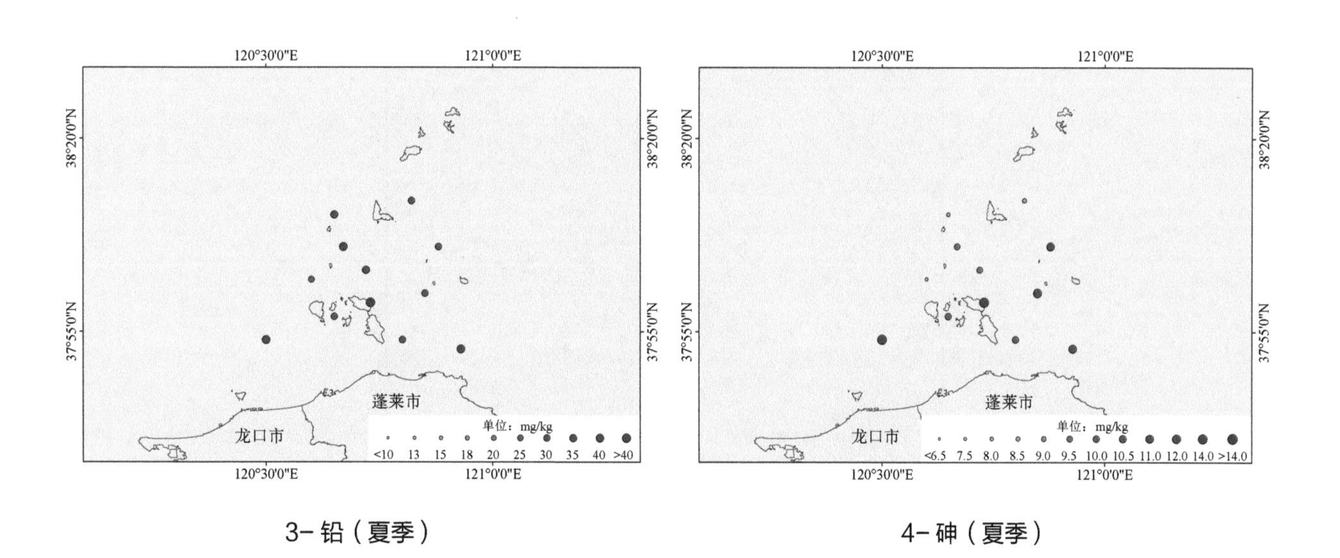

3- 铅（夏季）

4- 砷（夏季）

2018 年庙岛群岛海洋生态环境监测
Marine Eco-Environment Monitoring in Miaodao Archipelago in 2018

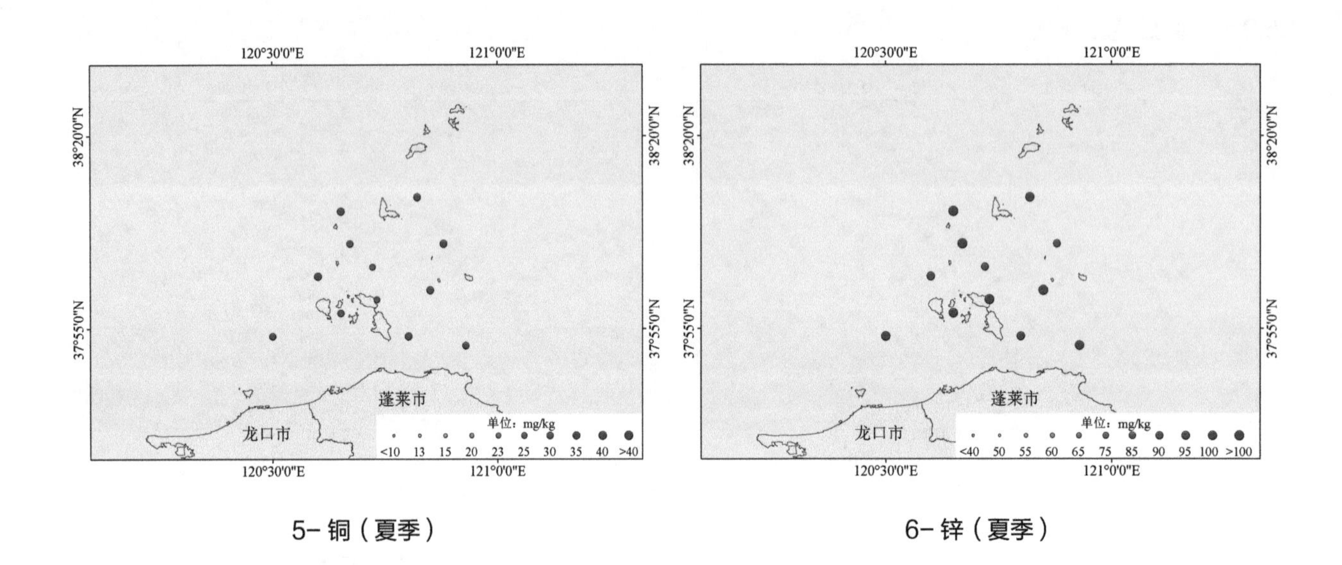

5- 铜（夏季）

6- 锌（夏季）

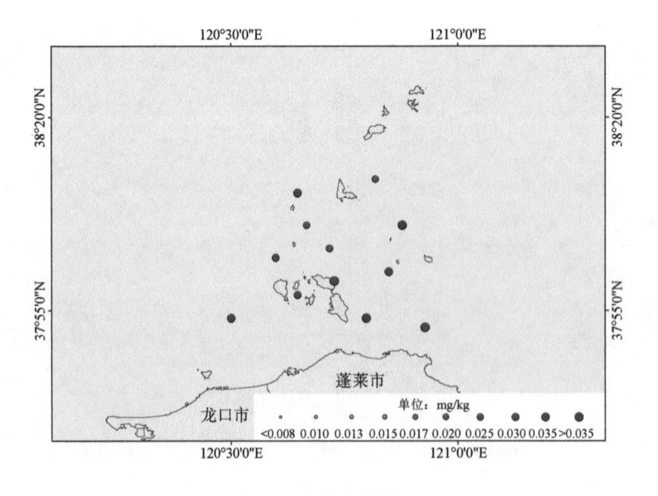

7- 汞（夏季）

2018 年庙岛群岛海洋生态环境监测
Marine Eco-Environment Monitoring in Miaodao Archipelago in 2018

5.2.2 硫化物分布图

120°30'0"E 121°0'0"E
38°20'0"N 37°55'0"N
蓬莱市
龙口市
单位：mg/kg
<1 5 10 15 30 40 60 70 90 100 >100

夏季

5.2.3 石油类分布图

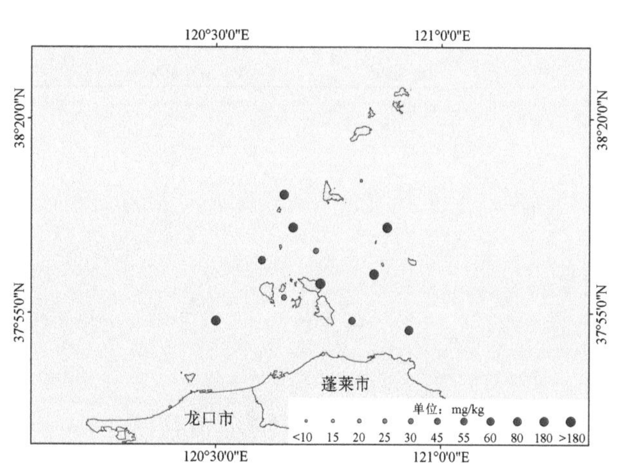

夏季

5.2.4 有机碳分布图

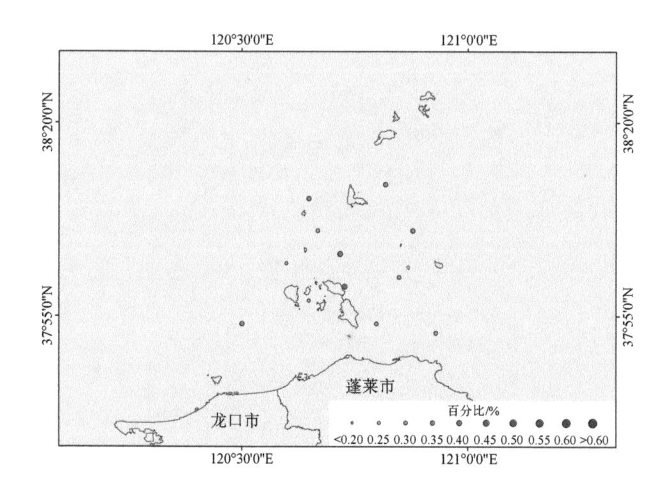

夏季

2018 年庙岛群岛海洋生态环境监测
Marine Eco-Environment Monitoring in Miaodao Archipelago in 2018

5.3 生物环境

5.3.1 大型浮游动物分布图

5.3.1.1 种类分布图

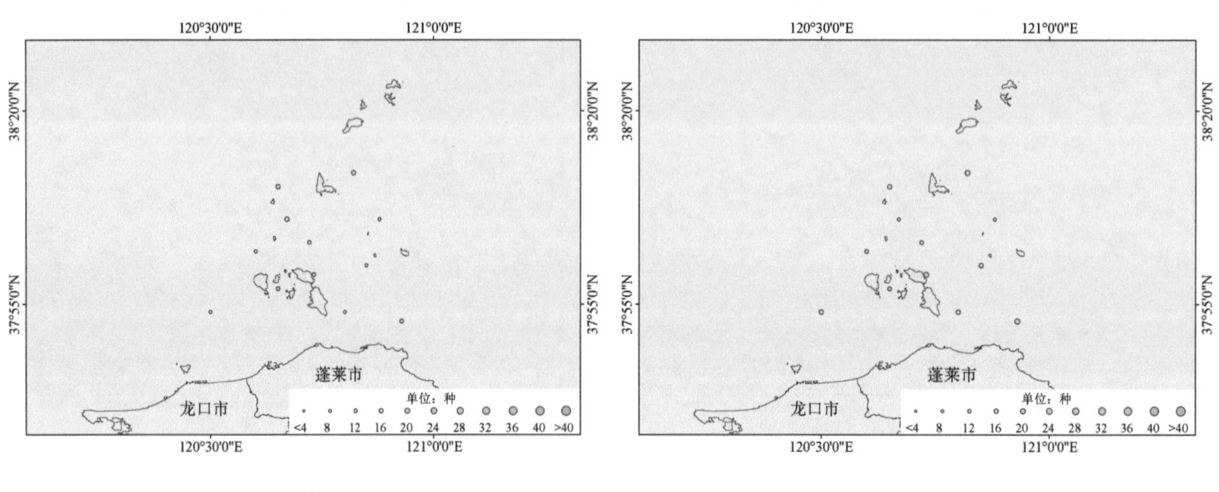

1- 春季

2- 夏季

5.3.1.2 密度分布图

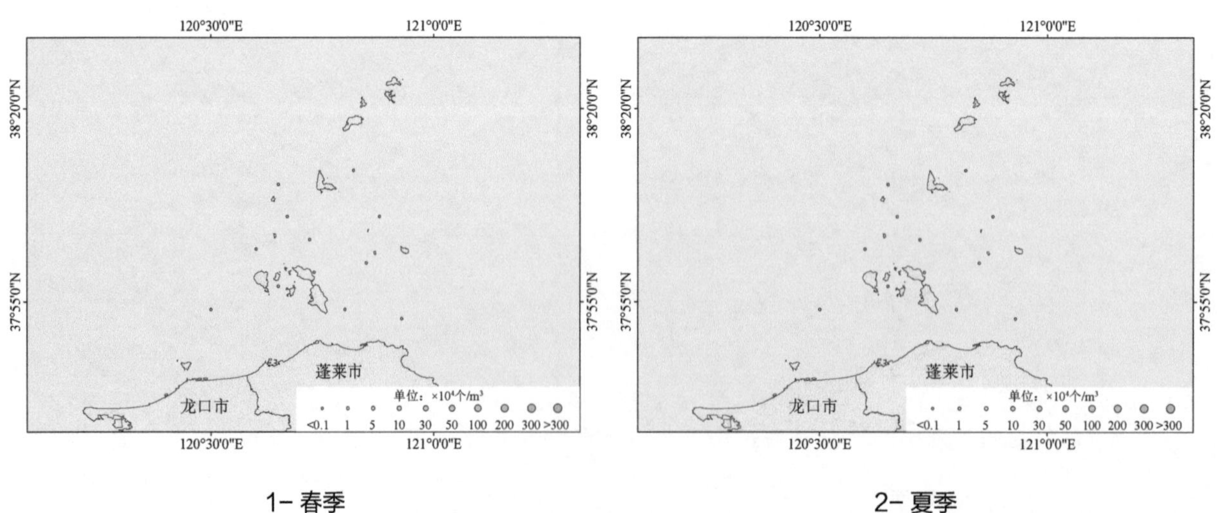

1- 春季

2- 夏季

2018 年庙岛群岛海洋生态环境监测
Marine Eco-Environment Monitoring in Miaodao Archipelago in 2018

5.3.1.3 生物量分布图

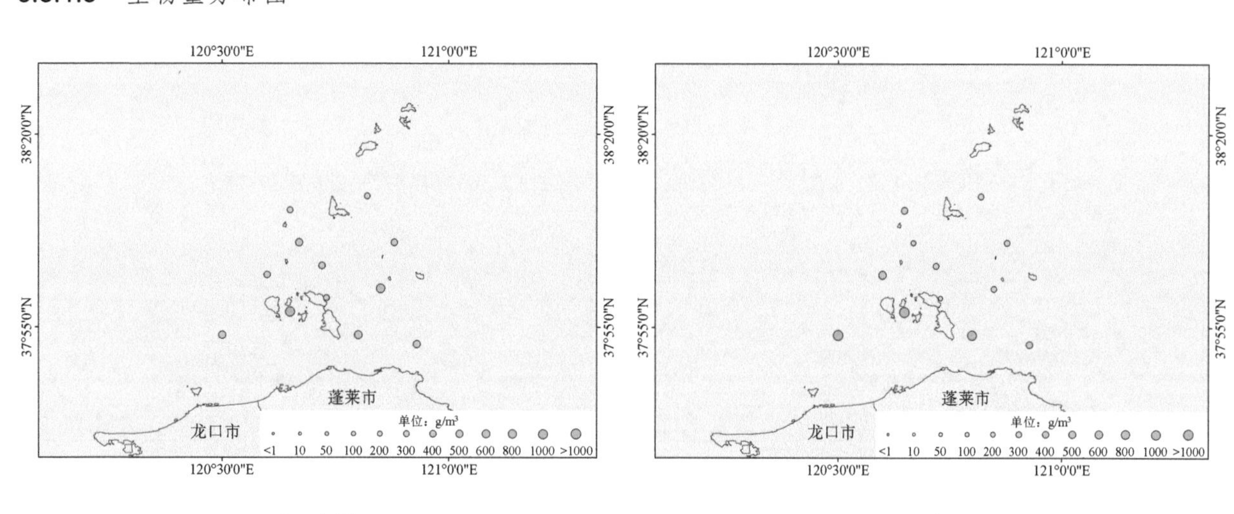

1- 春季　　2- 夏季

5.3.1.4 多样性指数分布图

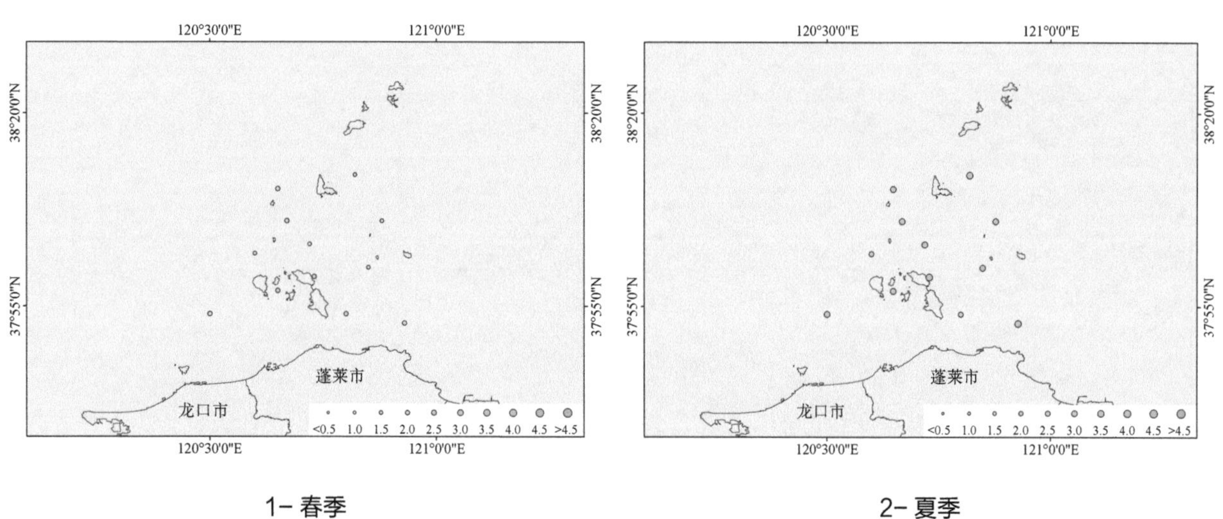

1- 春季　　2- 夏季

5.3.1.5 均匀度指数分布图

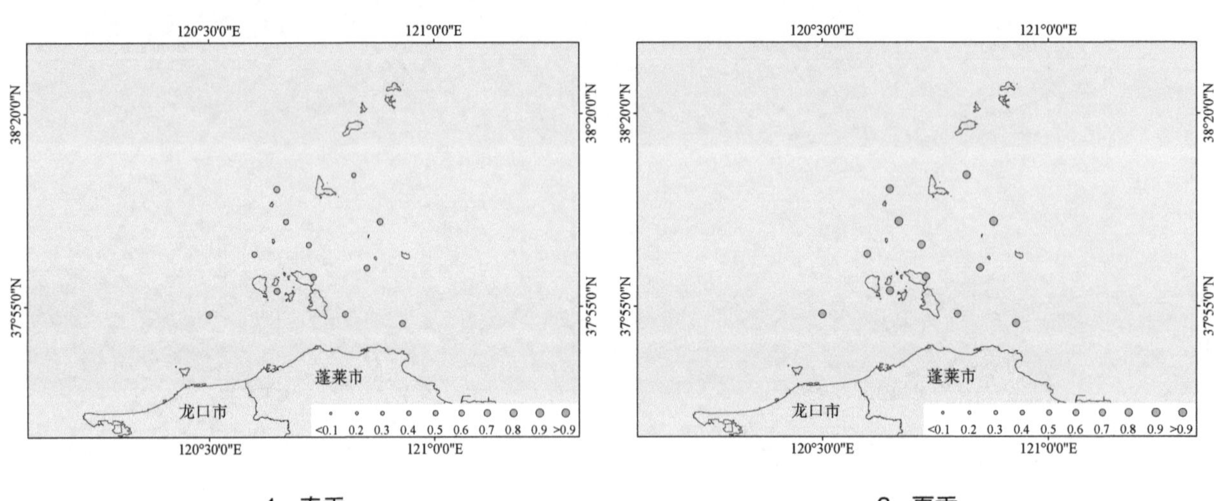

1- 春季　　2- 夏季

5.3.1.6 丰富度指数分布图

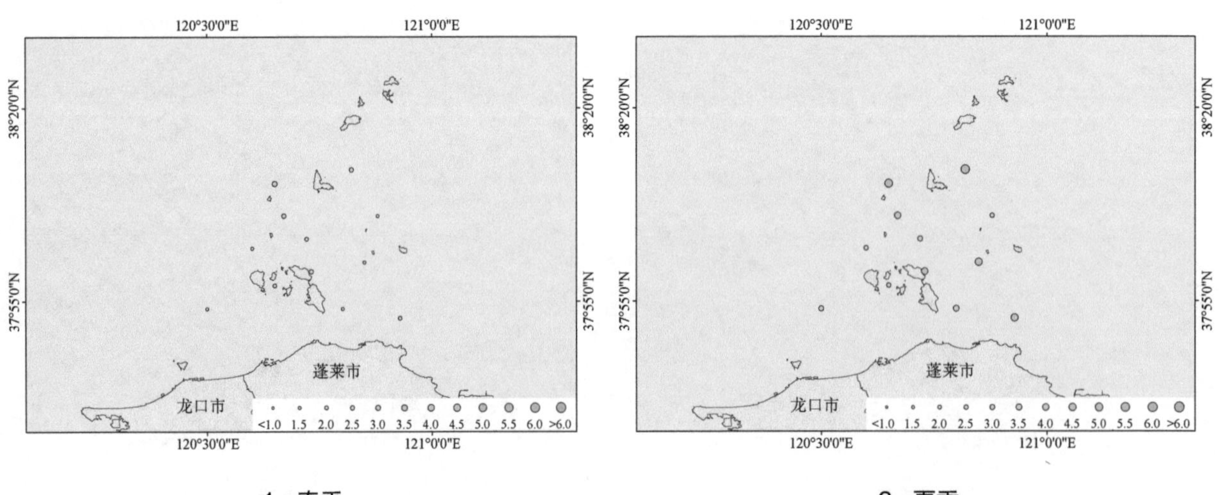

1- 春季　　2- 夏季

2018 年庙岛群岛海洋生态环境监测
Marine Eco-Environment Monitoring in Miaodao Archipelago in 2018

5.3.2 小型浮游动物分布图

5.3.2.1 种类分布图

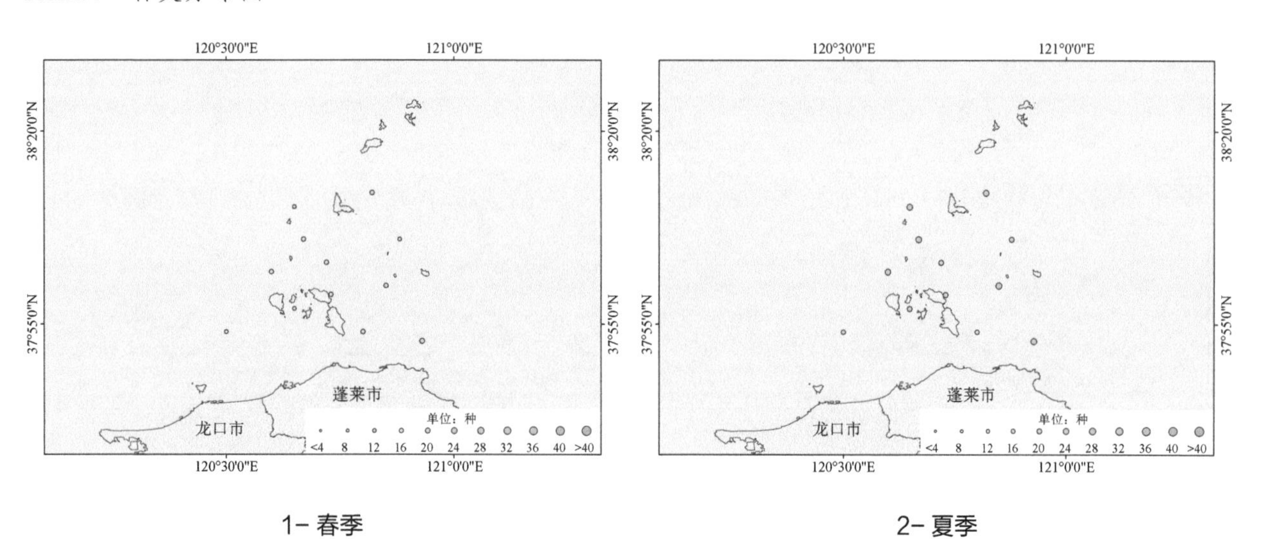

1- 春季　　　　2- 夏季

5.3.2.2 密度分布图

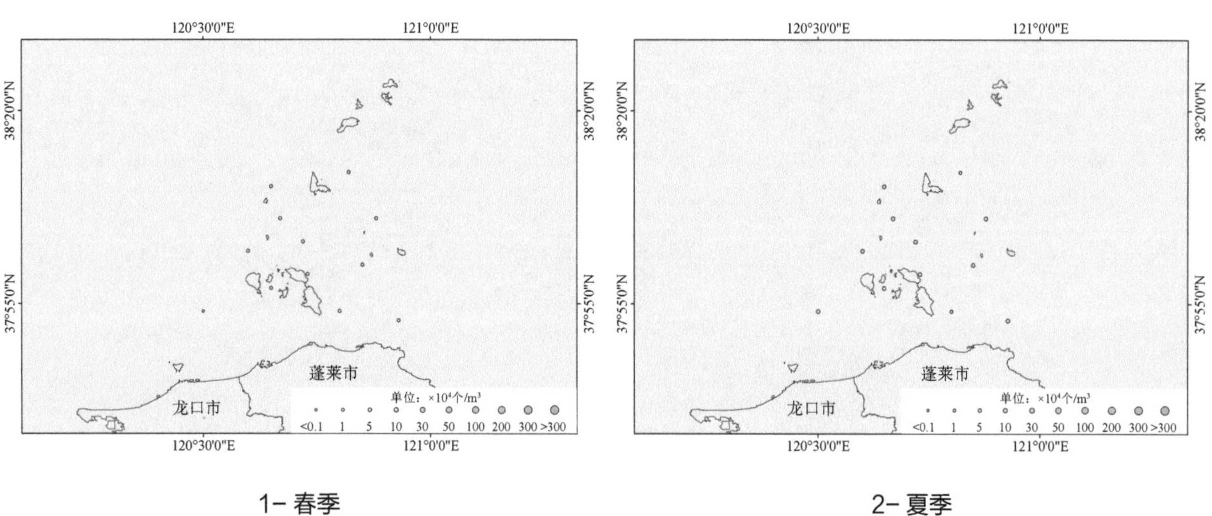

1- 春季　　　　2- 夏季

2018 年庙岛群岛海洋生态环境监测
Marine Eco-Environment Monitoring in Miaodao Archipelago in 2018

5.3.2.3 多样性指数分布图

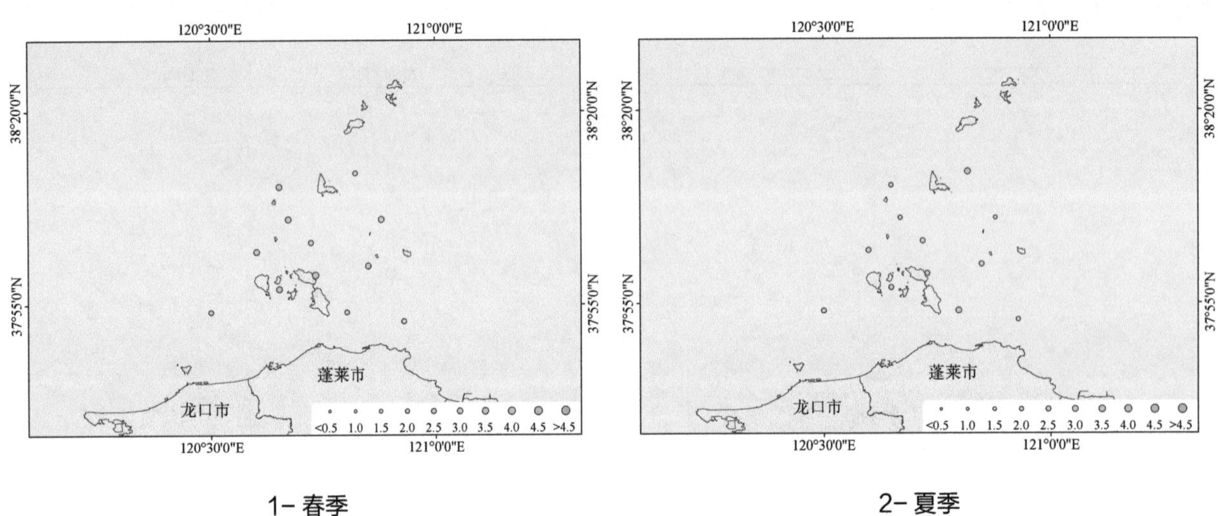

1- 春季

2- 夏季

5.3.2.4 均匀度指数分布图

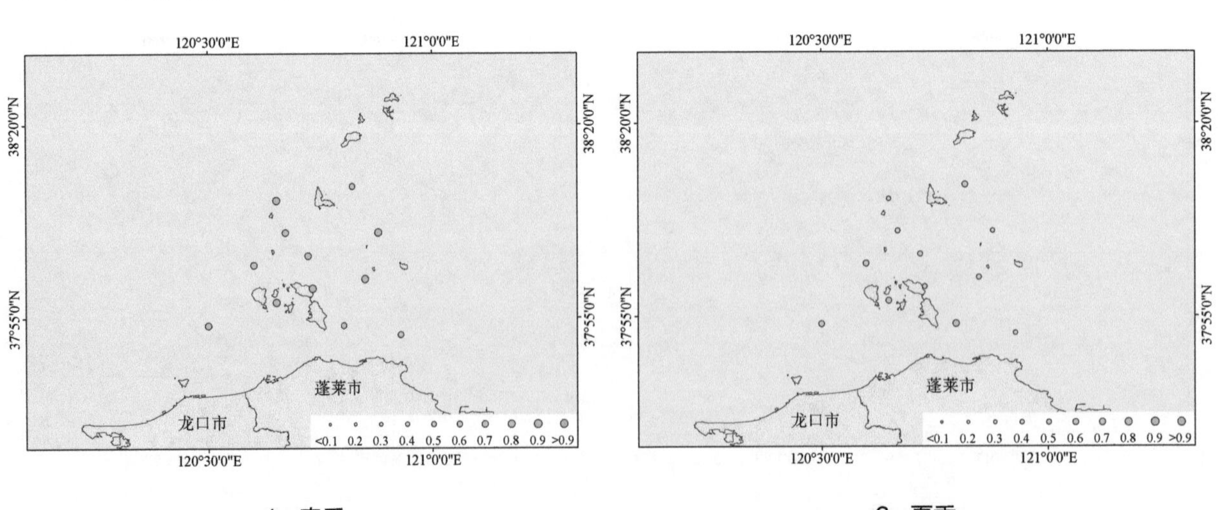

1- 春季

2- 夏季

2018 年庙岛群岛海洋生态环境监测
Marine Eco-Environment Monitoring in Miaodao Archipelago in 2018

5.3.2.5 丰富度指数分布图

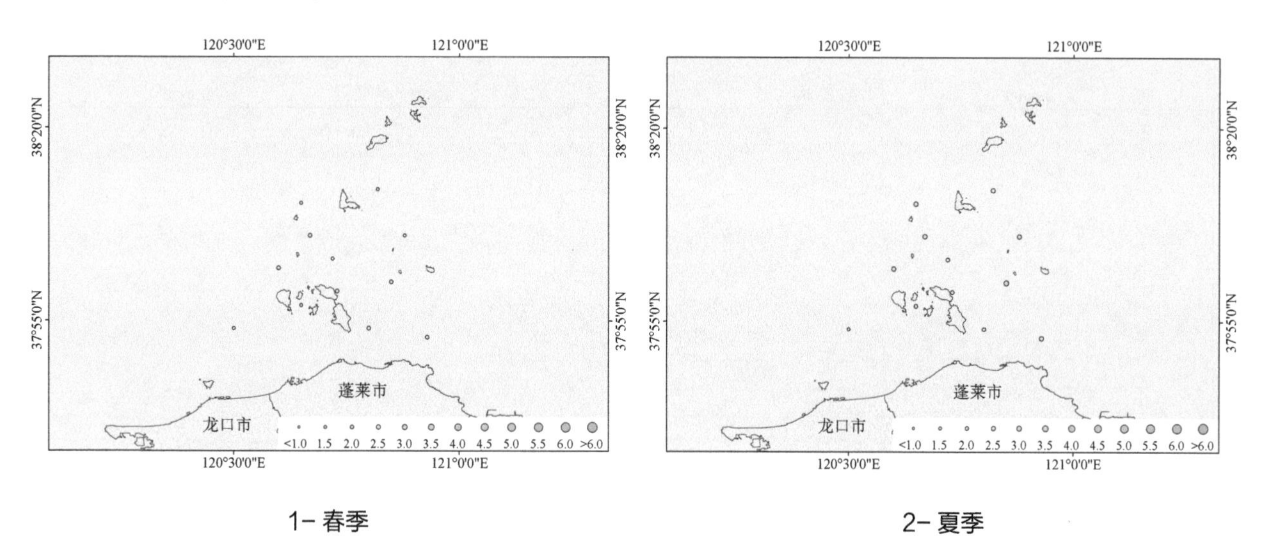

1- 春季　　2- 夏季

5.3.3 浮游植物分布图

5.3.3.1 种类分布图

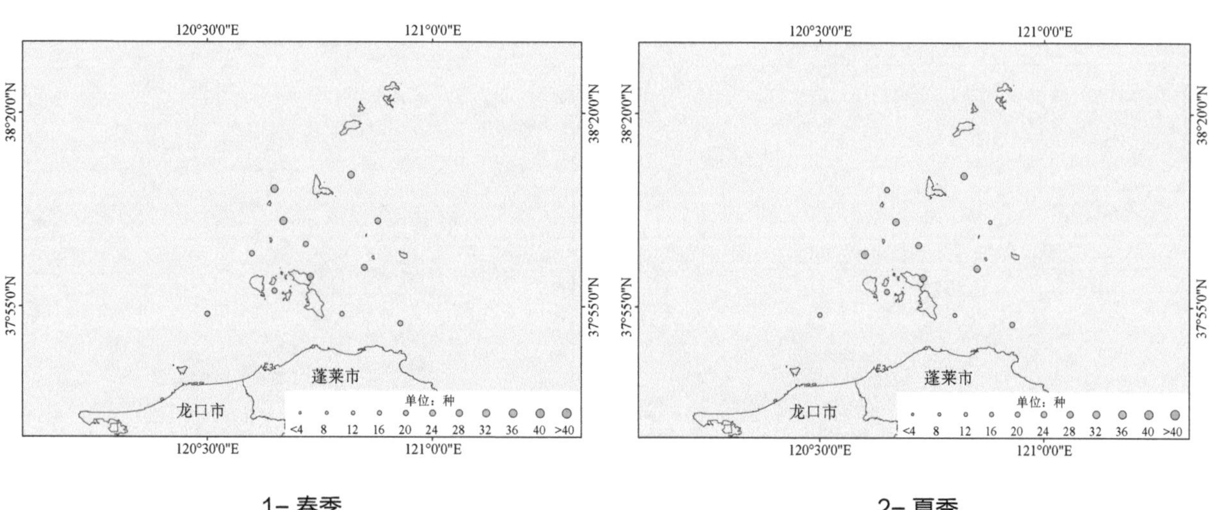

1- 春季　　2- 夏季

2018 年庙岛群岛海洋生态环境监测
Marine Eco-Environment Monitoring in Miaodao Archipelago in 2018

5.3.3.2 密度分布图

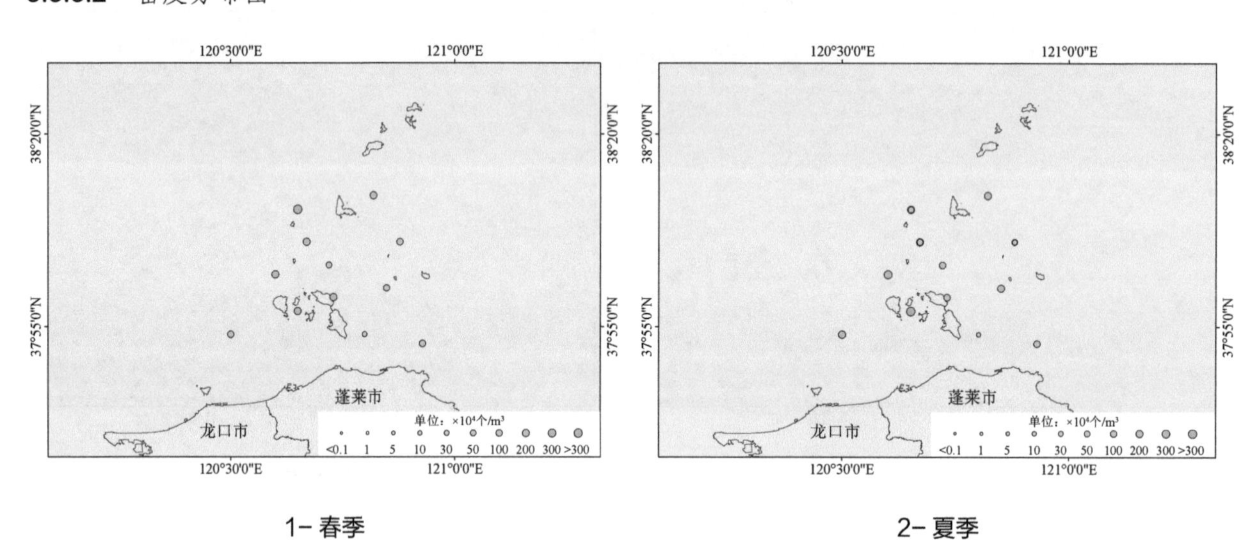

1- 春季　　2- 夏季

5.3.3.3 多样性指数分布图

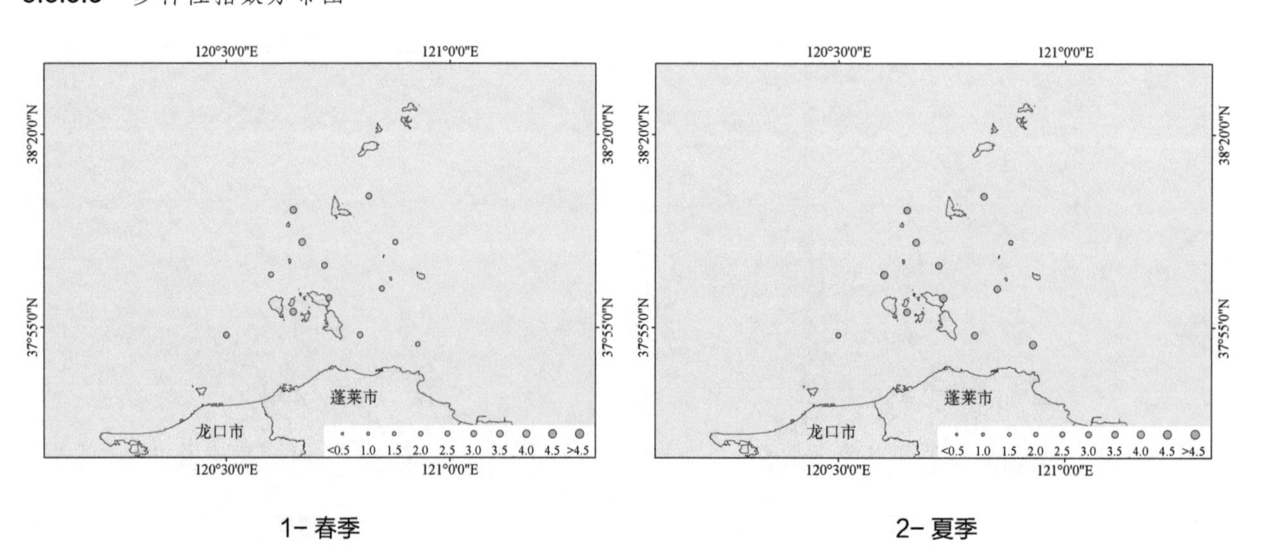

1- 春季　　2- 夏季

5.3.3.4 均匀度指数分布图

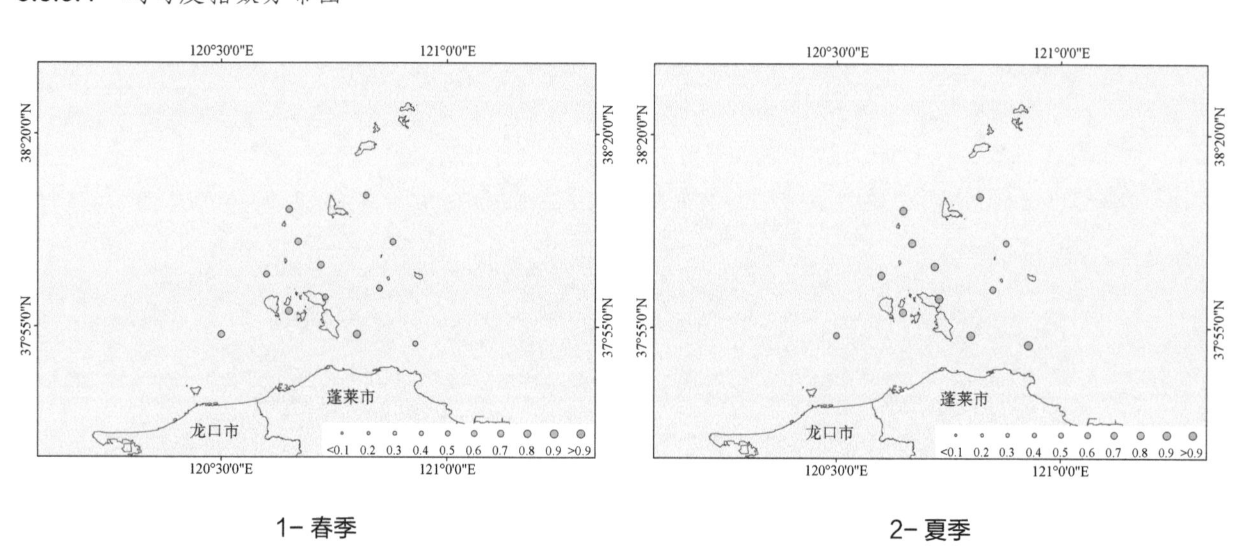

1- 春季

2- 夏季

5.3.3.5 丰富度指数分布图

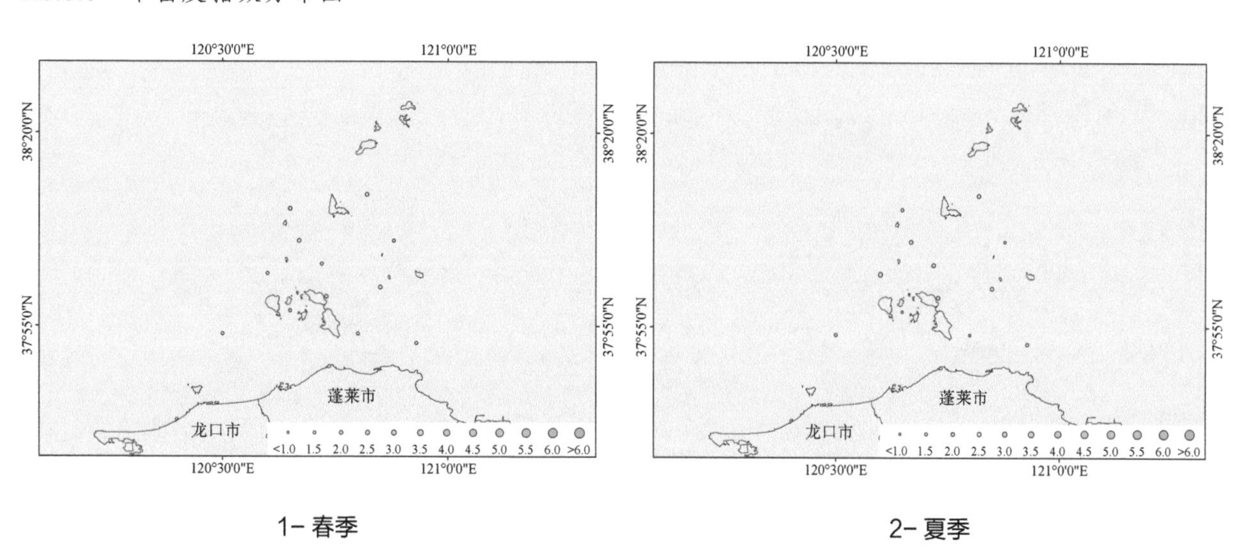

1- 春季

2- 夏季

2018 年庙岛群岛海洋生态环境监测
Marine Eco-Environment Monitoring in Miaodao Archipelago in 2018

5.3.4 底栖生物分布图

5.3.4.1 种类分布图

5.3.4.2 密度分布图

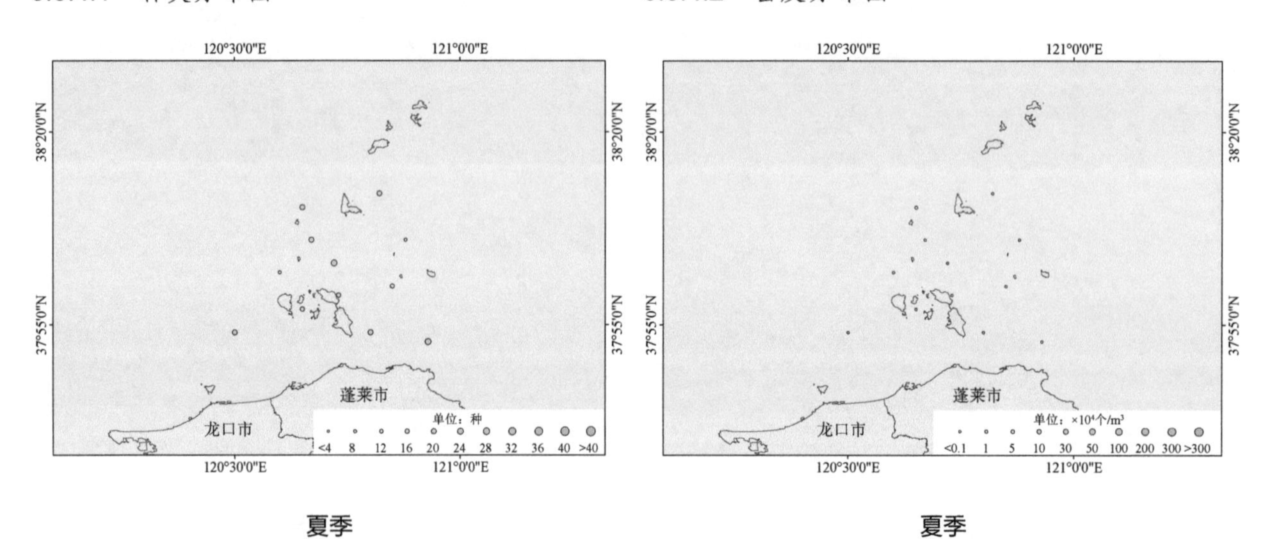

夏季

夏季

5.3.4.3 生物量分布图

5.3.4.4 多样性指数分布图

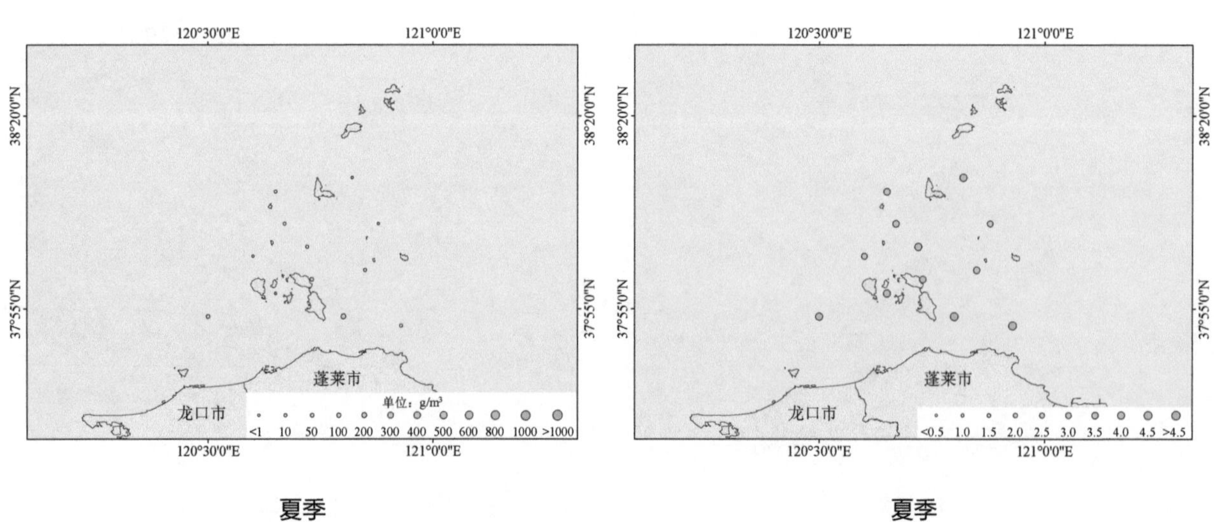

夏季

夏季

2018 年庙岛群岛海洋生态环境监测
Marine Eco-Environment Monitoring in Miaodao Archipelago in 2018

5.3.4.5 均匀度指数分布图

5.3.4.6 丰富度指数分布图

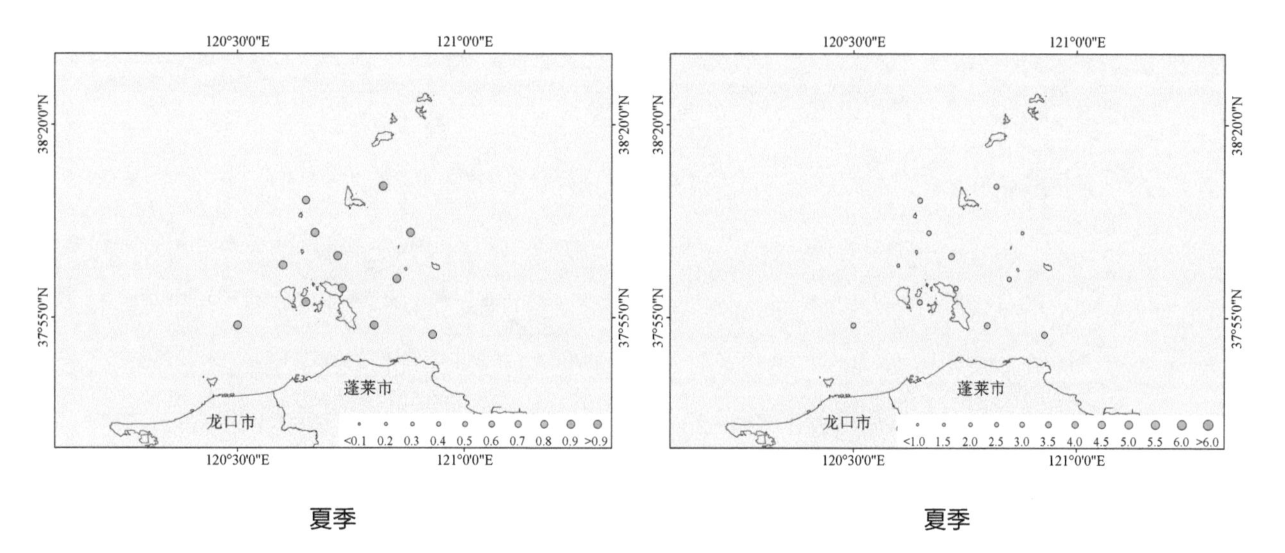

夏季

夏季